部分同步学习视频预览

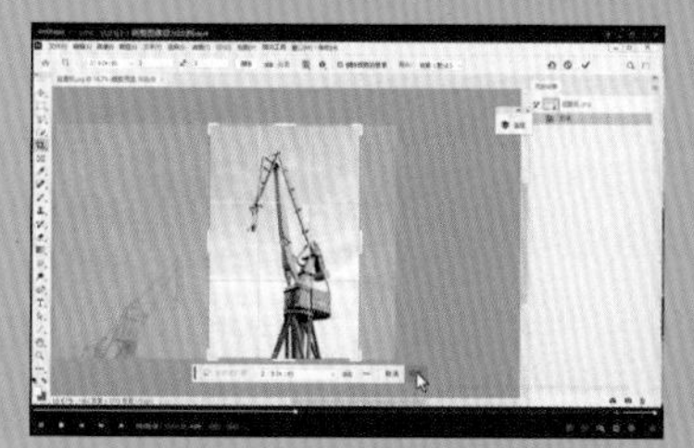
调整图像显示比例

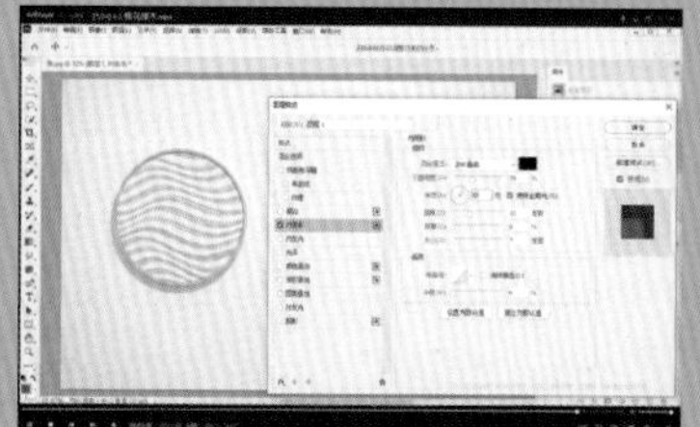
移花接木

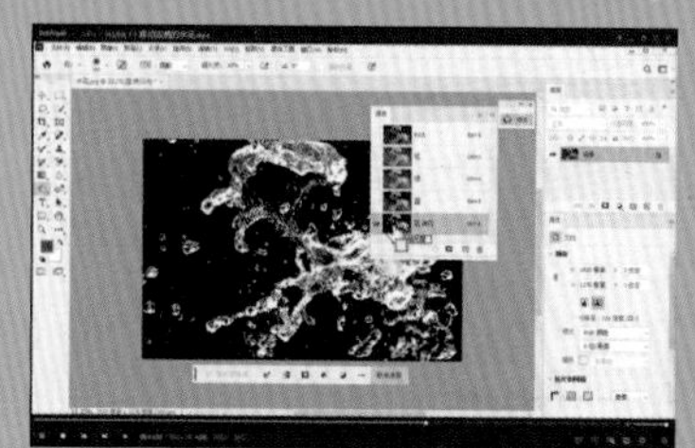
移动泼溅的水花

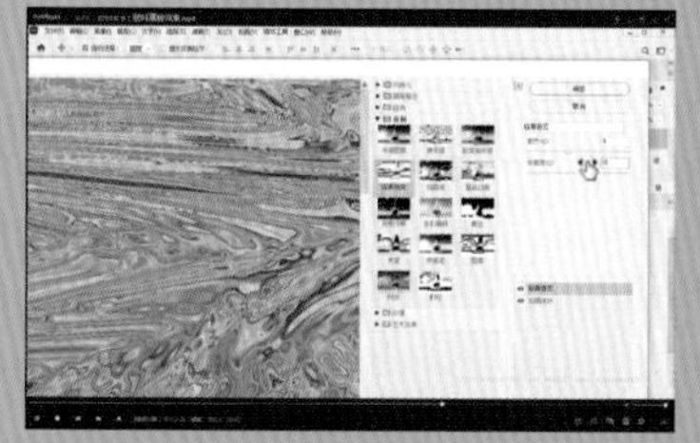
塑料薄膜效果

调整模板页面

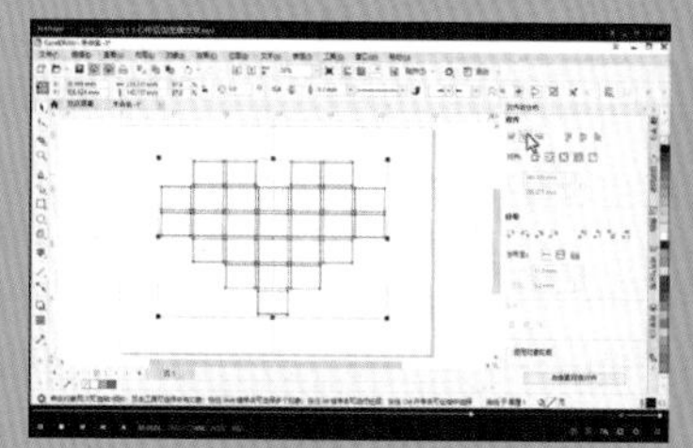
心形造型图像效果

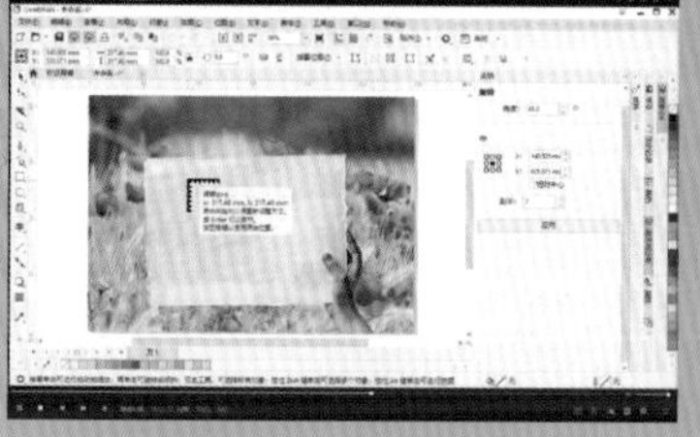
镂空图像效果

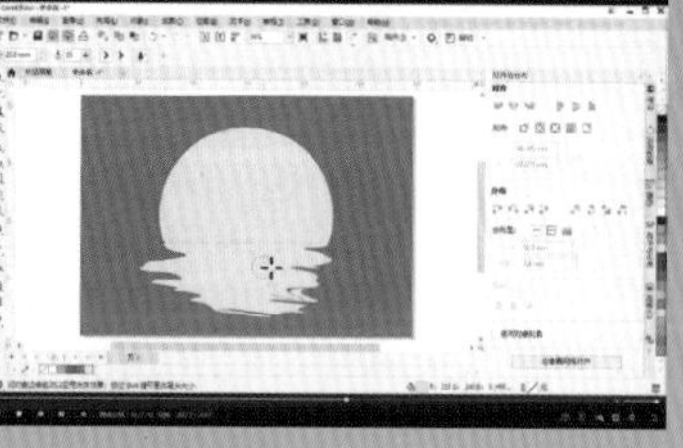
月光倒影圆形

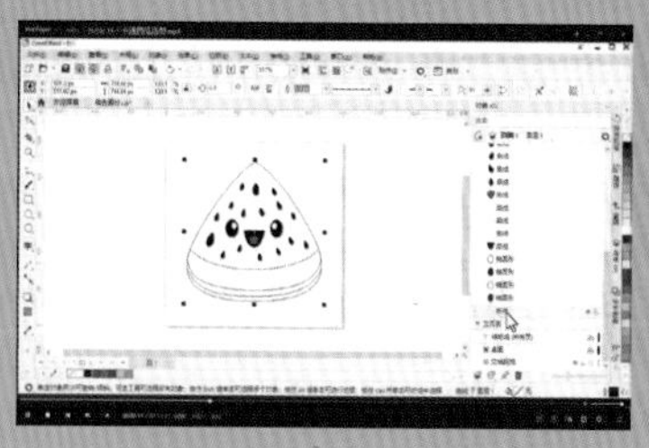
卡通西瓜造型

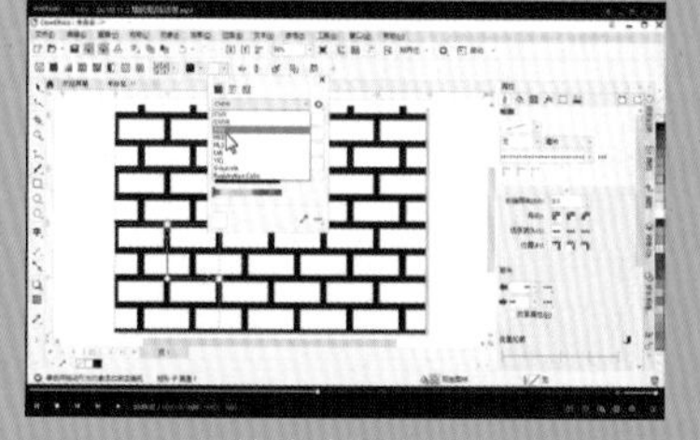
墙砖贴纸效果

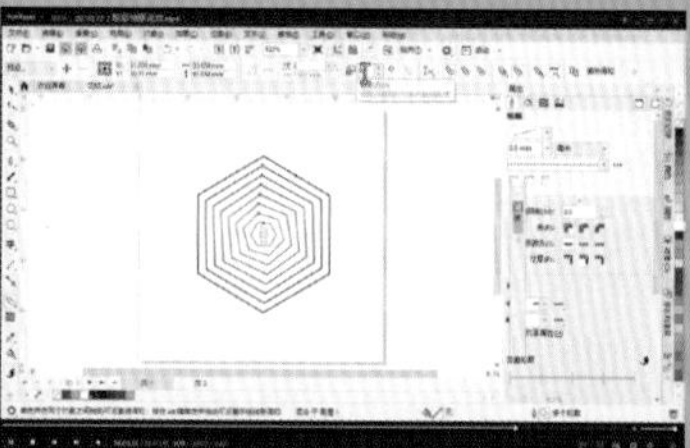
炫彩绮丽花纹

U0286043
立体化文字

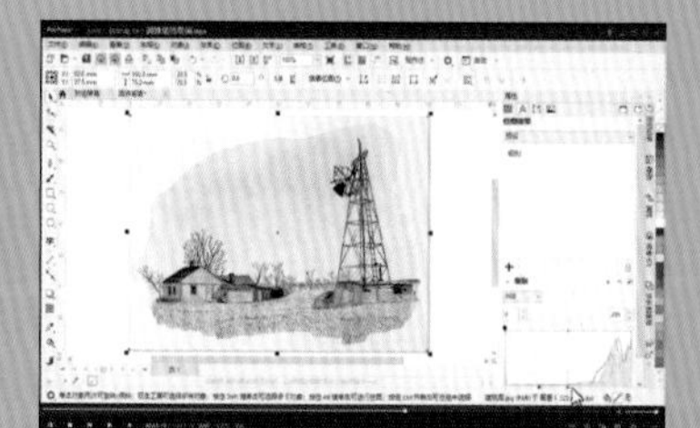
圆珠笔线条画

模拟翻页效果

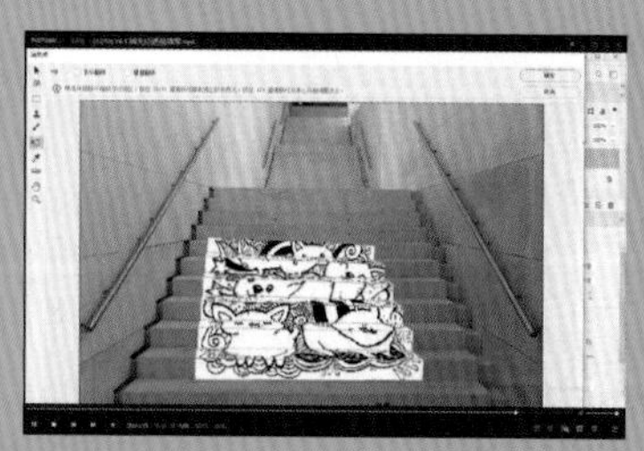
消失点透视效果

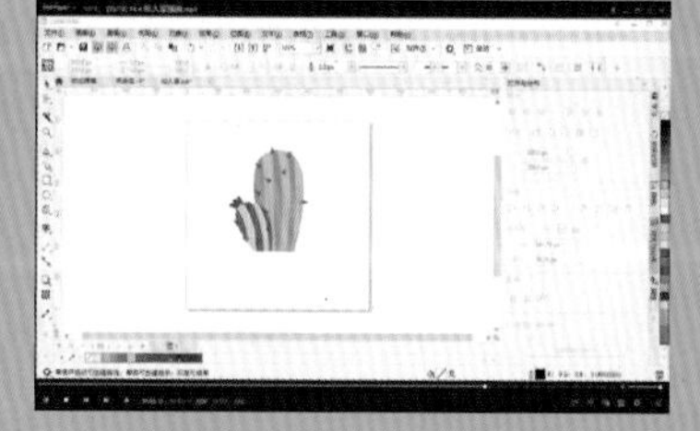
仙人掌插画

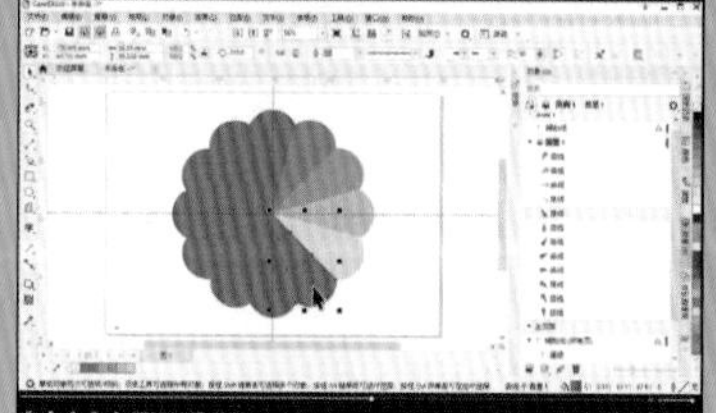
花式色相环

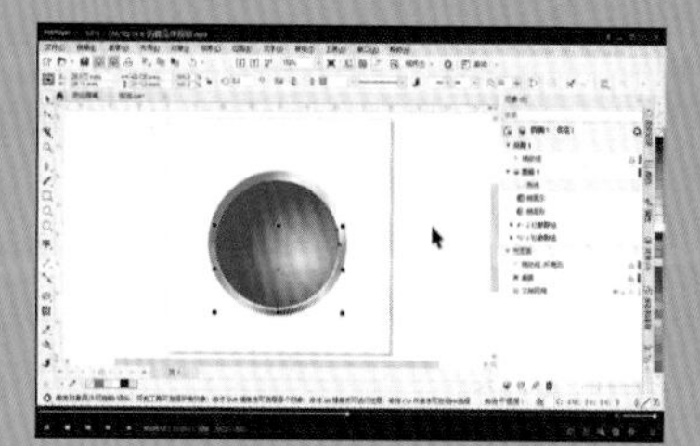
仿真立体按钮

本书部分案例效果预览

自然主题素材1

自然主题素材2

单色配色方案

对比色配色方案

擦除图像背景

制作立体文字效果

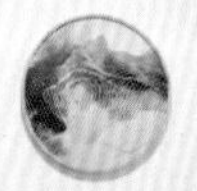

移花接木

移动泼溅的水花

调整图像显示比例

制作塑料薄膜效果

CorelDRAW与人工智能的结合

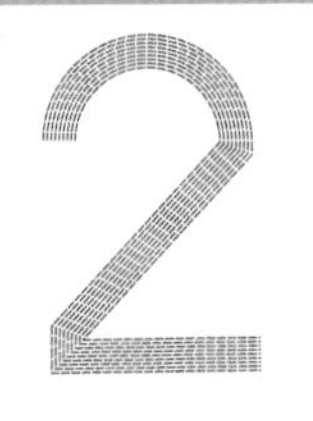

平行线条文字

调整模板页面

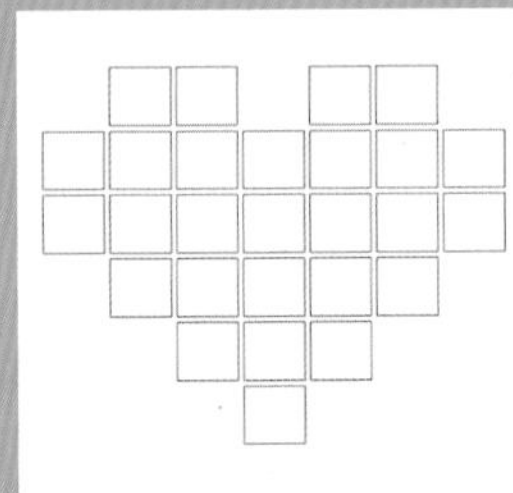

心形造型图像效果

黑黄线条背景

月光倒影图形

卡通西瓜造型

卡通彩虹插画

墙砖贴纸效果

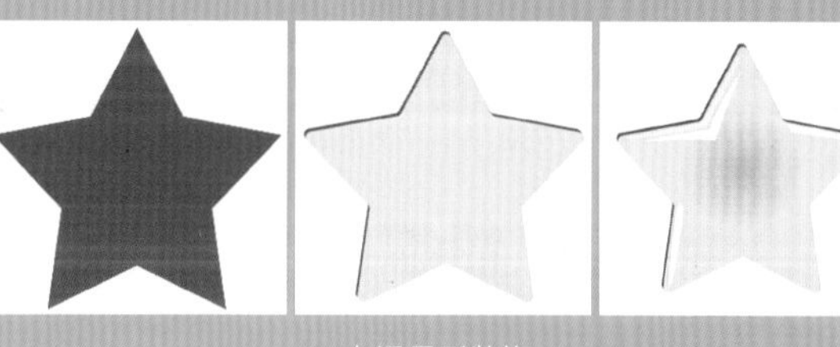

卡通星形装饰

封套的创建

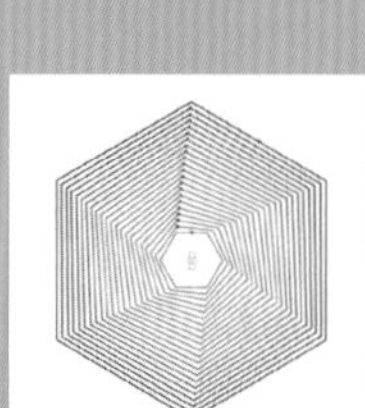

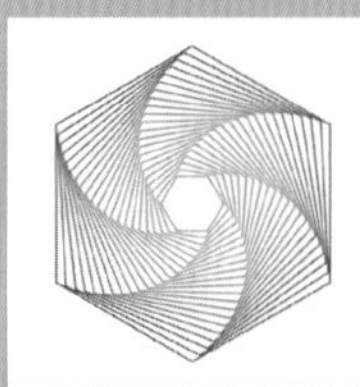

炫彩绮丽花纹

立体化文字

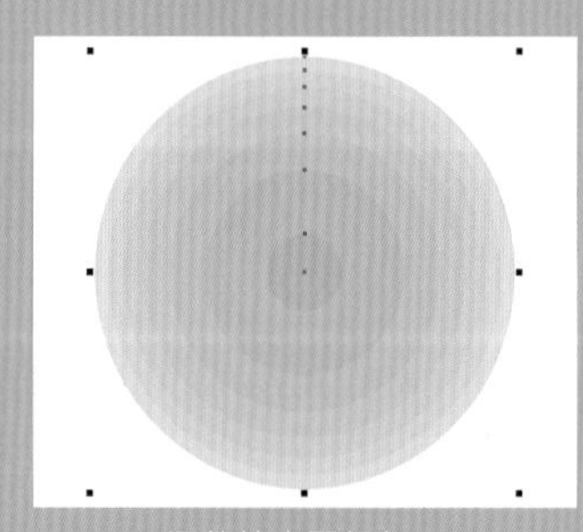

调整轮廓图颜色

镂空图像效果

本书部分案例效果预览

圆珠笔线条画

模拟翻页效果

素描绘画效果

合成创意菠萝房子

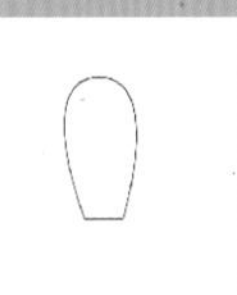

仙人掌插画

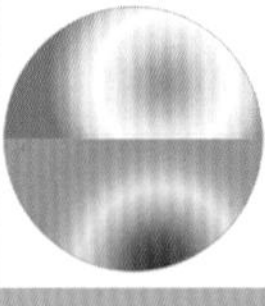
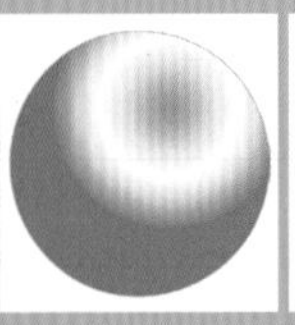

仿真立体按钮

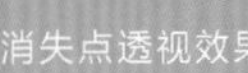

消失点透视效果

通透感水果效果

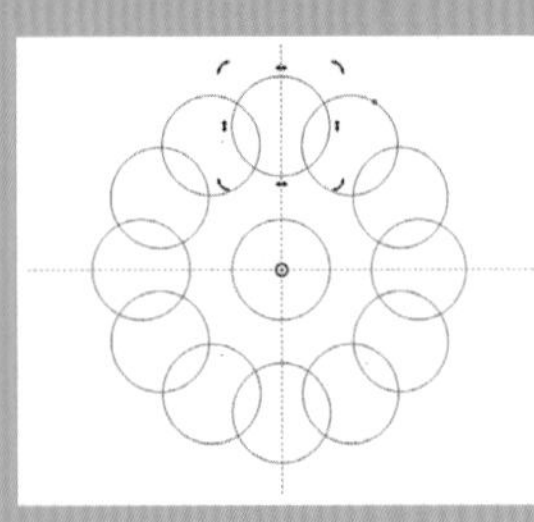
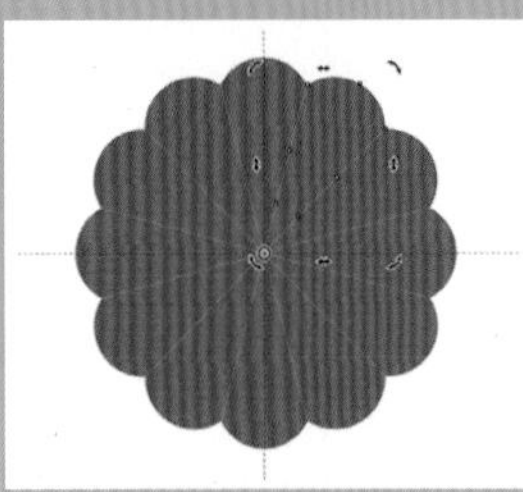
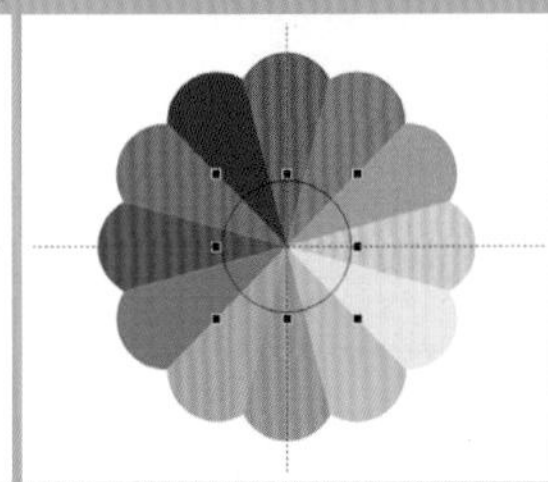

花式色相环

清 华 电 脑 学 堂

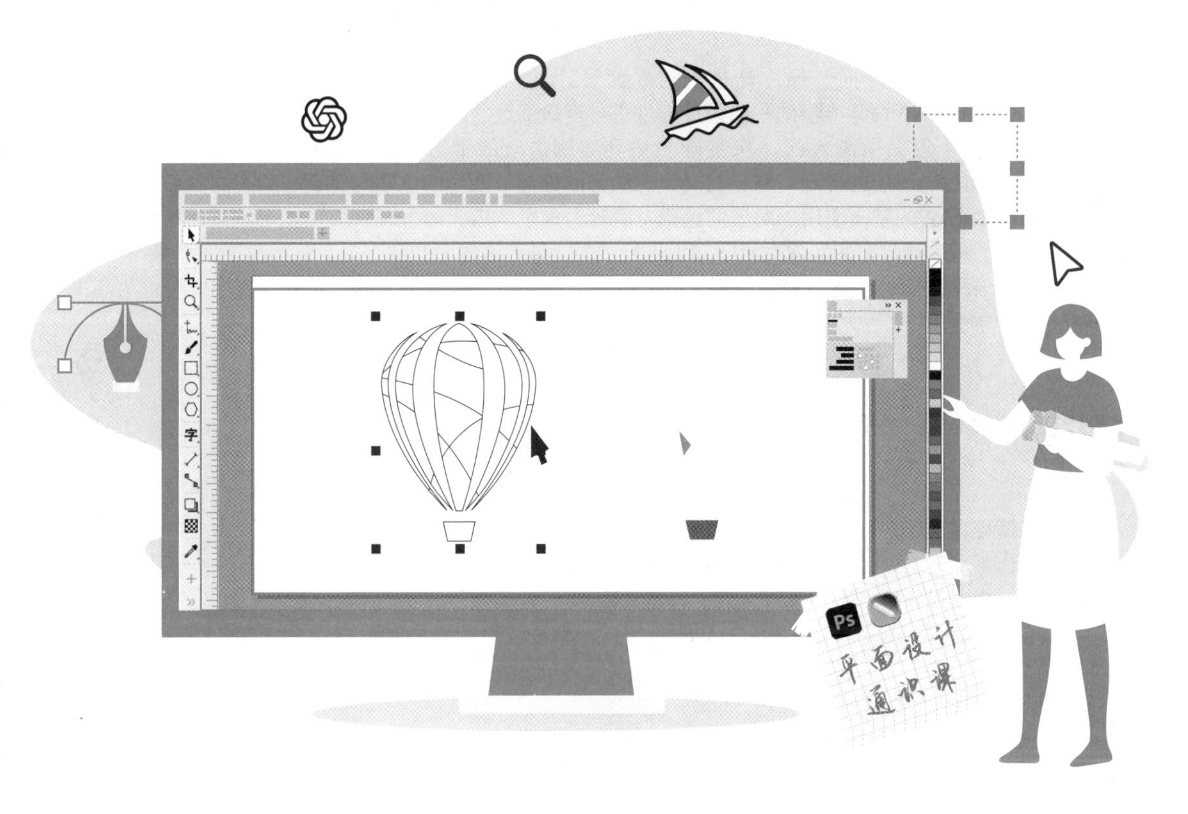

数字媒体
平面艺术设计核心应用

标准教程 Photoshop + CorelDRAW 微课视频版

何子轶 李志慧 王丽英 ◎ 编著

清華大学出版社
北 京

内 容 简 介

本书内容以应用为导向，循序渐进地对平面设计基础知识及其应用技巧进行全面阐述。书中对Photoshop和CorelDRAW两款典型的平面设计软件进行全面细致的讲解。

全书共14章，遵循由浅入深、从基础知识到案例进阶的学习原则，依次对平面设计入门知识、Photoshop基础知识、图层的管理、路径与文字、图像的处理、图像的色彩与色调、通道与蒙版、滤镜效果的应用、CorelDRAW的基本应用、对象的编辑与管理、颜色的填充与整理、应用图形特效以及位图效果添加等进行讲解，最后通过案例实战对所学知识进行巩固，做到温故而知新。

全书结构合理，内容丰富，易学易练，既有鲜明的基础性，也有很强的实用性。本书既可作为高等院校相关专业的学生用书，也可作为培训机构以及平面设计爱好者的参考用书。

版权所有，侵权必究。举报：010-62782989，beiqinquan@tup.tsinghua.edu.cn。

图书在版编目（CIP）数据

数字媒体平面艺术设计核心应用标准教程Photoshop+CorelDRAW : 微课视频版 / 何子铁, 李志慧, 王丽英编著. -- 北京 : 清华大学出版社, 2024. 9. -- (清华电脑学堂). -- ISBN 978-7-302-67156-5

Ⅰ. TP391.413

中国国家版本馆CIP数据核字第2024940GV9号

责任编辑：袁金敏
封面设计：阿南若
责任校对：胡伟民
责任印制：丛怀宇

出版发行：清华大学出版社
网　　址：https://www.tup.com.cn，https://www.wqxuetang.com
地　　址：北京清华大学学研大厦A座　　**邮　　编：**100084
社 总 机：010-83470000　　**邮　　购：**010-62786544
投稿与读者服务：010-62776969，c-service@tup.tsinghua.edu.cn
质 量 反 馈：010-62772015，zhiliang@tup.tsinghua.edu.cn
课 件 下 载：https://www.tup.com.cn，010-83470236
印 装 者：三河市天利华印刷装订有限公司
经　　销：全国新华书店
开　　本：185mm×260mm　　**印　　张：**15.75　　**插　　页：**2　　**字　　数：**405千字
版　　次：2024年9月第1版　　**印　　次：**2024年9月第1次印刷
定　　价：69.80元

产品编号：106543-01

前 言

说到平面设计，很多人会想到Photoshop（简称PS）和CorelDRAW（简称CDR）这两款工具，前者是一款强大的图像处理软件，后者是一款优秀的矢量绘图软件。PS涵盖了图像扫描、编辑修饰、动画制作、图像设计、广告创意乃至输入输出等多种功能，堪称一站式图像解决方案。而CDR则以其精良的矢量绘图特性独树一帜，在平面设计、包装设计、网页设计等行业广受青睐，尤其擅长构建清晰、可无限放大且不失细节的图形。

在平面设计过程中，PS与CDR不仅各有所长，更可实现无缝协作。设计师可根据项目需求，将CDR中精心绘制的矢量图形导入PS软件，利用其丰富的像素编辑工具进行深度润色与精细化处理。反之，亦可将PS中完成的JPG等位图素材引入CDR，借助矢量化功能直接编辑，实现设计流程的高效整合，显著提升工作效率。

随着软件版本的不断升级，目前软件技术已逐步向智能化、人性化、实用化发展，旨在让设计师将更多的精力和时间用在创造力上，以为用户呈现更多更完美的设计作品。

本书内容概述

全书共14章，各章内容见表1。

表1

章序	内容导读
第1章	主要对平面设计基础知识进行讲解，包括平面设计的概念、要素、构图，平面设计作品用途，色彩相关的知识，AIGC在平面设计中的应用，平面设计的专业术语等
第2～8章	主要对Photoshop知识及其应用技巧进行讲解，包括Photoshop的入门知识、辅助工具的应用、选择工具与形状工具的应用、选区的创建与编辑、图层的应用、画笔工具组的应用、修复工具组的应用、橡皮擦工具组的应用、历史记录工具组的应用、修饰工具组的应用、图像色彩分布的查看、图像的色调、图像的色彩、特殊颜色效果、路径的创建与编辑、文字的编辑操作、通道与蒙版、图像修饰滤镜、常用内置滤镜效果等
第9～13章	主要对CorelDRAW知识及其应用技巧进行讲解，包括CorelDRAW的基础操作、绘制直线和曲线、绘制几何图形、对象的基本操作、变换对象、编辑对象、组织管理对象、填充对象颜色、精确设置填充颜色、填充对象轮廓颜色、调整透明对象、添加混合效果、添加变形效果、添加立体化效果、矢量图与位图的转换、位图色彩的调整、应用三维效果以及其他效果等
第14章	依次对图像特效、色彩调整、创意合成、插画绘制、造型变换以及立体图标等类型平面设计作品的呈现进行介绍

选择本书的理由

本书采用**理论+实操**的组织结构，以**图示+文字**的表现形式，对平面设计知识及操作方法进行全面讲解。从实际应用激发读者的学习兴趣，使其知其然更知其所以然。

- **专业性强，覆盖面广**。本书主要围绕PS+CDR两大平面设计软件知识的应用展开讲解，并对不同类型的案例制作进行分析，让读者了解并掌握相关的设计原则与要点。
- **理论+实操，实用性强**。本书为重要的知识点配备相关的练习案例，使读者在学习过程中能够从实际出发，学以致用。
- **结构合理，全程图解**。本书全程采用图解的方式，让读者能够直观地看到每一步的具体操作。本书所有的案例都经过了精心的设计，符合新手级读者的阅读习惯。
- **疑难解答，学习无忧**。本书附赠新手常见疑难问题及解决办法电子书，让读者能够及时处理学习或工作中遇到的问题。还附赠了若干实操练习案例，以达到举一反三、学以致用的目的。

本书的读者对象

- 高等院校相关专业的师生
- 培训班中学习平面设计的学员
- 从事平面设计的工作人员
- 对平面设计有着浓厚兴趣的爱好者
- 想通过知识改变命运的有志青年
- 掌握更多技能的办公室人员

本书的配套素材和教学课件可扫描下面的二维码获取。如果在下载过程中遇到问题，请联系袁老师，邮箱：yuanjm@tup.tsinghua.edu.cn。书中重要的知识点和关键操作均配备高清视频，读者可扫描书中二维码边看边学。

本书编写过程中作者虽然力求严谨细致，但由于时间与精力有限，书中疏漏之处在所难免。如果读者在阅读过程中有任何疑问，请扫描下面的技术支持二维码，联系相关技术人员解决。教师在教学过程中有任何疑问，请扫描下面的教学支持二维码，联系相关技术人员解决。

配套素材

教学课件

技术支持

教学支持

编者

2024年9月

目录

第1章 平面设计学习准备

第2章 初识Photoshop

第 3 章 图层的管理

第 4 章 路径创建与文字管理

第 5 章 图像的编辑与修饰

第 6 章 图像的色彩与色调

第 7 章 通道管理与蒙版技术

第 8 章 应用滤镜效果

第9章 初识CorelDRAW

第10章 对象的编辑与管理

第11章 颜色的填充与调整

第12章 应用图形特效

第13章 位图效果的添加

第14章 案例实战

Ps+CDR

Photoshop+CorelDRAW

第1章 平面设计学习准备

本章对平面设计的基础知识进行讲解，包括平面设计入门知识、平面设计作品的用途、色彩的相关知识、AIGC在平面设计中的应用及平面设计的专业术语。了解并掌握这些基础知识，有助于培养设计师全面的设计素养。

要点难点

- 平面设计的基础知识与用途
- AIGC在平面设计中的应用
- 色彩的基础知识
- 平面设计的专业术语

1.1 平面设计入门知识

平面设计是一种通过视觉沟通和美学表达解决问题和传达信息的艺术和实践。它结合文字、图像、颜色和布局，创造在视觉上吸引人并能有效传达信息的设计作品。

1.1.1 平面设计的概念

平面设计是一种视觉传达艺术，旨在通过图形、文字和图像等元素传递信息或创造某种感觉。这种设计形式跨越多种平面媒介，包括纸张印刷品（如海报、传单、名片）、数字媒介（如网站、应用界面）、广告和产品包装等，如图1-1、图1-2所示。平面设计的目的在于通过视觉表现手段，实现有效的沟通，引起目标受众的情感共鸣。

图 1-1

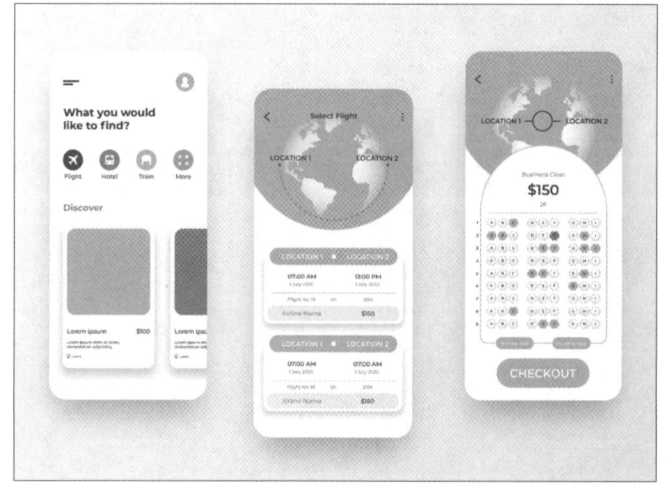

图 1-2

1.1.2 平面设计的要素

平面设计的核心要素包括色彩、图形和文字。这三种要素在平面设计中相互配合、相互补充,通过设计师巧妙的整合与编排，形成统一和谐、富有视觉冲击力和感染力的设计作品。

1. 色彩

在平面设计中，色彩可以快速传达情绪和感觉，吸引目标受众的注意力。色彩的选择不仅可以反映品牌的形象和信息，还可以影响消费者的情绪和行为。不同的色彩搭配能够创造出不同的情绪和视觉效果。例如，暖色调常用于表达活力、热情和兴奋，如图1-3所示；而冷色调则让人联想到平静、清新或专业，如图1-4所示。

2. 图形

图形是设计中用于叙事和表达的重要视觉工具，包括基本形状、线条、纹理、图标、插图和照片等各种可视化的非文字元素。这些不同类型的图形通过巧妙的结合和应用，可以创造出富有表现力和感染力的设计作品，如图1-5、图1-6所示。

图 1-3

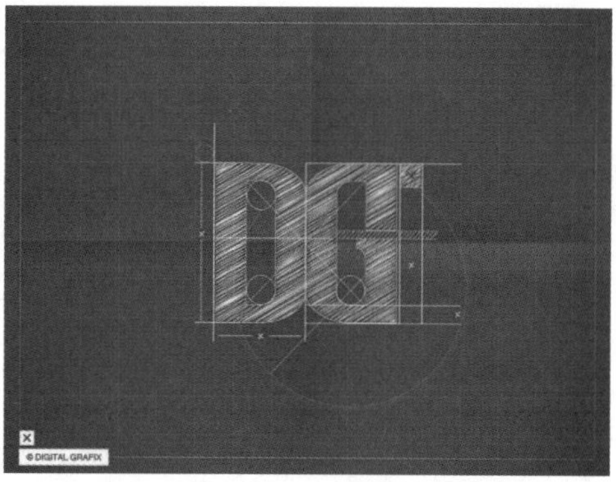

图 1-4

图 1-5

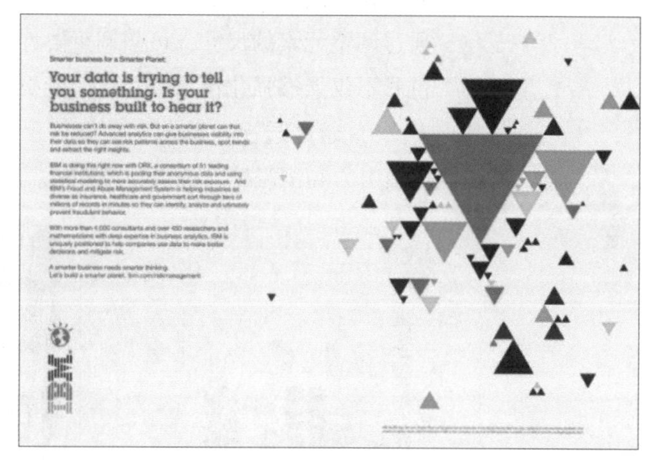

图 1-6

3. 文字

平面设计中，文字元素不仅是传达信息的核心载体，也是构建视觉美感、引导观众视线流动及塑造品牌辨识度的关键要素。设计师通过精心挑选字体、调整字号大小、进行布局排列及运用颜色对比等手段，能够有效实现信息层次的划分、视觉焦点的确立和设计主题的强化，如图1-7、图1-8所示。

图 1-7

图 1-8

1.1.3 平面设计的构图

平面设计的构图不仅关注视觉美学，也重视通过设计元素与构图原则的运用，实现对观众视觉感知和心理反应的有效调控，以达成设计的最终目标——有效传达信息和情感，同时满足审美需求和功能需求。

1. 构图与视觉

在视觉方面，构图决定了设计作品的整体视觉效果和吸引力。一个优秀的构图能够使画面元素形成和谐统一的整体，营造强烈的视觉冲击力。以下是构图在视觉方面对设计作品的重要影响。

- 位置布局：元素在画面中的位置直接影响视觉重心和流向。
- 大小对比：通过调整元素的尺寸，可强调重要性或突出层级关系。
- 色彩应用：色彩不仅能够强化情绪表达，还能引导视线、区分信息层次，如图1-9所示。
- 空间深度与层次：通过透视、遮挡、重叠等手法模拟三维空间感，使画面具有立体深度，增强视觉吸引力和沉浸感，如图1-10所示。

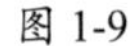
图 1-9

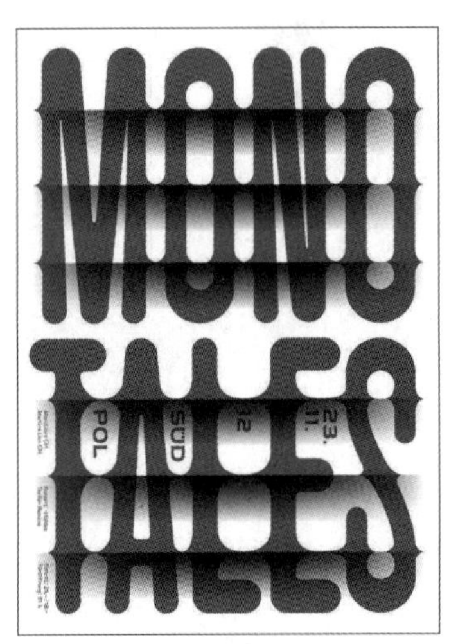

图 1-10

- 视觉引导：将线条、形状、纹理等作为视觉线索，帮助观众按照设计师预期的顺序浏览信息，从而更好地理解作品的意图和故事叙述。

2. 构图与心理

在平面设计中，构图不仅是技术层面的排列组合，也是深入探究观众心理、有效沟通设计理念的关键手段。通过精心构思和巧妙布置，设计师能够创作既美观又实用的设计作品，同时满足商业诉求和审美体验。以下是构图与心理在平面设计中的关键点。

- 视觉层次与焦点：通过构图，设计师可以控制视觉的焦点，将观众的注意力集中到设计中最重要的信息或元素上，例如大小、颜色、对比度等，如图1-11所示。
- 情绪激发：色彩、形状、纹理等视觉元素能激发特定的情绪反应。
- 视觉平衡与和谐：通过对称、不对称或径向平衡的布局，可以创造出和谐、稳定或动态的视觉效果，满足不同的设计目标和审美需求，如图1-12所示。

图 1-11

图 1-12

- **文化符号与象征**：在设计中考虑文化符号和象征意义，有助于传达更深层次的信息和价值观。
- **心理暗示与引导**：构图中的线条、形状和方向可以作为视觉暗示，引导观众的视线或思考方向。
- **故事讲述**：通过构图和视觉元素的巧妙运用，可以创造出引人入胜的视觉叙事，使观众在情感上与设计作品产生共鸣。

1.2 平面设计作品的用途

平面设计广泛应用于各领域，下面对平面设计作品的主要用途进行介绍。

1.2.1 平面广告设计

平面广告设计主要用于商业推广，目的是吸引消费者的注意力，传达广告信息，促使消费者产生购买行为。这类设计需要结合创意文案、吸引人的图像和有效的布局策略，确保广告信息能够被快速、准确地接收。常见的平面广告形式包括杂志广告、报纸广告、户外广告、包装广告、DM（Direct Mail）广告等，如图1-13、图1-14所示。

图 1-13

图 1-14

1.2.2 海报设计

海报设计是用于宣传特定事件、产品或服务的一种平面设计形式。它通过引人注目的视觉元素和简洁明了的信息传达，吸引公众的注意力，达到宣传的目的。海报设计通常需要考虑图像、色彩、文字和布局的有效结合，以创造出既美观又富有感染力的设计作品，如图1-15、图1-16所示。

图 1-15

图 1-16

1.2.3 Logo设计

Logo是企业品牌识别系统的核心元素，Logo设计使用独特且令人记忆深刻的视觉符号，代表品牌或公司的形象，如图1-17所示。一个好的Logo设计不仅能传达企业的核心价值观和理念，还能在消费者心中建立对品牌的独特印象。Logo设计通常要求简洁、易于识别，并具有时间的持久性。

图 1-17

1.2.4 书籍装帧设计

书籍装帧设计涉及书籍的封面、封底和书脊的视觉设计，是书籍营销的重要组成部分。一个吸引人的书籍封面能够激发读者的兴趣，促使其购买或阅读。书籍装帧设计不仅要考虑艺术性和创意，还要考虑书籍的主题、内容及目标读者群体，如图1-18、图1-19所示。

图 1-18

图 1-19

1.2.5 数字媒体设计

随着数字技术的发展，数字媒体设计成为平面设计的一个重要分支。包括网站设计、移动应用界面设计、社交媒体内容设计等，如图1-20、图1-21所示，主要用于网络和移动设备平台的视觉传达。数字媒体设计不仅要注重视觉吸引力，还要考虑用户体验和交互设计，以确保信息的有效传达和用户的良好体验。

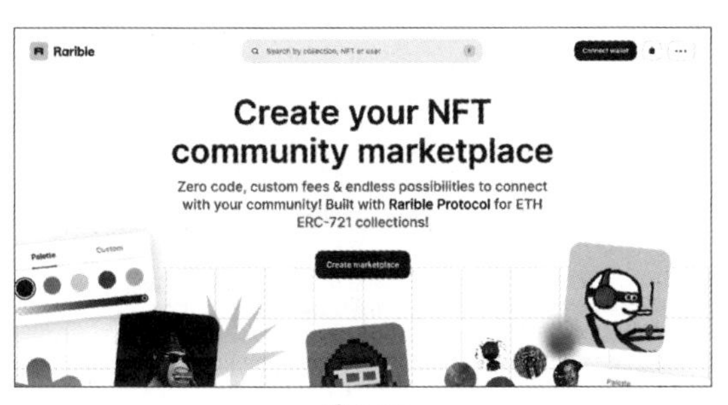

图 1-20

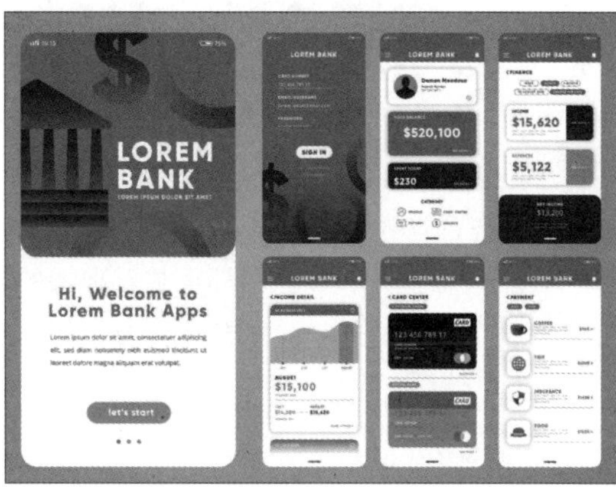

图 1-21

1.3 平面设计与色彩

色彩是设计中重要的视觉元素之一，能够影响人们的情绪和情感，因此，了解色彩的基本原理和应用技巧对于设计师至关重要。

1.3.1 色彩的属性

色彩的三个属性分别为色相、明度和饱和度。

1. 色相

色相是色彩呈现的相貌，主要用于区分颜色。在0°～360°的标准色轮上，可用位置度量色相。通常情况下，色相以颜色的名称识别，如红、黄、绿色等，如图1-22所示。

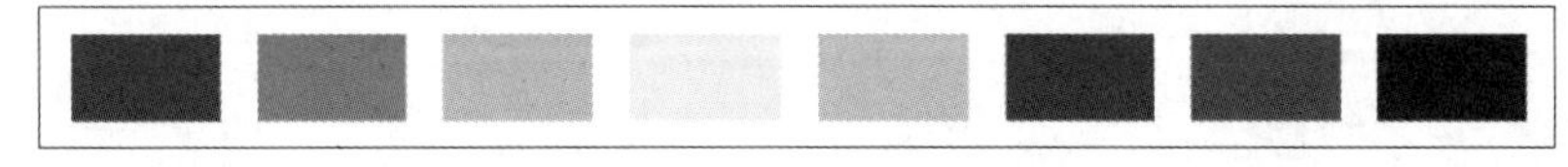

图 1-22

2. 明度

明度是指色彩的明暗程度。通常情况下明度的变化包括两种情况：一是不同色相之间的明度变化，二是同色相的不同明度变化，如图1-23所示。要提高色彩的明度可以加入白色，反之可以加入黑色。

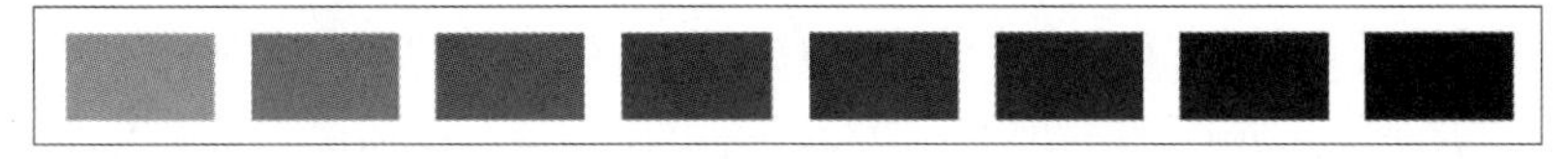

图 1-23

3. 饱和度

饱和度是指色彩的鲜艳程度，是色彩感觉强弱的标志。其中红（#FF0000）、橙（#FFA500）、黄（#FFFF00）、绿（#00FF00）、蓝（#0000FF）、紫（#800080）等纯度最高，图1-24为红色的不同饱和度对比。

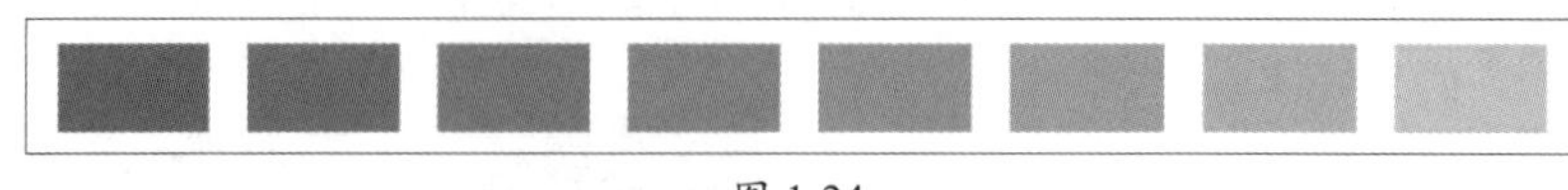

图 1-24

1.3.2 色彩印象

色彩在视觉表达中扮演着极其重要的角色，它不仅影响观者的视觉感受，还影响观者的情绪和心理状态。每一种色彩都承载着独特的情感与寓意，而这些印象往往是由丰富多彩的文化背景、个人独特的经验以及社会习俗等多重因素共同交织而成的。色彩一般可以分为以下两类。

1. 无彩色系

无彩色系指不包含其他任何色相，只有黑色、白色。饱和度越低，越接近于灰色，饱和度为0时颜色即为灰色。

（1）黑色

黑色被视为权威、庄重和正式的象征。它代表着深邃与未知，有时也带有忧郁和沉默的气息，如图1-25所示。在设计中，黑色常常用于营造高端、专业的氛围，或表达一种低调而深沉的美感。

（2）白色

白色代表着纯洁、清新和平静。它给人一种明亮、干净的感觉，有助于营造简约、高雅的氛围，如图1-26所示。白色也常常与纯洁无瑕、清新自然等意象相联系，为设计作品增添一份清新脱俗的气质。

图 1-25

图 1-26

（3）灰色

灰色处于黑白之间，代表着中立、沉稳和低调。灰色并不是单一的色彩，而是多种其他颜色调配而来，只有明度的变化。在设计中，灰色可以作为辅助色使用。全屏灰色只有在特殊情况下才使用。

2. 有彩色系

有色彩系指包括在可见光谱中的全部色彩，常见的有红、橙、黄、绿、青、蓝、紫等颜色。

（1）红色

红色热情而奔放，象征着活力、激情和爱情。能够迅速吸引人们的目光，带来强烈的视觉冲击。在设计红色也常用来表达喜庆、吉祥和热烈的情感，如图1-27所示。

（2）橙色

橙色温暖而欢快，给人一种阳光、活力、欢乐的感觉，如图1-28所示。它代表着积极向上的精神风貌，能够激发人们的乐观情绪。在设计中，橙色常用于营造轻松、愉悦的氛围。

图 1-27

图 1-28

（3）黄色

黄色明亮而醒目，能够迅速吸引人们的注意力，象征着智慧、光明和希望。它能够激发人们的创造力和想象力，为设计作品增添一份活力与生机，如图1-29所示。

（4）绿色

绿色代表自然、和谐与平衡，能让人联想到生机勃勃的大自然，给人一种宁静、舒适的感觉。绿色常用于表达环保、健康的理念，在设计中传递积极、正面的信息，如图1-30所示。

图 1-29

图 1-30

（5）青色

青色清新而宁静，给人一种深邃、广阔的感觉，常常与海洋、天空等自然景观相联系，给人一种宽广、自由的视觉体验，如图1-31所示。

（6）蓝色

蓝色冷静而理智，象征着沉稳、信任和专业，能够平复人内心的波动，使人感到平静与安宁。在商务、科技等领域，蓝色常被用来表达专业、可靠的形象，如图1-32所示。

（7）紫色

紫色神秘而高贵，融合了红色的热情与蓝色的冷静，代表优雅、浪漫和奢华，为设计作品增添一份独特的魅力，如图1-33所示。

图 1-31

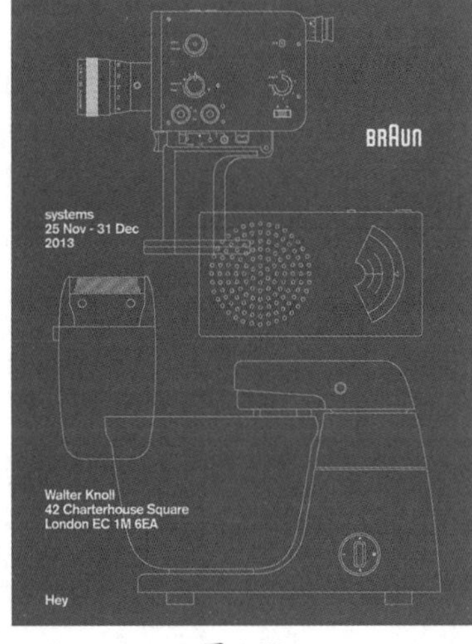

图 1-32

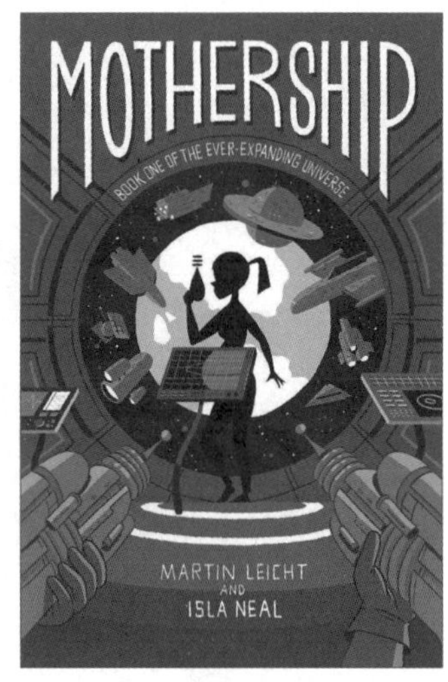

图 1-33

3. 冷暖色调

色彩根据人的心理感受可以分为冷色调和暖色调，中间的过渡色为中性色。图1-34、图1-35所示为同一张图像的冷暖色调。

图 1-34

图 1-35

（1）冷色调

冷色调包括蓝色、绿色、紫色及其衍生色。这些色彩让人联想到水、天空和树木，给人一种清凉、安静的感觉。在心理层面，冷色调有助于放松心情、减轻压力，因此常被用于需要营造安静、专业或高科技氛围的设计中。

（2）暖色调

暖色调通常包括红色、橙色、黄色及其衍生色（间色、复色）。这些色彩让人联想到阳光、火焰和热量，因此会给人一种温暖、舒适的感觉。在心理层面，暖色调往往能激发人的情感，引起兴奋、激动和快乐的情绪。在需要营造温馨、亲切或活力四溢的氛围时，暖色调是理想的选择。

（3）中性色

中性色包括黑色、白色、灰色以及棕色等。这些色彩没有明显的“温度感”，因而被称为中性色。中性色常被用作设计背景色，或用于平衡其他鲜艳的色彩，以创造和谐、稳重的视觉效果。中性色在设计中常常被用作背景色或调和色，以平衡和协调其他色彩，使整体色彩的搭配更加和谐统一。

1.4 平面设计的专业术语

平面设计是一个涉及众多专业术语的领域，包括位图、矢量图、像素、分辨率、图像的色彩模式、文件的存储格式等。

1.4.1 像素与分辨率

像素是组成图像的基本元素，分辨率则是衡量这些像素在一定空间内密集程度的标准。了解和掌握像素和分辨率的概念及其关系，对于图像处理、摄影等都非常重要。

1. 像素

像素（Pixel）是构成图像的最小单位，决定图像的分辨率和质量。在位图图像（如JPEG、PNG等格式）中，图像的质量和细节直接取决于其包含的像素数量。单位面积内像素越多，图像越细腻，表现的颜色层次和细节也越丰富，图1-36、图1-37所示为不同像素数量的图像效果。

图 1-36

图 1-37

2. 分辨率

分辨率通常指的是单位长度内像素的数量，可以是屏幕分辨率或图像分辨率。

（1）图像分辨率

图像分辨率通常以“像素/英寸”表示，是指图像中每单位长度含有的像素数量，如图1-38所示。高分辨率的图像比相同尺寸的低分辨率图像包含更多的像素，因而图像更清楚、细腻。分辨率越高，图像文件越大。

（2）屏幕分辨率

屏幕分辨率即屏幕显示的像素数量，常见的屏幕分辨率有1920×1080、1600×1200、640×480。在屏幕尺寸不变的情况下，分辨率越高，显示效果越精细、细腻。计算机的显示设置中会显示推荐的显示分辨率，如图1-39所示。

图 1-38

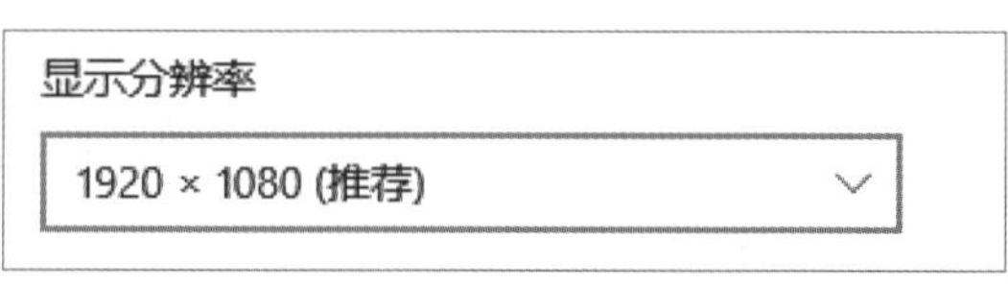

图 1-39

1.4.2 位图与矢量图

位图与矢量图是两种不同的图像表示方法。在选择图像表示方法时，应根据具体需求和目标进行权衡，选择适合的图像类型。

1. 位图

位图由像素组成，又称为阵图像或像素图。每个像素被分配一个特定的位置和颜色值，并按一定的次序进行排列，就构成了色彩斑斓的图像，如图1-40所示。位图与分辨率紧密相关。当位图图像放大时，像素点也会放大，导致图像质量下降，出现锯齿状或马赛克状的边缘，如图1-41所示。

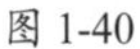

图 1-40

图 1-41

位图非常适于表现色调连续和色彩层次丰富的图像，例如照片、自然景色、细腻的纹理等。位图图像能够呈现逼真的视觉效果，捕捉细微的色彩变化和光影效果，因此广泛应用于摄影、绘画、艺术和设计等领域。

2. 矢量图

矢量图又称向量图，内容以线条、曲线和形状等矢量对象为主，如图1-42所示。由于其中线条的形状、位置、曲率和粗细都是通过数学公式进行描述和记录的，因此矢量图与分辨率无关，能以任意大小输出，不会遗漏细节或降低清晰度，放大后也不会出现锯齿状边缘，如图1-43所示。

图 1-42

图 1-43

矢量图的色彩表现相对有限，通常用于表示简单的图像和图形元素，如标识、图标和Logo等。适用于需要保持清晰度和一致性的场景，如图形设计、文字设计、Logo设计和版式设计等。

1.4.3　图像的色彩模式

图像的色彩模式决定了图像中颜色的表现和呈现方式，不同的色彩模式适用于不同的输出环境。平面设计软件中常用的图像色彩模式如表1-1所示。

表1-1

模式	说明	适用范围
RGB	该模式是一种加色模式，在RGB模式中，R（Red）表示红色，G（Green）表示绿色，B（Blue）表示蓝色。RGB模式几乎包括了人类视觉所能感知的所有颜色，是目前应用最广泛的颜色系统之一	显示器、电视屏幕、投影仪等以光为基础显示颜色的设备
CMYK	该模式是一种减色模式，在CMYK模式中，C（Cyan）表示青色，M（Magenta）表示品红色，Y（Yellow）表示黄色，K（Black）表示黑色。CMYK模式通过反射某些颜色的光并吸收其他颜色的光来产生各种不同的颜色	传统的四色印刷工艺，包括书籍、海报等各种纸质媒体的印刷制作
HSB	该模式基于人眼对颜色感知的理解，可以直观地反映色彩的构成要素。HSB分别指颜色的3种基本特性：色相（H）、饱和度（S）和亮度（B）	数字艺术创作和配色设计
灰度	该模式是一种只使用单一色调表现图像的色彩模式，灰度使用黑色调表示物体，每个灰度对象都有0%（白色）～100%（黑色）的亮度值	单色输出，例如黑白照片、报纸印刷等不需要彩色信息的场景
Lab色彩	该模式是最接近真实世界颜色的一种色彩模式。其中，L表示亮度，a表示绿色到红色的范围，b表示蓝色到黄色的范围	色彩校正和色彩管理

1.4.4 文件的存储格式

文件格式是指使用或创作的图形、图像的格式，不同的文件格式具有不同的使用范围。平面设计软件中常用的文件格式如表1-2所示。

表1-2

格式	说明	后缀
AI格式	Illustrator软件的默认格式，可以保存所有编辑信息，包括图层、矢量路径、文本、蒙版、透明度设置等，便于后期编辑和修改	.ai
PDF格式	通用的文件格式，可以保存矢量图形、位图图像和文本等内容，便于共享和打印	.pdf
EPS格式	一种可以同时包含矢量图形和栅格图像的文件格式，通常用于打印输出。EPS格式的特点是可以将各个画板存储为单独的文件	.eps
SVG格式	一种基于XML的开放标准矢量图形格式，用于在Web上显示和交互式操作矢量图形	.svg
TIFF格式	一种灵活的位图格式，支持多图层和多种色彩模式，因此在专业领域，尤其是印刷和出版领域，有着广泛的应用	.tif
JPEG格式	一种高压缩比的有损压缩真彩色图像文件格式，其最大特点是文件较小，可以进行高倍率的压缩，广泛用于网页和移动设备的图像显示，在印刷、出版等高要求场景下不宜使用	.jpg .jpeg
PNG格式	一种采用无损压缩算法的位图格式，具有高质量的图像压缩和透明度的支持，因此在网页设计和图标制作等领域有着广泛的应用	.png
PSD格式	Photoshop软件的默认格式，可在Illustrator中打开并编辑Photoshop文件的图层和对象	.psd

1.5 探索AIGC在平面设计中的应用

AIGC（Artificial Intelligence Generated Content）是指借助人工智能生成内容，这是一种利用机器学习、深度学习、自然语言处理、计算机视觉等先进AI技术自动或半自动创建文本、图像、音频、视频等各种类型内容的新型生产方式。在平面设计领域，尤其是与Photoshop、Illustrator这类设计软件相结合时，AIGC的应用可体现在以下方面。

1.5.1 创意生成与概念探索

AIGC可以基于先前的设计数据和趋势分析，自动生成创意概念和视觉元素。设计师可以通过输入关键词或概念，让AIGC根据这些输入生成多种设计方案。这些方案不仅具有创新性和个性化，还可以根据设计师的需求进行调整和优化。通过这种方式，设计师可以迅速获得大量的创意灵感，并在其中挑选出最适合自己设计需求的元素和概念。以下内容是利用ChatGPT 4.0为科技公司知识竞赛生成的设计方案。

问：小张所在的科技公司要举行一个知识竞赛，需要制作一张海报，对此有什么好的设计方案吗？

答：当然可以。为了设计一张吸引人且信息明确的知识竞赛海报，我们可以考虑以下几个关键要素，并结合AIGC技术来辅助创作。

1. 主题与氛围

明确传达知识竞赛的主题，如“智慧碰撞”“知识盛宴”“科技探索之旅”等，通过AIGC生成与主题相符的视觉元素或插画。营造积极向上、竞争而又友好的氛围，可以选择明亮、活泼的颜色搭配，或者利用AIGC生成的动态插图展示选手间的互动。

2. 公司标识与品牌形象

确保公司的Logo、品牌色调和设计风格在海报中得以体现。AIGC可以协助生成符合公司VI（Visual Identity）规范的图形元素或背景纹理。

3. 竞赛信息

- 竞赛标题：大标题醒目且易于阅读，使用AIGC推荐的字体和排版方式。
- 日期与时间：重要时间节点清晰标注，可以使用AIGC生成的时钟或日历图标辅助表达。
- 地点：精确标明竞赛举办地点，可配合地图图标或建筑物剪影。
- 参赛方式与报名链接：提供简明的参赛指引和醒目的二维码或网址，便于参与者报名。

4. 奖项设置与奖励展示

列出主要奖项及其奖品，可以使用AIGC生成奖杯、证书等象征荣誉的图像，增加视觉吸引力。如果有赞助商或合作伙伴，适当展示其Logo，体现活动的权威性和影响力。

5. 号召行动

引入激励性的标语或口号，鼓励员工积极参与，如“Aim high, learn more, join the challenge!”，使用AIGC生成艺术化文字效果。设计明显的“报名”或“参加”按钮，使用对比鲜明的颜色和动态效果引导观众行动。

6. 视觉层次与布局

利用AIGC推荐的模板和布局，确保信息层级分明，重要信息突出，次要信息有序排列。使用空间、线条、色块等元素划分区域，保持整体设计的平衡与和谐。

1.5.2 智能素材创作

AIGC技术能够根据设计师的需求，自动生成各种风格的图案、图标、线条、纹理等基础图形元素，无论是简约现代风、复古怀旧风，还是未来科幻风，皆能精准匹配设计主题。还可以通过学习大量现有图像数据，生成高质量的摄影级图片或风格化的插画作品，涵盖风景、人物、物品等各类主题，极大地丰富了设计素材库。这些素材可以直接应用于海报、包装、VI系统等设计项目中。图1-44、图1-45为利用Midjourney不同风格的以“自然”为主题生成的图形元素。

图 1-44

图 1-45

1.5.3 图像处理与优化

AIGC在图像编辑与优化方面的应用非常广泛，涵盖基础的图像调整到高级的内容创作和编辑。具体而言，AIGC在图像处理与优化方面的应用表现在以下几个方面。

- **图像增强与恢复**：利用深度学习算法对图像进行增强，提高图像的对比度和清晰度，调整图像的色彩平衡、分辨率，减少图像中的噪点，提高质量。
- **内容感知编辑**：根据图像的内容进行智能分析，并据此进行有针对性的编辑，例如对象去除和填充、风格迁移、图像合成等，图1-46所示为使用Toolkit去除背景。
- **人物编辑**：可以根据用户的指令对人像进行精细的编辑，如调整肤色、修饰面部特征、改变发型等。

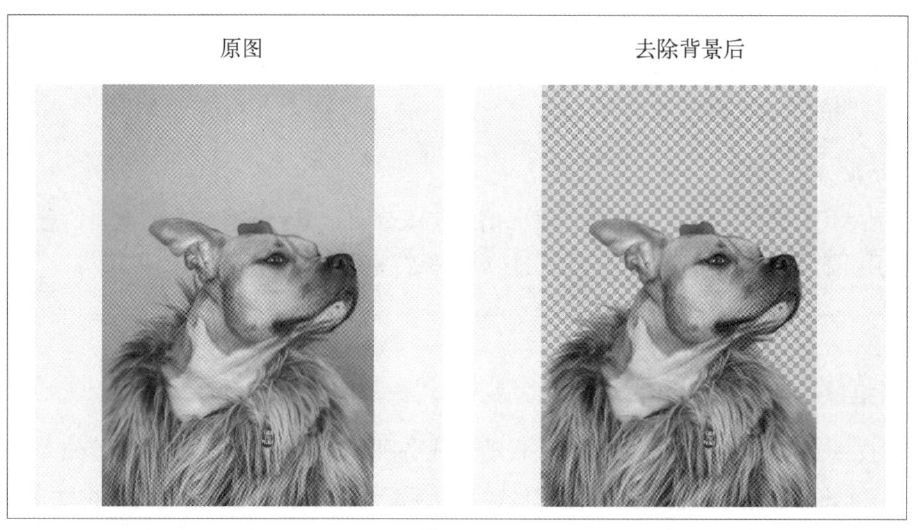

图 1-46

1.5.4　颜色方案和配色建议

配色作为视觉设计的重要组成部分，对提升AIGC内容的吸引力和用户体验具有关键作用。下面借助Midjourney（AIGC平台），介绍单色、类似色、对比色、三色以及渐变等不同的配色方案，帮助读者更好地理解和应用这些配色技巧。

1. 单色配色方案

单色配色方案主要使用同一种颜色及其不同明度和饱和度的变体来构建整体色彩效果。这种配色方案有助于保持视觉的统一性和协调性，给人一种和谐、稳定的感觉，如图1-47、图1-48所示。

图 1-47

图 1-48

2. 类似色配色方案

类似色配色方案是使用色相环中邻近或相近的颜色，通常具有相似的色调和明度，因此能够在视觉上相互协调，形成统一的整体。这种配色方案能够营造出柔和、温馨的视觉效果,同时保持一定的色彩变化，图1-49、图1-50所示分别为蓝绿、青紫类似色配色方案效果图。

图 1-49

图 1-50

3. 对比色配色方案

对比色配色方案是使用色彩差异较大的颜色进行搭配，常见的有红绿、蓝橙、黄紫等。例如红绿搭配，可以使画面充满活力和冲击力，如图1-51所示。橙色与蓝色的对比则显得较为柔和，能够给人一种清新自然的感觉，如图1-52所示。

图 1-51

图 1-52

4. 三色配色方案

三色配色方案的关键在于颜色的选择和搭配，既要保证颜色的和谐统一，又要体现出色彩的对比和变化。在选择颜色时，可以使用色彩心理学，例如，通常给人带来温暖、活力的暖色调，如图1-53所示。给人带来冷静、清新的感觉的冷色调，如图1-54所示。

图 1-53

图 1-54

5. 渐变配色方案

渐变配色方案是一种将颜色在一个区域内逐渐过渡的设计技术，它可以为设计作品增加层次感和视觉吸引力。这种配色方案通常由两种或多种颜色组成，颜色之间通过平滑过渡实现渐变效果，如图1-55、图1-56所示。

图 1-55　　图 1-56

除了上述提及的核心应用外，AIGC在文本处理与排版、自动化流程以及交互式设计体验的创新方面亦展现出显著价值。

- **文本处理与排版：** AIGC可以自动进行文本的生成、编辑和排版，可以根据内容和设计风格提出字体选择、大小调整和布局建议，甚至能够生成符合设计主题的创意文案。
- **自动化流程：** 通过自动化工具，AIGC可以简化设计流程，如自动执行版面设计、素材整合、格式转换等。这大大提高了工作效率，减少了人为错误。
- **交互式体验：** AIGC可以用于创建动态的、交互式的设计元素，如网页动画、交互式广告等。可以根据用户的交互行为实时调整设计元素，提供更加个性化的用户体验。

总体来说，AIGC在平面设计领域的影响日益显著，技术已融入众多设计工具与平台。设计师们借助AIGC的强大支持，能更快、更准确地实现设计目标，并探索新的视觉叙事与交互方式，推动平面设计艺术的创新与突破。

Ps+CDR

Photoshop+CorelDRAW

第2章 初识Photoshop

本章对Photoshop的基础应用进行讲解，包括Photoshop的工作界面、图像辅助工具的使用、选择工具的使用、选区的编辑及形状工具的应用。了解并掌握这些基础知识，可以使新手轻松入门，高效地进行图像的编辑和设计工作。

要点难点

- Photoshop的工作界面
- 图像辅助工具的使用
- 选择工具的使用
- 选区的编辑
- 形状工具的应用

2.1 Photoshop功能简介

Photoshop软件是由Adobe公司开发的图像处理软件，广泛应用于数字图像处理、编辑、合成等方面。

2.1.1　工作界面

Photoshop软件拥有强大的功能和直观的操作界面，用户能够轻松实现各种复杂的图像处理工作。图2-1所示为Photoshop的工作界面，各部分介绍如表2-1所示。

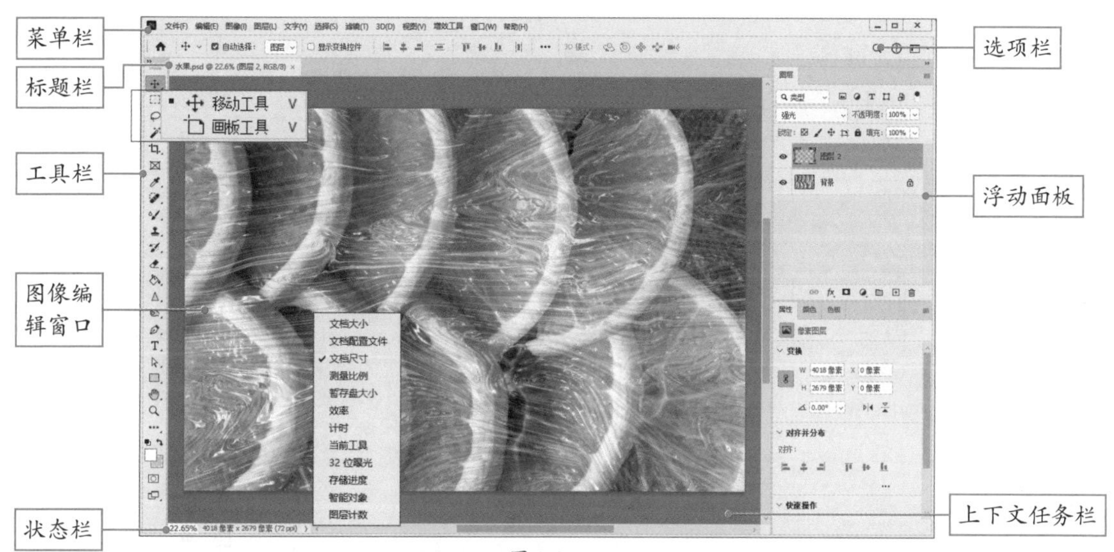

图 2-1

表2-1

名称	说明
菜单栏	由文件、编辑、图层、文字、窗口等11个菜单项组成。单击相应的主菜单按钮，即可打开子菜单，在子菜单中单击菜单命令，即可执行该操作
选项栏	位于菜单栏的下方，主要用于设置工具的参数，不同工具的选项栏不同
标题栏	位于属性栏下方，标题栏中会显示文件的名称、格式、窗口缩放比例及颜色模式等
工具栏	默认位于工作区左侧，包含数十个编辑图像所用的工具。工具图标右下角的小三角形表示存在隐藏工具，工具的名称显示在指针下面的“工具提示”中
图像编辑窗口	用于绘制、编辑图像的区域
状态栏	位于图像窗口的底部，用于显示当前文档的缩放比例、文档尺寸大小信息。单击状态栏中的三角形图标〉，可以设置要显示的内容
浮动面板	以面板组的形式显示在软件界面的最右侧，如常用的“图层”面板、“属性”面板、“历史记录”面板等
上下文任务栏	用于显示工作流程中最相关的后续步骤。例如，当选中一个对象时，上下文任务栏会显示在画布上，并根据潜在的下一步骤提供更多的策划选项，如选择主体、移除背景、转换对象、创建新的调整图层等

2.1.2 图像文件的基本操作

在编辑图像之前，通常要对图像文件进行一些基本操作，如文件的新建与打开、置入与导出、保存与导出等。

1. 新建与打开图像文件

在使用Photoshop对图像文件进行操作处理之前，首先要掌握新建与打开图形文件的方法。新建文件包括以下3种方法。

- 启动Photoshop，单击“新建”按钮（新建）。
- 执行“文件”|“新建”命令。
- 按Ctrl+N组合键。

以上操作均可打开“新建文档”对话框，如图2-2所示。在该对话框中设置新文件的名称、尺寸、分辨率、颜色模式及背景。设置完成后单击“创建”按钮，即可创建一个新文件。

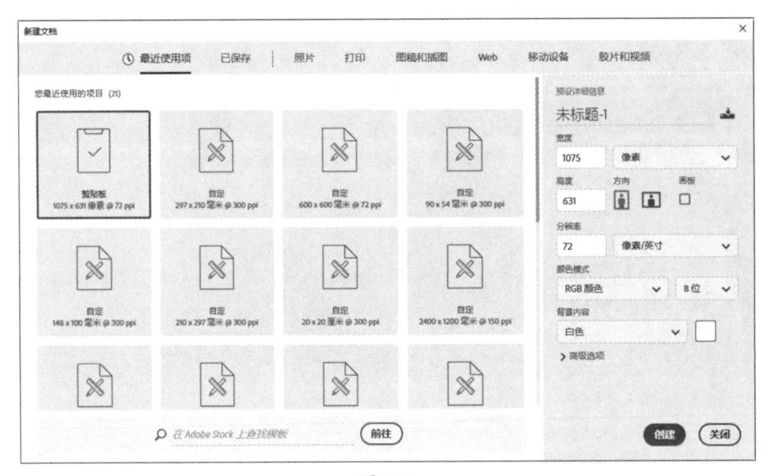

图 2-2

若要编辑已有图像，可以直接将图像拖至Photoshop窗口中；或者执行“文件”|“打开”命令，在弹出的“打开”对话框中选择目标图像文件。

2. 置入与导出图像文件

置入操作可以将照片、图片或任何Photoshop支持的文件作为智能对象添加至文档。置入图像文件时可直接将其拖曳至当前文档；也可执行“文件”|“置入嵌入对象”命令，在弹出的“置入嵌入的对象”对话框中选中需要的文件，单击“置入”按钮。置入的文件默认位于画布中间，并保持原始长宽比，如图2-3所示。

图 2-3

3. 存储与关闭图像文件

操作完成后，可以对文档进行保存操作。常用的保存方法如下。

- 执行“文件”|“存储”命令，或按Ctrl+S组合键。
- 执行“文件”|“存储为”命令，或按Ctrl+Shift+S组合键。

如果对新文件执行两个命令中的任一个，或对打开的已有文件执行“存储为”命令，都可弹出“另存为”对话框。为文件指定保存位置和文件名，在“保存类型”下拉列表框中选择需要的文件格式，如图2-4所示。

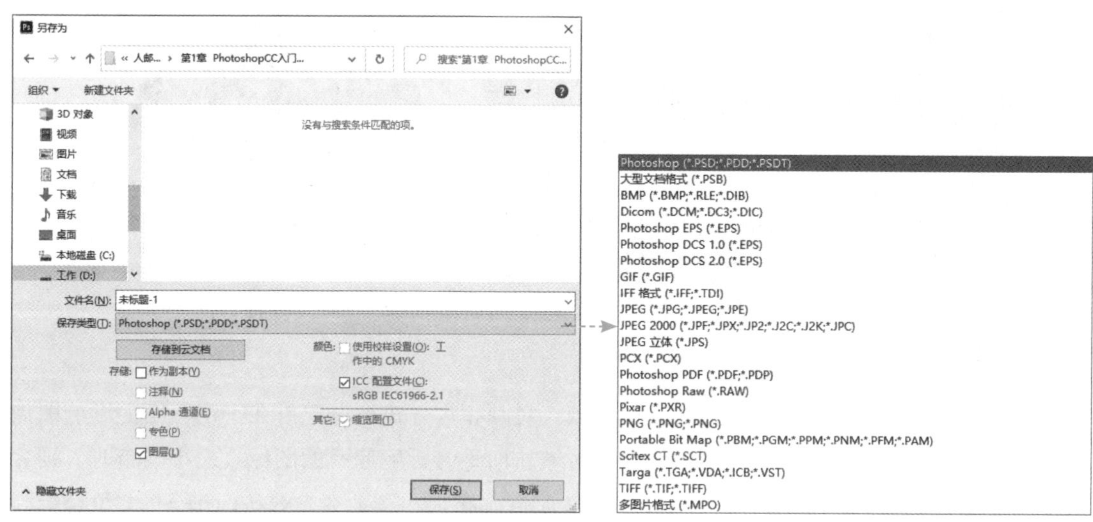

图 2-4

2.1.3 图像和画布的调整

在进行图像操作时，若图像的大小不满足要求，则可根据需要在操作过程中调整修改，包括图像尺寸和画布尺寸。

1. 调整图像大小

图像质量的高低与图像的大小、分辨率有很大关系，分辨率越高，图像越清晰，图像文件所占的空间也越大。执行“图像”|“图像大小”命令，或按Ctrl+Alt+I组合键，打开“图像大小”对话框，从中可对图像的尺寸进行设置，单击“确定”按钮即可，如图2-5所示。

图 2-5

2. 将图像裁剪为自定义大小

当使用裁剪工具调整图像大小时，像素大小和文件大小会发生变化，但是图像不会重新采样。选择裁剪工具后，在选项栏中设置裁剪范围，此时画面中显示裁剪框。裁剪框的周围有8个控制点，裁剪框内是要保留的区域，裁剪框外的为删除区域（变暗），拖曳裁剪框至合适大小，如图2-6所示，按回车键完成裁剪，如图2-7所示。

图 2-6

图 2-7

3. 扩展画布

画布是显示、绘制和编辑图像的工作区域。对画布尺寸进行调整可在一定程度上影响图像尺寸。放大画布时，会在图像四周增加空白区域，而不会影响原有的图像；缩小画布时，则会根据设置裁剪不需要的图像边缘。执行“图像”|“画布大小”命令，或按Ctrl+Alt+C组合键，可打开“画布大小”对话框，如图2-8所示。

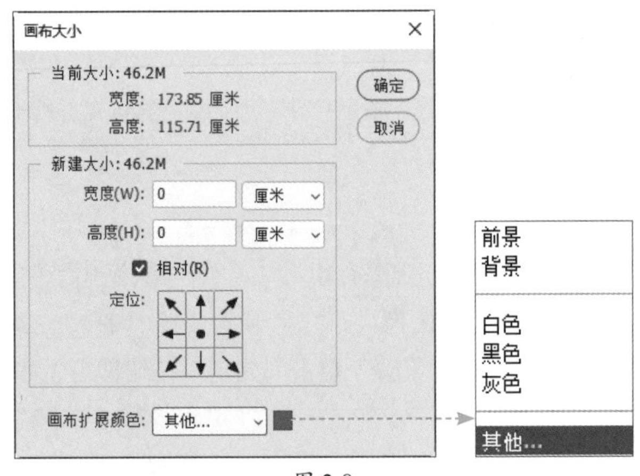

图 2-8

动手练 调整图像显示比例

素材位置：**本书实例\第2章\调整图像显示比例\机械设备.jpg**

本练习介绍图像显示比例的调整，主要运用的知识包括文档的打开、裁剪工具的使用，以及文档的存储等。具体操作过程如下。

步骤01 在Photoshop中打开素材图像，如图2-9所示。

步骤02 选择“裁剪工具”，在“选项栏”中设置参数，如图2-10所示。

图 2-9

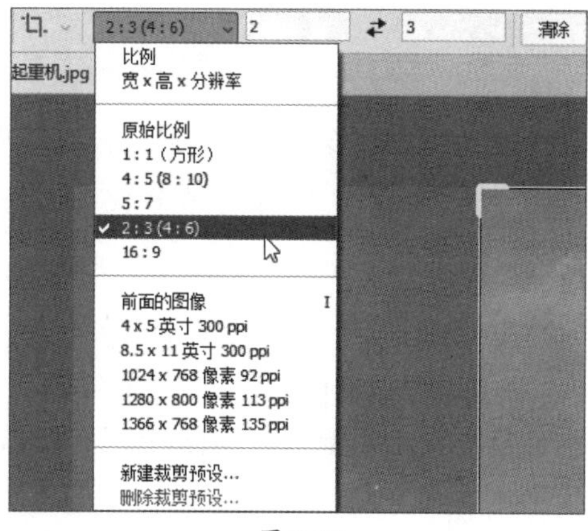

图 2-10

步骤03 调整裁剪范围，如图2-11所示。

步骤04 在上下文任务栏中单击“完成”按钮，应用裁剪，效果如图2-12所示。

图 2-11

图 2-12

步骤05 按Ctrl+Shift+S组合键，在弹出的“存储为”对话框中设置文件名，如图2-13所示。

步骤06 单击“保存”按钮，弹出“JPEG选项”对话框，设置图像品质为最佳，如图2-14所示。

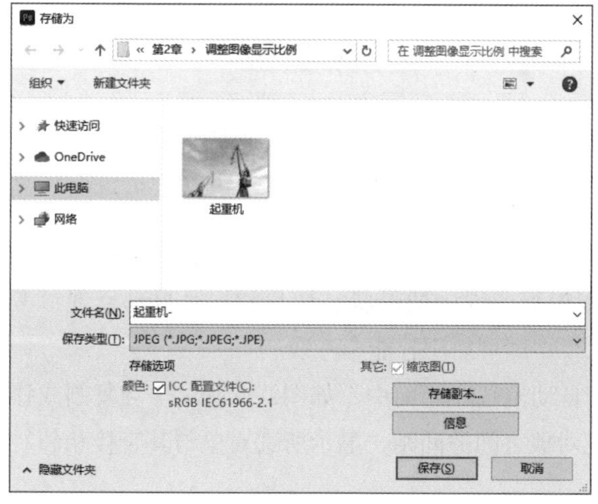

图 2-13

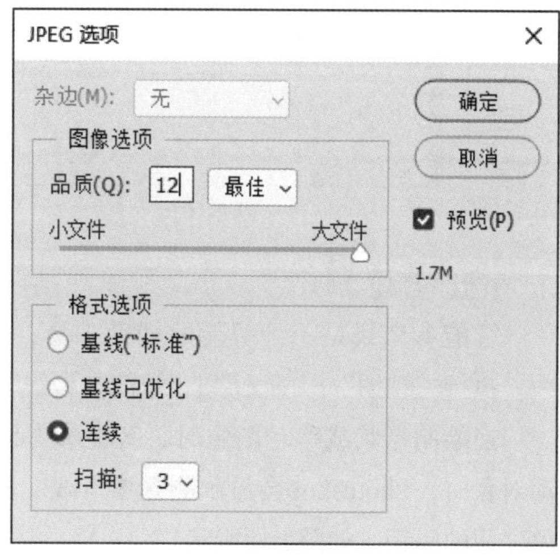

图 2-14

2.2 图像辅助工具的使用

Photoshop图像辅助工具通过提供精确的定位、对齐、排列和计数功能，实现更高效、更准确的图像处理。

2.2.1 标尺

启动Photoshop后，执行“视图”|“标尺”命令，或按Ctrl+R组合键，即可调出标尺。右击标尺，弹出单位设置菜单，如图2-15所示。

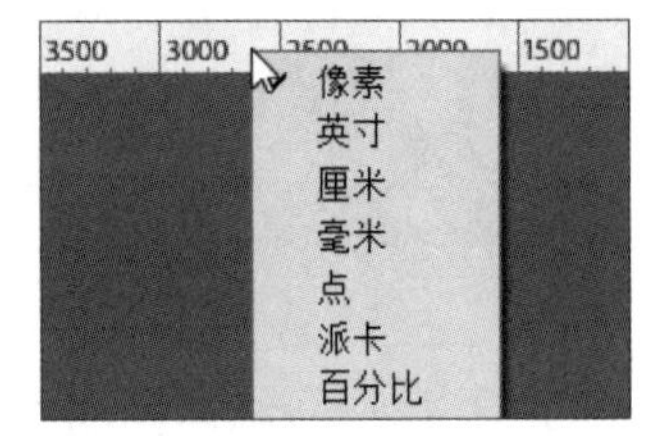

图 2-15

在默认状态下，标尺的原点位于图像编辑区的左上角，其坐标值为（0，0）。单击左上角标尺相交的位置▢并按住鼠标左键向右下方拖曳，会拖出两条十字交叉的虚线，释放鼠标，即可调整零点位置。双击左上角标尺相交的位置▢，可恢复到原始状态。

2.2.2 参考线

参考线和智能参考线是Photoshop中两种重要的图像辅助工具，它们具有独特的功能和应用场景。

1. 参考线

参考线显示为浮动在图像上的非打印线，可以移动、移除并锁定参考线。执行“视图”|“标尺”命令，或按Ctrl+R组合键显示标尺，将光标放置在左侧垂直标尺上向右拖曳，即可创建垂直参考线，如图2-16所示。将光标放置在上侧水平标尺上向下拖曳，即可创建水平参考线，如图2-17所示。

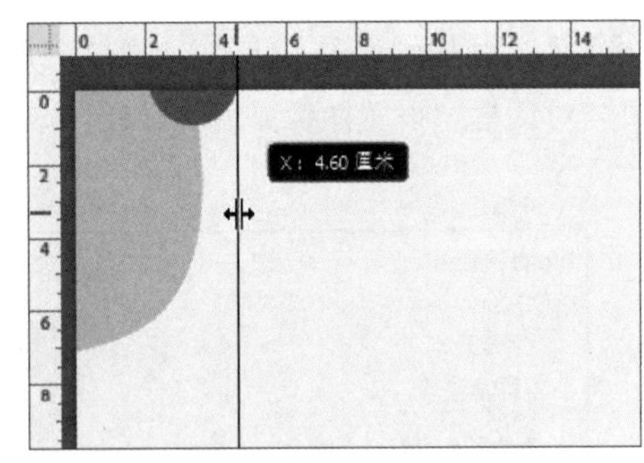

图 2-16

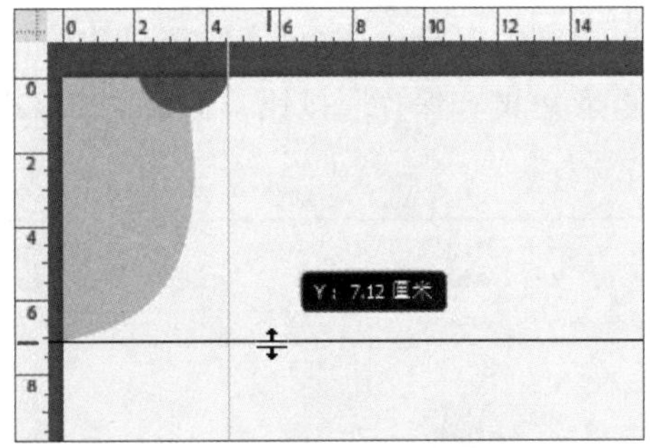

图 2-17

2. 智能参考线

智能参考线是一种智能的辅助工具，可以根据图像中的形状、切片和选区自动呈现参考线。执行“视图”|“显示”|“智能参考线”命令，即可启用智能参考线。

当绘制形状或移动图像时，智能参考线会自动出现在画面中，如图2-18所示。当复制或移动对象时，Photoshop会显示测量参考线，匹配对象之间的间距，显示所选对象与其直接相邻对象之间的间距，如图2-19所示。

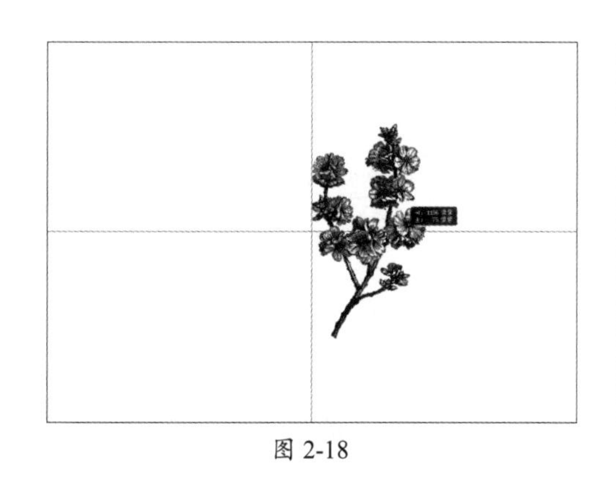

图 2-18

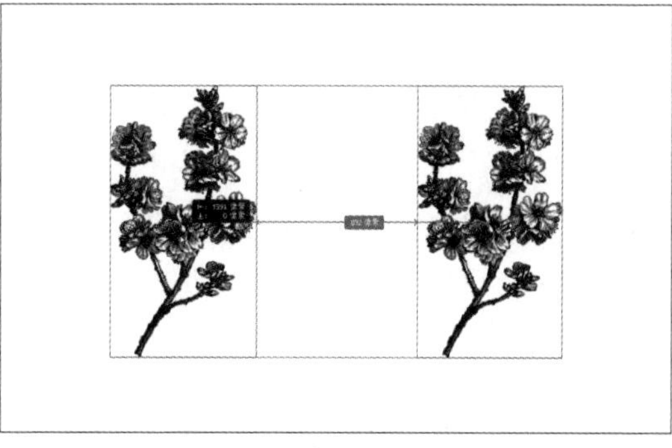

图 2-19

2.2.3 网格

网格主要用于对齐参考线，以便用户在编辑操作中对齐物体。执行“视图”|“显示”|“网格”命令，可在页面中显示网格，如图2-20所示。再次执行该命令，将取消网格的显示。

图 2-20

执行“编辑”|“首选项”|“参考线、网格和切片”命令，在打开的“首选项”对话框中可设置网格的颜色、样式、网格线间距、子网格数量等参数，如图2-21所示。

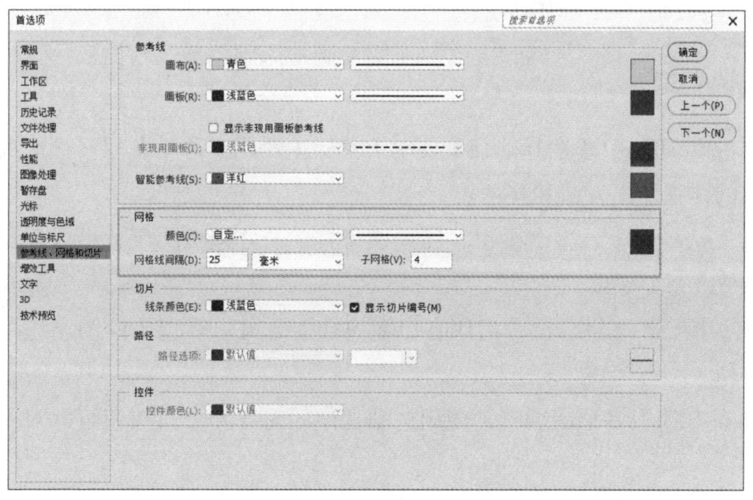

图 2-21

2.2.4 图像缩放

每单击一次缩放工具，都会将图像放大或缩小到下一个预设百分比，并以单击的点为中心显示。在“图像缩放”选项栏中直接单击相关按钮，可快速缩放图像。选择“缩放工具”，在其选项栏中单击相应的按钮进行设置，如图2-22所示。

图 2-22

按Ctrl+0组合键可按屏幕大小缩放图像，如图2-23所示。选择“缩放工具”，默认为放大模式，直接单击图像或按Ctrl++组合键可放大图像，如图2-24所示。按住Alt键切换至缩小模式，单击图像或按Ctrl+-组合键可缩小图像，如图2-25所示。

图 2-23

图 2-24

图 2-25

2.3 选择工具的使用

选择工具用于选择图像中的特定部分，以便进行各种操作的重要工具。这些工具包括移动工具、选框工具组、套索工具组及魔棒工具组等，可以根据不同的需要选择。

2.3.1 移动工具

移动工具是Photoshop中非常基础且重要的工具，主要用于移动图层、选区或参考线。以下是关于移动工具的详细使用方法和技巧。

- **移动图层：** 选择一个或多个图层，使用该工具单击并拖曳图层，可以改变这些图层在画布上的位置。
- **自由变换：** 按Ctrl+T组合键，启用自由变换功能，可以对选中的图层进行旋转、缩放、倾斜等操作。
- **对齐和分布：** 选中多个图层时，使用选项栏中的对齐和分布按钮可以对齐或平均分布这些图层。
- **选择和移动选区：** 创建选区后，使用移动工具可以改变选区的位置，而不仅仅是改变选区内像素的位置。

- **拖曳复制**：按住Alt键，同时使用移动工具单击并拖曳图层，可以快速创建图层的副本。

2.3.2 选框工具

Photoshop中的选框工具用于在图像上创建选区，允许用户选择画布上的特定区域，进行复制、剪切、编辑或应用特效等操作。

1. 矩形选框工具

矩形选框工具用于在图像或图层中绘制矩形或正方形选区。选择“矩形选框工具”，单击并拖曳光标，可绘制矩形选区，如图2-26所示。按住Shift键并拖曳光标，可绘制正方形选区，如图2-27所示。

2. 椭圆选框工具

椭圆选框工具用于在图像或图层中绘制圆形或椭圆形选区。选择“椭圆选框工具”，单击并拖曳光标，可绘制椭圆形的选区。按住Shift+Alt键并拖曳光标，可以单击点为中心等比例绘制正圆选区，如图2-28所示。

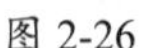

图 2-26

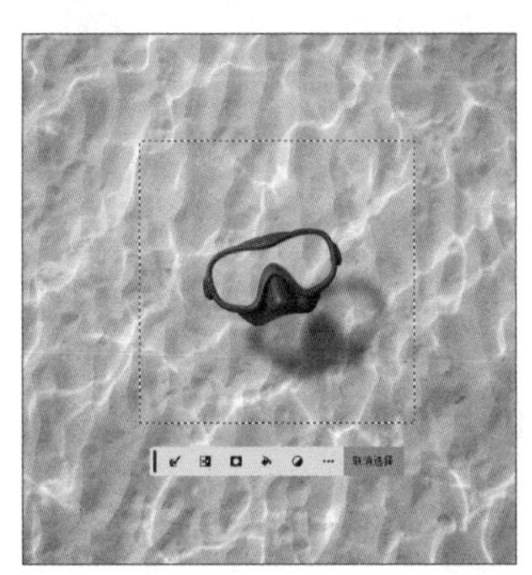

图 2-27

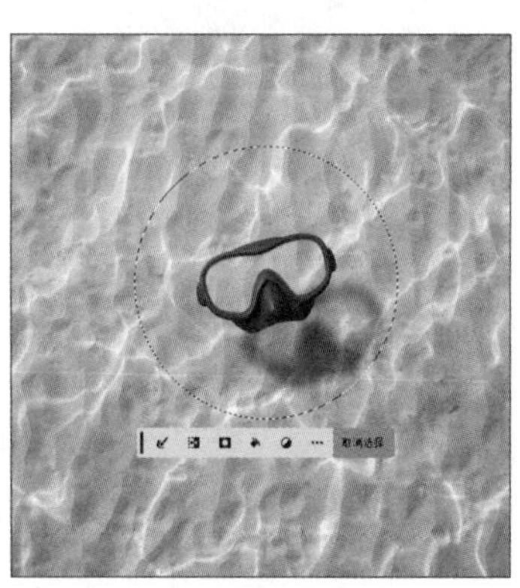

图 2-28

2.3.3 套索工具

套索工具组中的工具包括套索工具、多边形套索工具及磁性套索工具，用于快速、准确地创建各种不规则形状的选区。

1. 套索工具

套索工具用于创建较为随意、不需要精确边缘的选区。选择“套索工具”，按住鼠标拖曳进行绘制，如图2-29所示，释放鼠标即可创建选区，如图2-30所示。按住Shift键可增加选区，按住Alt键可减去选区。

2. 多边形套索工具

多边形套索工具用于创建具有直线边缘的不规则多边形选区。选择“多边形套索工具”，单击创建选区的起始点，沿要创建选区的轨迹依次单击，移动到起始点后，光标变成形状，单击即创建出需要的选区，如图2-31所示。若不回到起点，在任意位置双击也会自动在起点和终点间生成一条连线，作为多边形选区的最后一条边，如图2-32所示。

图 2-29

图 2-30

图 2-31

图 2-32

3. 磁性套索工具

磁性套索工具可基于图像的边缘信息自动创建选区。选择“磁性套索工具”，在图像窗口中需要创建选区的位置单击，确定选区起始点，沿选区的轨迹拖曳光标，系统将自动在光标移动的轨迹上选择对比度较大的边缘产生节点，如图2-33所示。当光标回到起始点变为形状时单击，即可创建出精确的不规则选区，如图2-34所示。

图 2-33

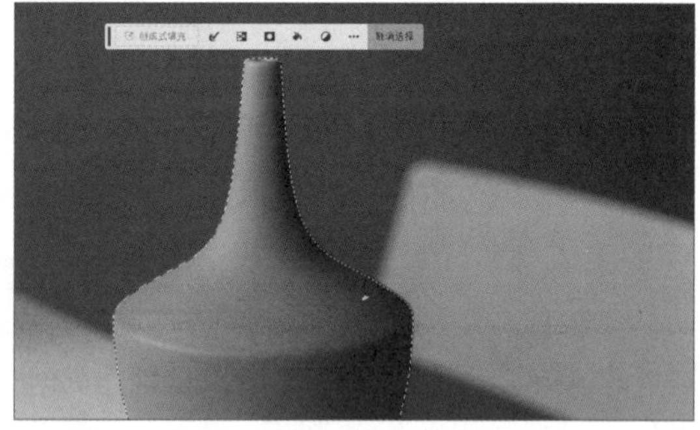
图 2-34

2.3.4 魔棒工具组

魔棒工具组包括对象选择工具、魔棒工具及快速选择工具，有助于用户方便快捷地选择图像中的特定区域或对象。

1. 对象选择工具

对象选择工具是一种更智能的选区创建工具。可以通过简单地框选主体对象生成精确的选区，适用于选择具有清晰边缘和明显区分于背景的对象。在选项栏中设置一种选择模式并定义对象周围的区域。选择“矩形”模式，拖曳光标可定义对象或区域周围的矩形区域，如图2-35所示。选择“套索”模式，在对象的边界或区域外绘制一个粗略的套索，如图2-36所示。释放鼠标即可选择主体，如图2-37所示。

图 2-35

图 2-36

图 2-37

2. 快速选择工具

快速选择工具可以利用可调整的圆形笔尖，根据颜色的差异快速绘制出选区，适用于选择具有清晰边缘和明显区分于背景的对象。选择“快速选择工具”，在选项栏中设置画笔的大小，按“]”键可增大快速选择工具画笔笔尖的大小；按“[”键可减小快速选择工具画笔笔尖的大小。拖曳创建选区时，其选取范围会随着光标移动而自动向外扩展，并自动查找和跟随图像中定义的边缘，如图2-38所示。按住Shift和Alt键可增大、减小选区大小，如图2-39所示。

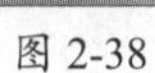
图 2-38

图 2-39

3. 魔棒工具

魔棒工具适用于选择背景单一、颜色对比明显的图像区域。可单击图像中的某个颜色区域，快速选择与该颜色相似的区域。选择“魔棒工具”，当光标变为形状时单击，即可快速创建选区，如图2-40所示。按住Shift和Alt键可增大、减小选区大小，如图2-41所示。

图 2-40

图 2-41

动手练 快速抠图

素材位置：**本书实例\第2章\快速抠图\盆栽.png**

本练习介绍抠图操作，主要运用的知识包括图层的转换，魔棒工具、套索工具的使用，以及文件的导出等。具体操作过程如下。

步骤01 将素材文件拖放至Photoshop界面中，如图2-42所示。

步骤02 在“图层”面板中将背景图层转换为普通图层，如图2-43所示。

图 2-42

图 2-43

步骤03 选择“魔棒工具”，单击背景创建选区，如图2-44所示。

步骤04 按Delete键删除选区，按Ctrl+D组合键取消选区，如图2-45所示。

图 2-44

图 2-45

步骤05 使用“魔棒工具”分别单击阴影部分创建选区，按Delete键删除选区，按Ctrl+D组合键取消选区，如图2-46所示。

步骤06 选择“套索工具”，沿最右侧图像边缘绘制选区，如图2-47所示。

图 2-46

图 2-47

步骤07 按Ctrl+X组合键剪切，按Ctrl+V组合键粘贴，移至最右侧，如图2-48所示。

步骤08 选择“套索工具”，沿最左侧图像边缘绘制选区，剪切粘贴后移至最左侧，如图2-49所示。

图 2-48

图 2-49

步骤09 按Ctrl+R组合键显示标尺，创建参考线，如图2-50所示。

步骤10 选择“切片工具”，单击选项栏中的“基于参考线创建切片”按钮，如图2-51所示。

图 2-50

图 2-51

步骤11 执行“文件”|“导出”|“存储为Web所用格式”命令，导出PNG格式图像，如图2-52所示。

图 2-52

2.4 选区的编辑

选区的基础操作涉及对图像中特定区域的选取、修改和调整，具体包括选区的选择与反选、扩展与收缩、平滑与羽化选区。

2.4.1 选区的运算

选择任意一个选框工具，可在选项栏的“选区选项”中精确地创建和调整选区，该按钮组从左至右分别为新选区、添加到选区、从选区中减去及与选区交叉。

- **新选区**：默认选择，表示每次创建选区时都会取消之前的选区。
- **添加到选区**：表示将当前创建的选区添加到已存在的选区，形成一个更大的选区，可以通过按住Shift键实现。
- **从选区减去**：表示从当前创建的选区中减去已存在的选区，形成一个更小的选区，可以通过按住Alt键实现。
- **与选区交叉**：表示只保留当前创建选区与已存在选区相交的部分，可以通过按住Shift+Alt组合键实现。

2.4.2 选区的修改

选区的修改用于精确控制图像中被编辑或应用效果的区域。以下是选区修改的一些常见方法和技巧。

1. 反选选区

反选选区是指快速选择当前选区外的其他图像区域，而当前选区不再被选择。创建选区后，如图2-53所示。执行“选择”|“反选”命令，单击上下文任务栏中的按钮，或按Ctrl+Shift+I组合键，原先选中的区域被取消，而原先未选中的区域被选中，如图2-54所示。

2. 扩展与收缩选区

扩展与收缩选区用于调整选区的大小和范围。

使用选区工具创建选区，如图2-55所示，单击上下文任务栏中的按钮，在弹出的菜单中选择“扩展选区”选项；或执行“选择”|“修改”|“扩展”命令，在弹出的“扩展选区”对话框中设置扩展量为20像素，应用效果如图2-56所示。

图 2-53

图 2-54

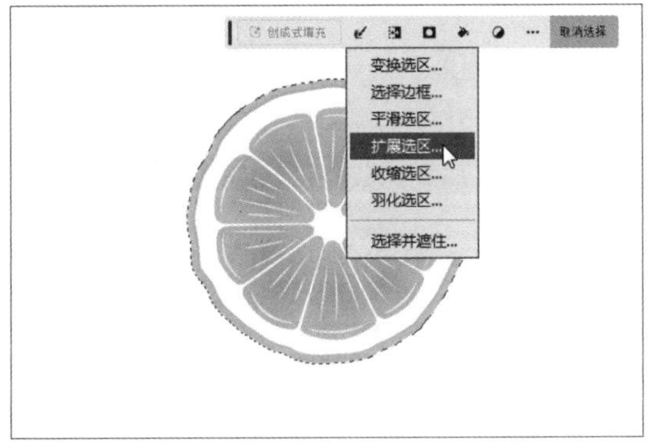

图 2-55

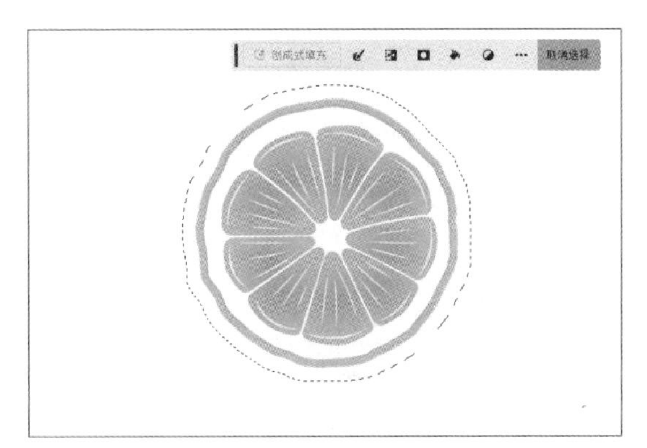

图 2-56

相对扩展选区而言，收缩选区是指将现有选区的边界向内收缩一定的像素值。

3. 平滑和羽化选区

平滑选区主要用于消除选区边缘的锯齿状外观，使边缘变得更加平滑和连续。使用选区工具创建选区，如图2-57所示，单击上下文任务栏中的按钮，在弹出的菜单中选择“平滑选区”选项，并在弹出的“平滑选区”对话框中设置取样半径为50像素，应用效果如图2-58所示。

图 2-57

图 2-58

羽化选区通过在选区边缘创建一个渐变效果，使选区与周围像素的融合更加自然。创建选区后单击上下文任务栏中的按钮，在弹出的菜单中选择“羽化选区”选项，再在弹出的“羽化选区”对话框中设置羽化半径为20像素，应用效果如图2-59所示。

图 2-59

2.4.3 选区的变换

选区的变换涉及“变换选区”和“自由变换”两种不同的操作。变换选区主要用于调整选区的位置和形状，自由变换则用于对整个图层或选区进行更灵活和多样化的变换操作。

1. 变换选区

变换选区是对已创建的选区进行变换，而不影响原始图像。使用选区工具创建选区后，执行“选择”|“变换选区”命令；或在选区上右击，在弹出的快捷菜单中选择“变换选区”选项，选区的四周出现调整控制框，如图2-60所示。移动控制框上的控制点可以对选区进行缩放、旋转、斜切等变换操作，默认情况下为等比缩放，如图2-61所示。

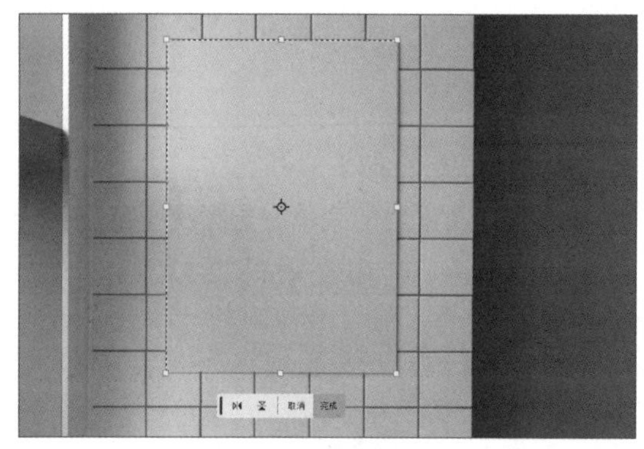

图 2-60

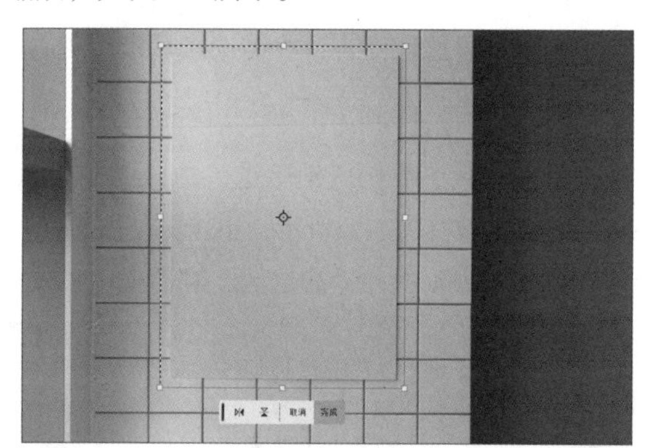

图 2-61

2. 自由变换

自由变换是对整个图层或图层中的特定部分进行变换，而不仅仅是选区，它会直接影响原始图像，如图2-62所示。自由变换可对图层或选区进行更灵活和多样化的变换操作，如缩放、旋转、斜切、扭曲、透视等。

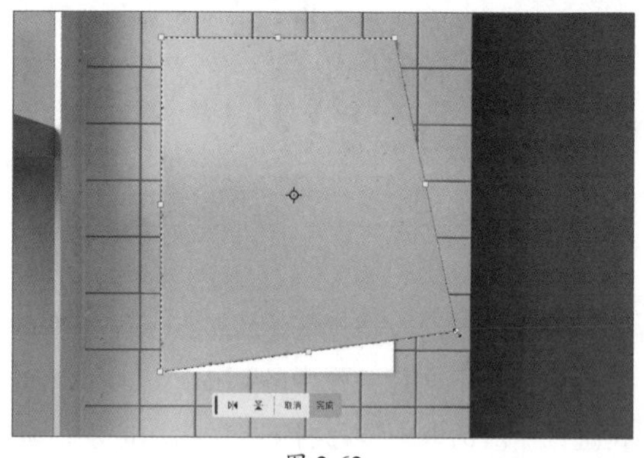

图 2-62

动手练 更换图像背景

素材位置：**本书实例\第2章\更换图像背景\原图.jpg和背景素材.jpg**

本练习介绍图像的背景更换方法，主要运用的知识包括快速选择工具的使用、选区的调整，以及图像的置入等。具体操作过程如下。

步骤01 将素材文件拖放至Photoshop界面中，如图2-63所示。

步骤02 在“图层”面板中单击🔒图标，解锁背景图层，如图2-64所示。

图 2-63

图 2-64

步骤03 选择“快速选择工具”并拖曳鼠标创建选区，分别按住Shift键或Alt键调整选区，如图2-65所示。

步骤04 单击上下文任务栏中的☑按钮，在弹出的菜单中选择“扩展选区”选项，再在“扩展选区”对话框中设置扩展量为2，如图2-66所示。

图 2-65

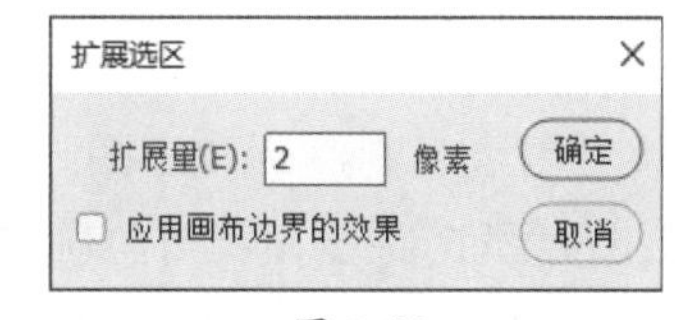

图 2-66

步骤05 单击“确定”按钮，应用扩展效果，随后按Delete键删除选区，按Ctrl+D组合键取消选区，如图2-67所示。

步骤06 将背景素材置入文档，在“图层”面板中调整顺序，最终效果如图2-68所示。

图 2-67

图 2-68

2.5 形状工具的使用

形状工具组中的工具包括矩形工具、椭圆工具、三角形工具、多边形工具、直线工具及自定形状工具，可以轻松创建和编辑各种几何形状，如矩形、椭圆、多边形等。

2.5.1 矩形工具

矩形工具可以绘制矩形、圆角矩形及正方形。选择“矩形工具”▭并拖曳鼠标可绘制任意大小的矩形，拖曳内部的控制点可调整圆角半径。在画板中单击，在弹出的“创建矩形”对话框中可设置宽度、高度及半径等参数，如图2-69、图2-70所示。

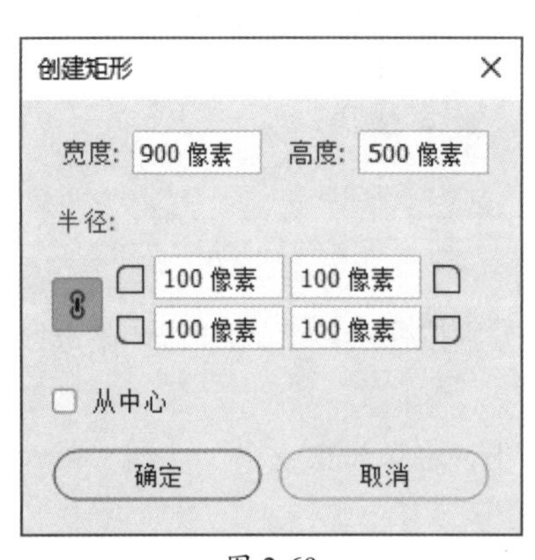

图 2-69

图 2-70

知识点拨 选择任意形状工具，单击后按住Alt键，可以以单击点为中心绘制矩形；按住Shift+Alt组合键，可以以单击点为中心绘制正方形。

2.5.2 椭圆工具

椭圆工具可用于绘制椭圆和正圆。选择“椭圆工具”◯并拖曳鼠标可绘制任意大小的椭圆；按住Shift键的同时拖曳鼠标可绘制正圆，如图2-71所示。在画板中单击，在弹出的“创建椭圆”对话框中可设置宽度和高度，如图2-72所示。

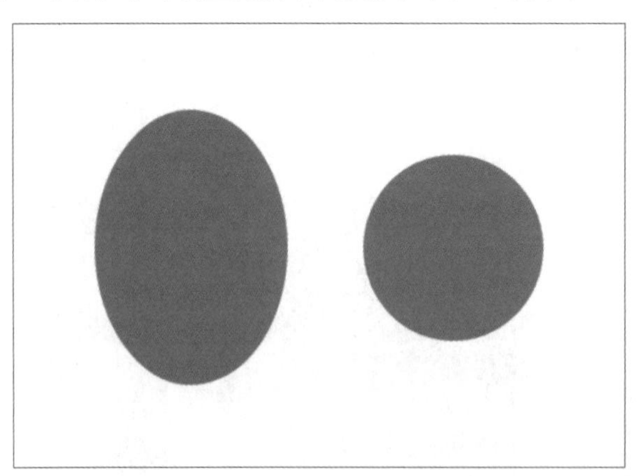
图 2-71

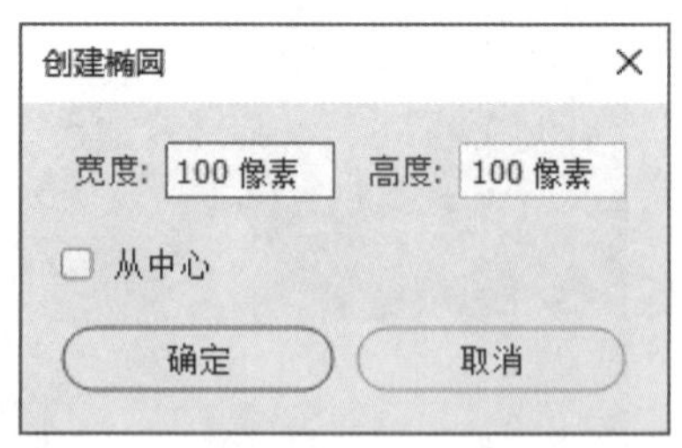

图 2-72

2.5.3 三角形工具

三角形工具可用于绘制三角形。选择“三角形工具”△并拖曳鼠标可绘制三角形，按住Shift键可绘制等边三角形，拖曳内部的控制点可调整圆角半径，如图2-73所示。在画板中单击，在弹出的“创建三角形”对话框中可设置宽度、高度、等边及圆角半径等参数，如图2-74所示。

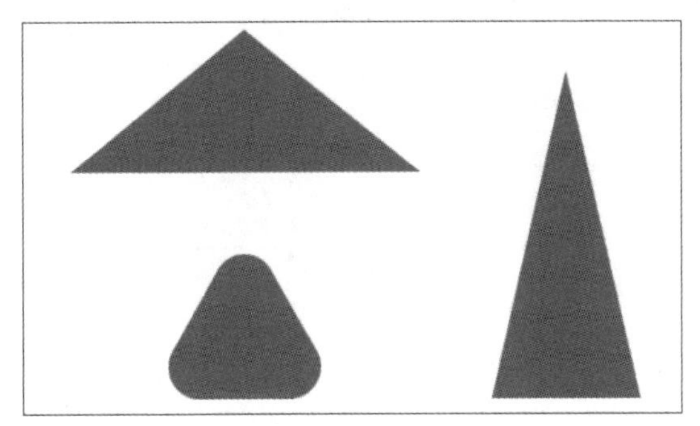

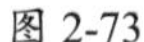
图 2-73

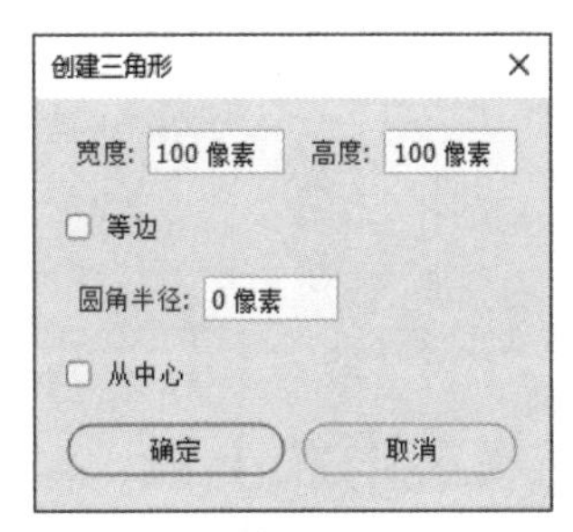

图 2-74

2.5.4 多边形工具

多边形工具用于绘制正多边形（最少为3边）和星形。选择“多边形工具”⬡，在选项栏中设置边数，按住鼠标左键并拖曳即可绘制。在画板中单击，在弹出的“创建多边形”对话框中可设置宽度、高度、边数、圆角半径及星形比例等参数，如图2-75所示。图2-76所示为平滑星形缩进与不缩进效果的对比。

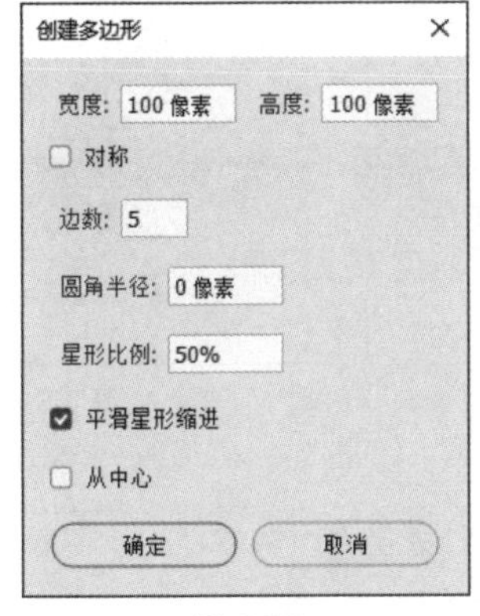

图 2-75

图 2-76

2.5.5 直线工具

直线工具用于绘制直线和带有箭头的路径。选择“选择直线工具”／，在选项栏中单击“描边选项”，再在“描边选项”面板中设置描边的类型，如图2-77所示。单击“更多选项”按钮，在弹出的“描边”对话框中可设置参数，如图2-78所示。

- **预设**：从实线、虚线、点线中选择，或者单击更多选项，创建自定义直线预设。
- **对齐**：选择内部或外部。如果选择内部对齐方式，则不会显示描边粗细。
- **端点**：从下列三种线段端点形状中选择：端面、圆形或方形。线段端点形状决定线段起点和终点的形状。

- **虚线**：可通过设置构成虚线这一重复图案的虚线数和间隙数数值，自定义虚线的外观。

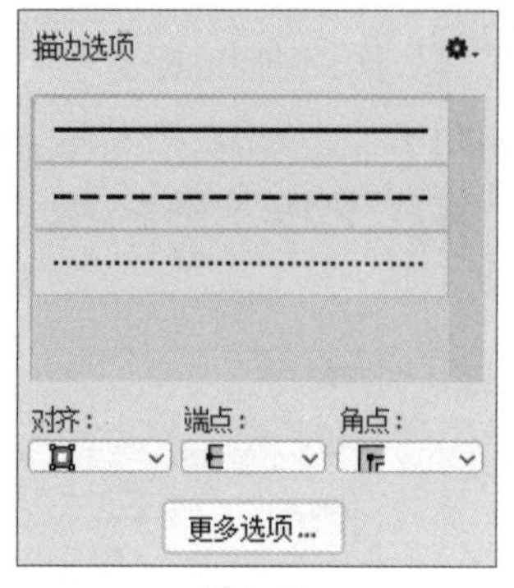

图 2-77

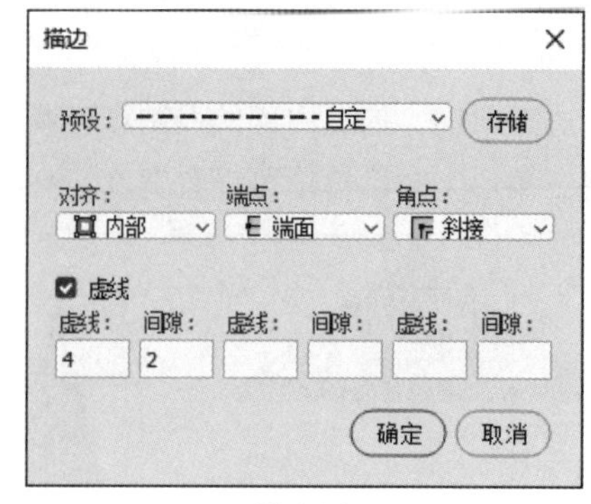

图 2-78

2.5.6 自定形状工具

自定形状工具用于绘制系统自带的不同形状。选择“自定形状工具”，单击选项栏中的图标，可选择预设自定形状，如图2-79所示。执行“窗口”|“形状”命令，弹出“形状”面板，单击“菜单”按钮，在弹出的菜单中选择“旧版形状及其他”选项，即可添加旧版形状，如图2-80、图2-81所示。

图 2-79

图 2-80

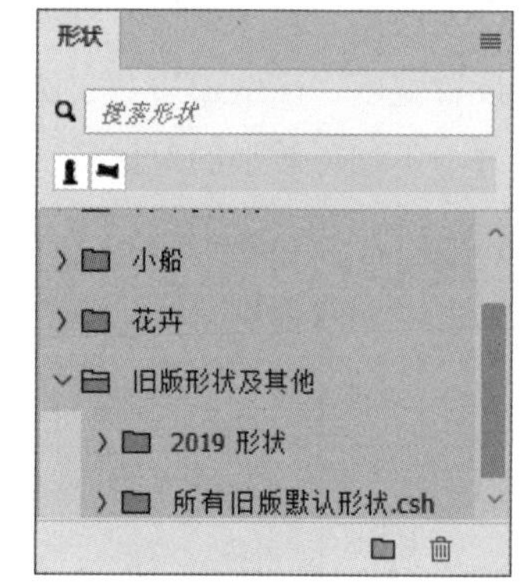

图 2-81

动手练 扁平式搜索框

素材位置：本书实例\第2章\扁平式搜索框\搜索框

本练习制作一款扁平式搜索框，主要运用的知识包括矩形工具和自定形状工具的使用。具体操作过程如下。

步骤01 新建文档，选择“矩形工具”，绘制圆角矩形并填充颜色，如图2-82所示。

步骤02 在“属性”对话框中设置圆角半径，如图2-83所示。

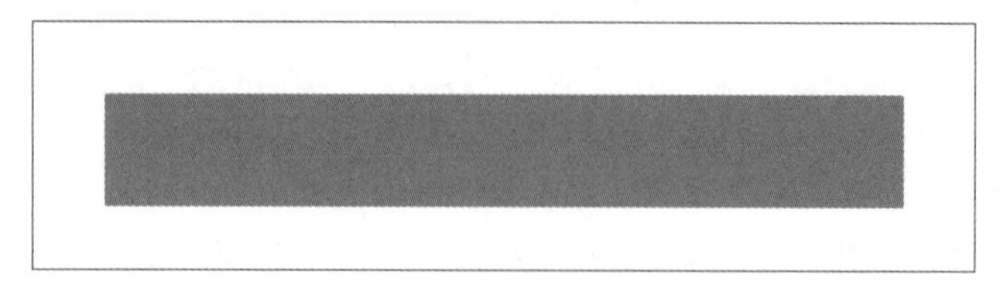
图 2-82

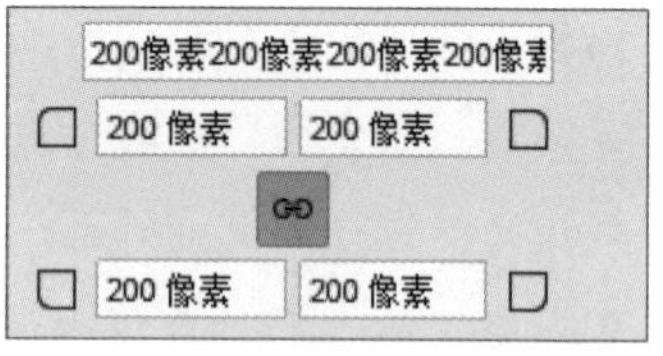

图 2-83

步骤03 效果如图2-84所示。

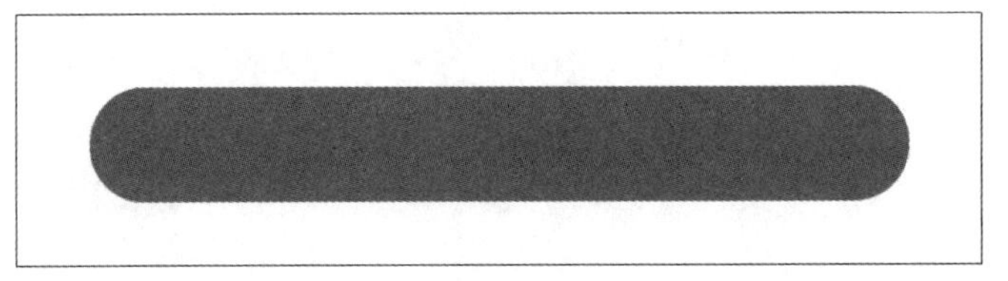

图 2-84

步骤04 选择“矩形工具”，绘制圆角矩形并填充白色，如图2-85所示。

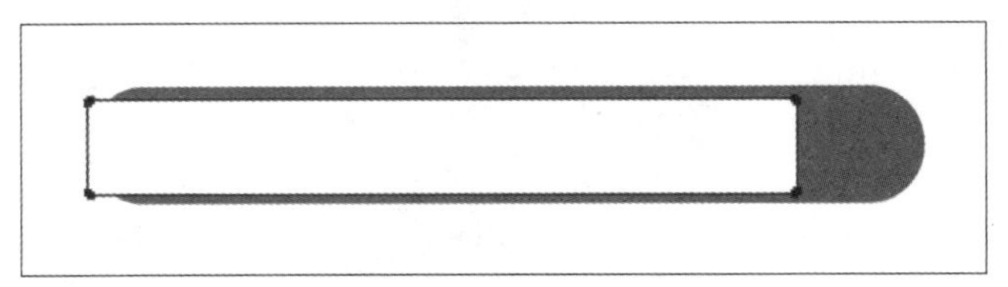

图 2-85

步骤05 在“属性”对话框中设置圆角半径，如图2-86所示。

步骤06 调整位置，如图2-87所示。

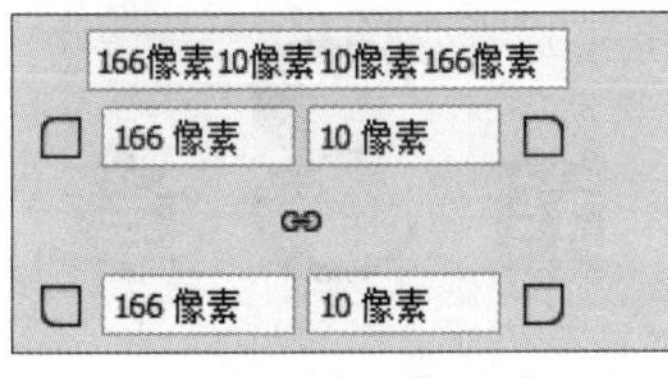

图 2-86

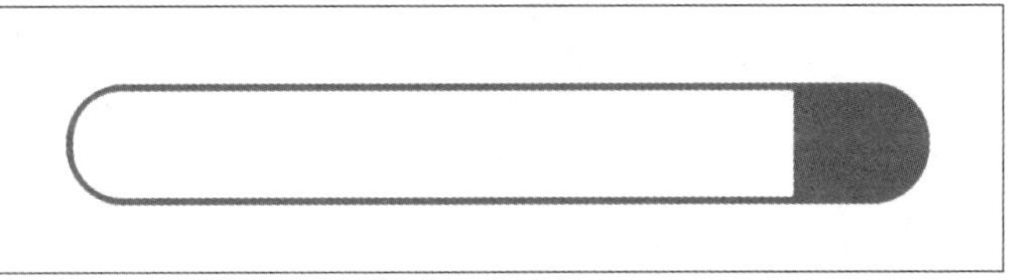

图 2-87

步骤07 选择“自定形状工具”，在属性栏中选择“搜索”，按住Shift键绘制并填充白色，如图2-88所示。

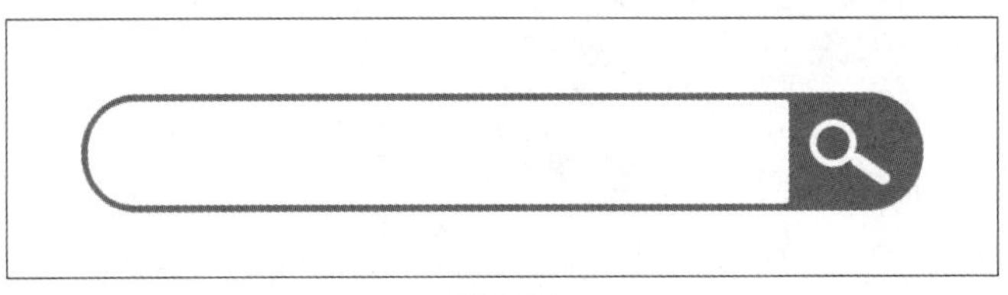

图 2-88

步骤08 输入文字，如图2-89所示。

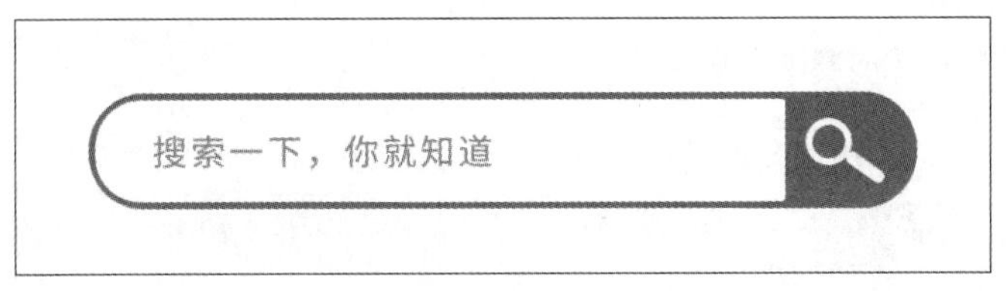

图 2-89

至此该案例制作完成。

Ps+CDR
Photoshop+CorelDRAW

第3章 图层的管理

本章将对图层的相关知识进行讲解，包括图层的类型、图层面板、图层的基本操作及图层的高级操作。了解并掌握这些基础知识，可以帮助用户更有效地组织和管理图像，提高编辑的效率和灵活性。

要点难点

- 图层的类型
- 图层面板的使用
- 图层的混合模式
- 图层样式的应用

3.1 图层的概述

在Photoshop中，每个图层包含图像的一部分，这些图层可以单独编辑、移动、隐藏或修改，不会影响其他图层。

3.1.1 图层的类型

常见的图层类型包括背景图层、常规图层、智能对象图层、形状图层、文本图层、蒙版图层及调整图层等。

1. 背景图层

背景图层是一个不透明的图层，如图3-1所示，以背景色为底色，通常在新建文档时自动产生。按住Alt键双击，可将背景图层转换为常规图层，如图3-2所示。背景图层无法更改顺序、混合模式和不透明度，并被强行锁定。如果新建包含透明内容的新图像，则没有背景图层，如图3-3所示。

图 3-1

图 3-2

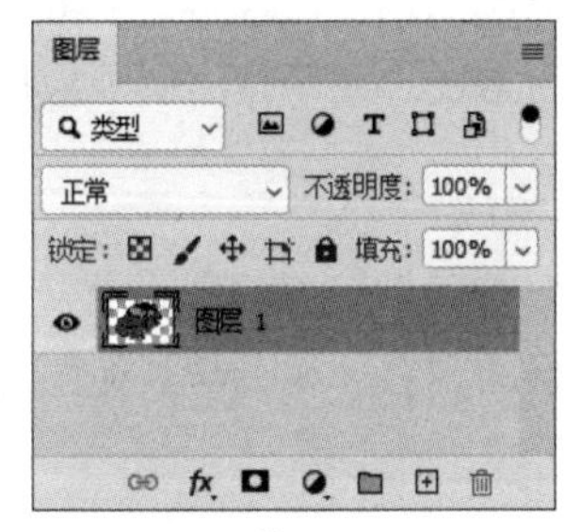

图 3-3

2. 常规图层

常规图层是最普通的一种图层，在Photoshop中显示为透明。可以根据需要在普通图层上随意添加与编辑图像。选中该图层，执行“图层”|“新建”|“背景图层”命令，可将所选图层转换为背景图层。

3. 智能对象图层

包含栅格或矢量图像中图像数据的图层，将保留图像的源内容及其所有原始特性，对图层进行非破坏性编辑。选择图层后右击，在弹出的快捷菜单中选择“转换为智能对象”选项，即可将图层转换为智能对象图层，如图3-4所示。

4. 蒙版图层

蒙版图层是一种特殊的图层，用于遮盖或显示图像层的部分内容。蒙版图层上的白色区域会显示图像层的内容，黑色区域会隐藏图像层的内容，灰色区域则以不同的透明度显示图像层的内容，如图3-5所示。

5. 形状图层

形状图层是用于绘制矢量图形的图层。在形状图层上，可以使用各种形状工具绘制形状，且这些形状是矢量的，可以进行缩放、旋转等变换且不会失真，如图3-6所示。

图 3-4

图 3-5

图 3-6

6. 文本图层

选择“文字”工具在图像中输入文字时，系统将自动创建一个文字图层，如图3-7所示。若执行“文字变形”命令，则生成变形文字图层。

7. 调整图层

调整图层用于对图像进行色彩、亮度、对比度等的调整。调整图层不会直接修改图像层的内容，而是通过在调整图层上应用各种调整效果改变图像层的显示效果，如图3-8所示。

8. 填充图层

填充图层是包含纯色、渐变或图案的图层，可以转换为调整图层，如图3-9所示。它可以覆盖图像层的内容，或者与其他图层混合以达到特定的效果。

9. 图层组

图层组是一种将多个图层组合在一起的图层类型。通过创建图层组可以更方便地管理和组织图层，对它们进行统一操作。

图 3-7

图 3-8

图 3-9

知识点拨 通过“栅格化图层”选项可将智能对象图层、蒙版图层、形状图层、文字图层等转换为常规图层。

3.1.2 “图层”面板简介

“图层”面板是Photoshop中用于管理和编辑图层的界面。执行“窗口”|“图层”命令，打开“图层”面板，如图3-10所示。在该面板中可以查看所有打开的图层，并对它们进行各种操作，如新建、删除、复制、合并等。该面板中主要选项的功能如下。

图 3-10

- **打开面板菜单**：单击该图标，可以打开“图层”面板的设置菜单。
- **图层滤镜**：可以使用图层面板顶部的滤镜选项查找复杂文档中的关键图层。可以选择类型、名称、效果、模式或画板等选项显示图层的子集。
- **混合模式**：设置图层的混合模式。
- **不透明度**：设置当前图层的不透明度。
- **图层锁定**：用于对图层进行不同的锁定，包括“锁定透明像素”、“锁定图像像素”、“锁定位置”、“防止在画板内外自动嵌套”和“锁定全部”。
- **填充不透明度**：可以在当前图层中调整某个区域的不透明度。
- **指示图层可见性**：用于控制图层显示或者隐藏，隐藏状态下的图层无法编辑。
- **图层缩览图**：指图层图像的缩小图，方便确定要调整的图层。
- **图层名称**：设置图层的名称，双击图层可自定义图层名称。
- **图层按钮组**：图层面板底端的7个按钮分别为“链接图层”、“添加图层样式”、“图层蒙版”、“创建新的填充或调整图层”、“创建新组”、“创建新图层”和“删除图层”。

3.2 图层的基本操作

图层编辑是图像处理中不可或缺的一部分。通过掌握图层的编辑技巧和作用，可以更高效地进行设计和编辑工作，创作出更具创意和吸引力的作品。

3.2.1 创建图层与图层组

若在当前图像中绘制新的对象，通常需要创建新的图层，新图层将出现在“图层”面板中选定图层的上方，或选定组内。

执行“图层”|“新建”|“图层”命令，或按Ctrl+Shift+N组合键，弹出“新建图层”对话框，如图3-11所示。设置参数后，单击“确定”按钮，即可生成新的图层，新的图层会自动成为当前图层，如图3-12所示。除此之外，还可直接单击“图层”面板底部的“创建新图层”按钮，快速创建一个透明图层。

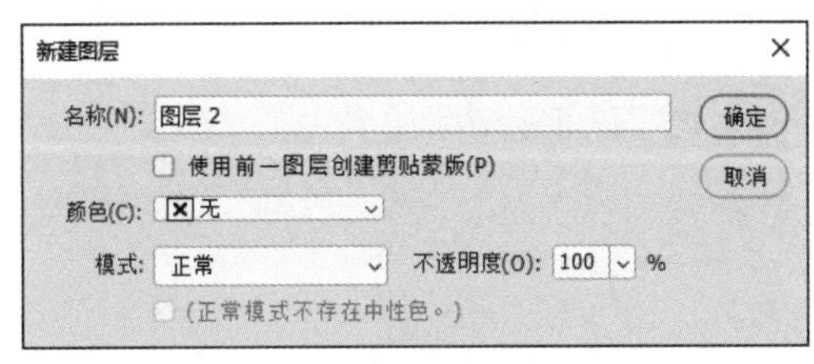

图 3-11

图 3-12

图层组可以将多个图层组合在一起，形成一个独立的单元，有助于组织项目并保持“图层”面板整洁有序。执行“图层”|“新建”|“从图层建立组”命令，弹出“从图层新建组”对话框，如图3-13所示。设置参数，即可为选定的图层创建组，如图3-14所示。

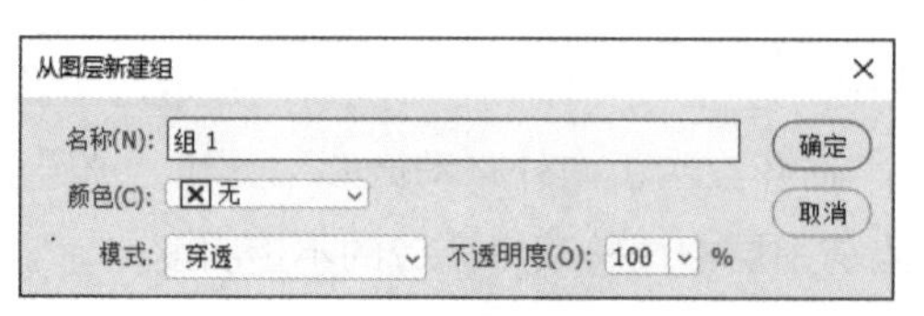

图 3-13

图 3-14

执行“图层”|“新建”|“组”命令创建组，新建的图层会显示在该组内，如图3-15所示。选中图层，单击“图层”面板底部的“创建新组”按钮，可快速创建图层组，如图3-16所示。

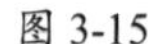

图 3-15

图 3-16

3.2.2 删除图层

对于不需要的图层可进行删除。删除图层主要包括以下3种方法。

- 选中目标图层，按Delete键删除。
- 选中目标图层，拖曳至“删除图层”按钮；或选中目标图层，直接单击“删除图层”按钮。
- 选中目标图层，右击，在弹出的快捷菜单中选择“删除图层”选项，弹出提示框，单击“是”按钮，如图3-17所示。

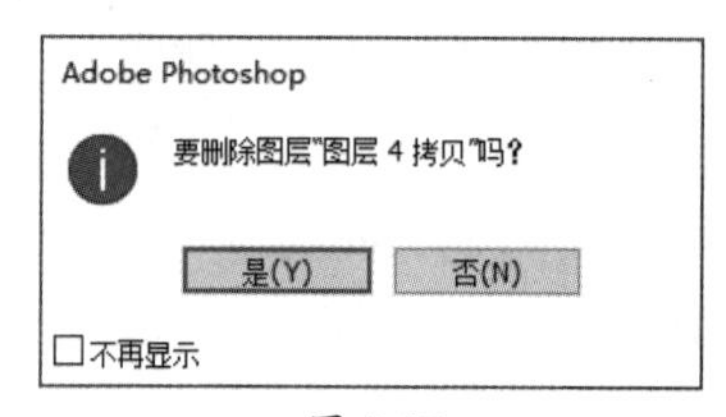

图 3-17

3.2.3 复制图层

可以在同文档中复制图层，也可以在不同文档之间复制图层。

1. 在同文档中复制图层

- 选中目标图层，按Ctrl+J组合键。
- 选中目标图层，拖曳至“创建新图层”按钮，如图3-18、图3-19所示。

图 3-18

图 3-19

- 按住Alt键，当光标变为双箭头图标时，可复制并移动指定图层。

2. 在不同文档中复制图层

- 在源文档中，使用“选择工具”，将图像拖曳至目标文档。
- 在源文档的“图层”面板中选中图像图层，拖曳至目标文档。
- 在源文档中，按Ctrl+C组合键复制图层；在目标文档中，按Ctrl+V组合键粘贴图像图层。

3.2.4 合并图层

图层的合并有助于整理和组织图层，还可以实现一些特殊效果。

合并图层时，顶部图层上的数据可替换其覆盖的底部图层上的任何数据。在合并后的图层中，所有透明区域的交叠部分都会保持透明。可以在图层上应用以下合并操作。

- **向下合并：** 合并两个相邻的可见图层，执行“图层”|“向下合并层”命令，或按Ctrl+E组合键。
- **合并可见图层：** 将图层中可见的图层合并至一个图层，而隐藏的图像保持不动。执行“图层”|“合并可见图层”命令，或按Shift+Ctrl+E组合键。
- **拼合图像：** 对所有可见图层进行合并，丢弃隐藏的图层。执行“图层”|“拼合图像”命令，可将所有处于显示状态的图层合并至背景图层。若有隐藏的图层，拼合图像时会弹出提示对话框，询问是否扔掉隐藏的图层，单击“确定”按钮即可。

知识点拨 合并后的图层将不再保留原有的图层信息，在进行合并操作前，可先对图层进行备份。

3.2.5 重命名图层

在图层较多的文档中，修改图层名称及其显示颜色，有助于快速寻找到相应的图层。修改图层名称主要有以下几种方法。

- 执行“图层”|“重命名图层”命令。
- 选中目标图层，右击，在弹出的快捷菜单中选择“重命名图层”选项。
- 双击目标图层，激活名称输入框，如图3-20所示。输入名称，按回车键即可，如图3-21所示。

图 3-20

图 3-21

3.2.6 锁定/解锁图层

可以选择完全或部分锁定图层以保护其内容。“图层”面板中常用的锁定按钮功能如下。

- 锁定透明像素⊠：单击该按钮，将编辑范围限制在图层的不透明部分。
- 锁定图像像素🖌：单击该按钮，防止使用绘画工具修改图层的像素。
- 锁定位置✥：单击该按钮，防止图层的像素移动。
- 锁定全部🔒：单击该按钮，该图层或组不能进行任何操作。锁定组中的图层将显示一个灰色的锁定图标，如图3-22所示。锁定组中的图层不可单独解锁，单击灰色锁定图层，会弹出提示框，如图3-23所示。可直接单击组名称后的锁定图标进行解锁。

图 3-22

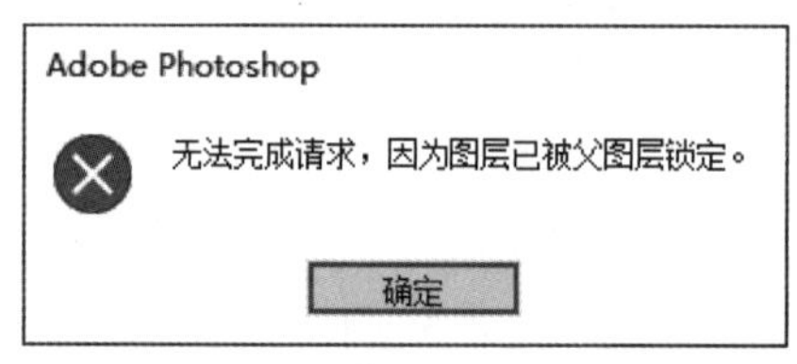

图 3-23

知识点拨 对于文字和形状图层，锁定透明度和锁定图像选项在默认情况下均处于选中状态，且不能取消选择。

3.2.7 图层的对齐与分布

在图像编辑过程中，常常需要对多个图层进行对齐或分布排列。

1. 对齐图层

对齐图层是指将两个或两个以上的图层按一定规律进行对齐排列，以当前图层或选区为基础，在相应方向上对齐。执行“图层”|“对齐”菜单中相应的命令即可，如图3-24所示 。

- 顶边：将选定图层上的顶端像素与所有选定图层上最顶端的像素对齐，或与选区边框的顶边对齐。

- 垂直居中对齐：将每个选定图层上的垂直中心像素与所有选定图层的垂直中心像素对齐，或与选区边框的垂直中心对齐。
- 底边：将选定图层上的底端像素与选定图层上最底端的像素对齐，或与选区边界的底边对齐。
- 左边：将选定图层上的左端像素与最左端图层的左端像素对齐，或与选区边界的左边对齐。
- 水平居中对齐：将选定图层上的水平中心像素与所有选定图层的水平中心像素对齐，或与选区边界的水平中心对齐。
- 右边：将链接图层上的右端像素与所有选定图层上的最右端像素对齐，或与选区边界的右边对齐。

2. 分布图层

分布图层是指将3个以上的图层按一定规律在图像窗口中进行分布。选中多个图层，执行“图层”|“分布”菜单中的相应命令即可，如图3-25所示。

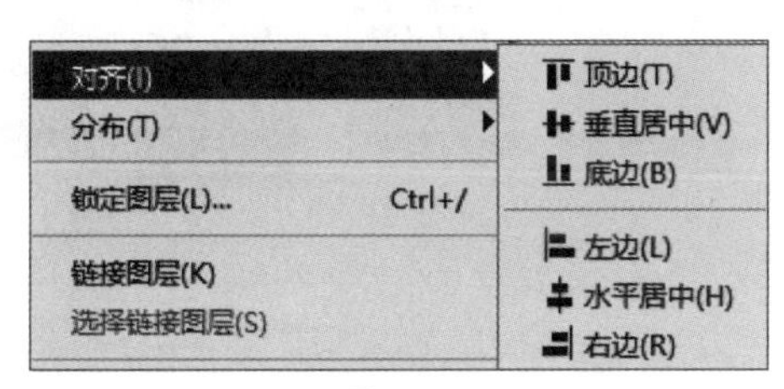

图 3-24

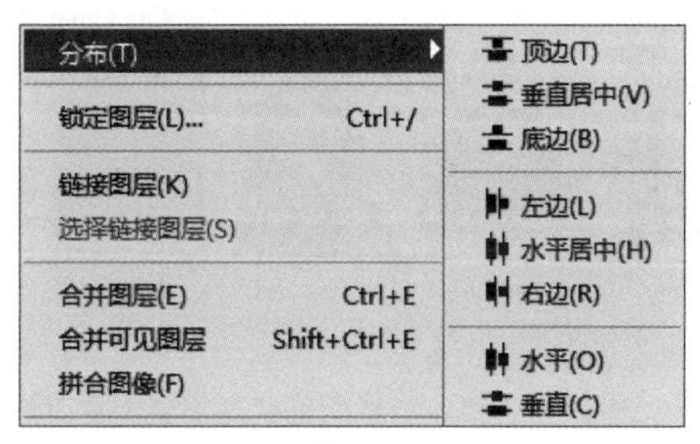

图 3-25

- 顶边：从每个图层的顶端像素开始，间隔均匀地分布图层。
- 垂直居中对齐：从每个图层的垂直中心像素开始，间隔均匀地分布图层。
- 底边：从每个图层的底端像素开始，间隔均匀地分布图层。
- 左边：从每个图层的左端像素开始，间隔均匀地分布图层。
- 水平居中：从每个图层的水平中心开始，间隔均匀地分布图层。
- 右边：从每个图层的右端像素开始，间隔均匀地分布图层。
- 水平：在图层之间均匀分布水平间距。
- 垂直：在图层之间均匀分布垂直间距。

知识点拨 使用“选择工具”选择需要调整的图层，即可激活选项栏中的“对齐”按钮与“分布”按钮，单击相应的按钮，即可快速对图像进行对齐和分布。

动手练 标准证件照

素材位置：**本书实例\第3章\标准证件照\大头像.jpg**

本练习介绍标准证件照的制作，主要运用的知识包括文档的新建、图像的置入、图层的复制、图层组的创建，以及对齐分布等。具体操作过程如下。

步骤01 新建宽为5英寸、高为3.5英寸的文档，如图3-26所示。

步骤02 置入素材图像，并调整至左侧，如图3-27所示。

图 3-26

图 3-27

步骤03 按住Alt键移动并复制3次，如图3-28所示。

步骤04 框选4个图像，在选项栏中单击“水平分布”按钮，如图3-29所示。

图 3-28

图 3-29

步骤05 单击“垂直居中对齐”按钮，如图3-30所示。

步骤06 按住Alt键向下移动并复制，如图3-31所示。

图 3-30

图 3-31

步骤07 按Ctrl+G组合键创建组，如图3-32所示。

步骤08 按住Shift键加选背景图层，分别单击选项栏中的“水平居中对齐”按钮和“垂直居中对齐”按钮，如图3-33所示。

至此一版标准的证件照制作完成。

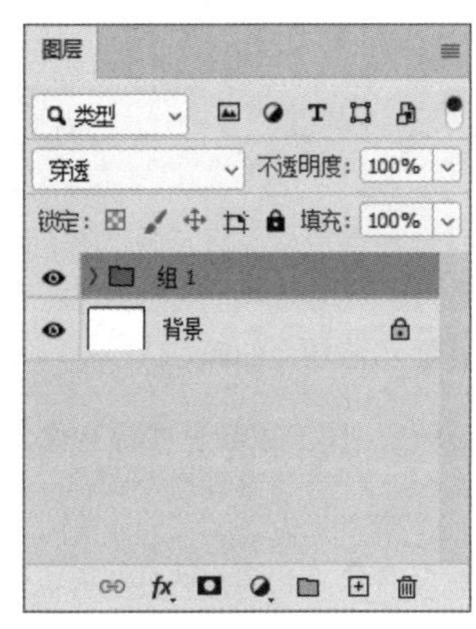

图 3-32

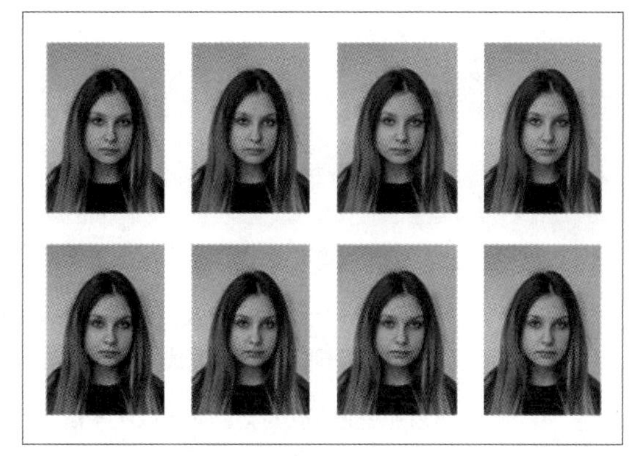

图 3-33

3.3 图层的高级操作

图层的高级操作包括图层的常规混合、高级混合及图层样式，这些操作有助于设计师实现更丰富、更独特的设计效果。

3.3.1 图层的常规混合

图层的常规混合主要涉及图层之间的基本合成方式。在Photoshop中，每个图层有一个默认的混合模式，即“正常”模式。此外，还提供多种其他混合模式，分为6组，27种，如表3-1所示。

表3-1

模式类型	混合模式	功能描述
组合模式	正常	该模式为默认的混合模式
	溶解	编辑或绘制每个像素，使其成为结果色。调整图层的不透明度，显示为像素颗粒化效果
加深模式	变暗	查看每个通道中的颜色信息，并选择基色或混合色中较暗的颜色作为结果色
	正片叠底	查看每个通道中的颜色信息，并将基色与混合色进行正片叠底
	颜色加深	查看每个通道中的颜色信息，并通过增加二者之间的对比度使基色变暗以反映混合色
	线性加深	查看每个通道中的颜色信息，并通过减小亮度使基色变暗以反映混合色
	深色	比较混合色和基色的所有通道值的总和，并显示值较小的颜色，不会产生第三种颜色
减淡模式	变亮	查看每个通道中的颜色信息，并选择基色或混合色中较亮的颜色作为结果色
	滤色	查看每个通道中的颜色信息，并将混合色的互补色与基色进行正片叠底
	颜色减淡	查看每个通道中的颜色信息，并通过减小二者之间的对比度使基色变亮以反映混合色

（续表）

模式类型	混合模式	功能描述
减淡模式	线性减淡（添加）	查看每个通道中的颜色信息，并通过增加亮度使基色变亮以反映混合色
	浅色	比较混合色和基色的所有通道值的总和，并显示值较大的颜色
对比模式	叠加	对颜色进行正片叠底或过滤，具体取决于基色。图案或颜色在现有像素上叠加，同时保留基色的明暗对比
	柔光	使颜色变暗或变亮，具体取决于混合色。若混合色（光源）比50%灰色亮，则图像变亮；若混合色（光源）比50%灰色暗，则图像加深
	强光	该模式的应用效果与柔光类似，但其加亮与变暗的程度比柔光模式强很多
	亮光	通过增加或减小对比度来加深或减淡颜色，具体取决于混合色。若混合色（光源）比50%灰色亮，则通过减小对比度使图像变亮，相反则变暗
	线性光	通过减小或增加亮度加深或减淡颜色，具体取决于混合色。若混合色（光源）比50%灰色亮，则通过增加亮度使图像变亮，相反则变暗
	点光	根据混合色替换颜色。若混合色（光源）比50%灰色亮，则替换比混合色暗的像素，而不改变比混合色亮的像素，相反则保持不变
	实色混合	此模式会将所有像素更改为主要的加色（红、绿或蓝）、白色或黑色
比较模式	差值	查看每个通道中的颜色信息，并从基色中减去混合色，或从混合色中减去基色，具体取决于哪个颜色的亮度值更大
	排除	创建一种与“差值”模式相似但对比度更低的效果。与白色混合将反转基色值，与黑色混合则不发生变化
	减去	查看每个通道中的颜色信息，并从基色中减去混合色
	划分	查看每个通道中的颜色信息，并从基色中划分出混合色
色彩模式	色相	用基色的明亮度和饱和度及混合色的色相创建结果色
	饱和度	用基色的明亮度和色相及混合色的饱和度创建结果色
	颜色	用基色的明亮度及混合色的色相和饱和度创建结果色
	明度	用基色的色相和饱和度及混合色的明亮度创建结果色

3.3.2 图层的高级混合

图层的高级混合比常规混合涉及更多的参数和设置，可提供更精细的控制和更丰富的效果，例如不透明度与填充不透明度。

不透明度选项控制着整个图层的透明属性，包括图层中的形状、像素及图层样式，其透明度值范围为0%～100%。默认状态下，图层的不透明度为100%，该图层的内容完全可见，没有任何透明效果，如图3-34所示。当不透明度设置为0%时，该图层完全透明，其内容不可见，如图3-35所示，但图层蒙版或矢量形状等信息仍然存在。

图 3-34

图 3-35

填充不透明度是针对图层内容的一个特定属性。不同于整个图层的不透明度设置，填充不透明度主要影响图层内的填充颜色或图案的可见性，对添加到图层的外部效果（如投影）不起作用，如图3-36、图3-37所示。

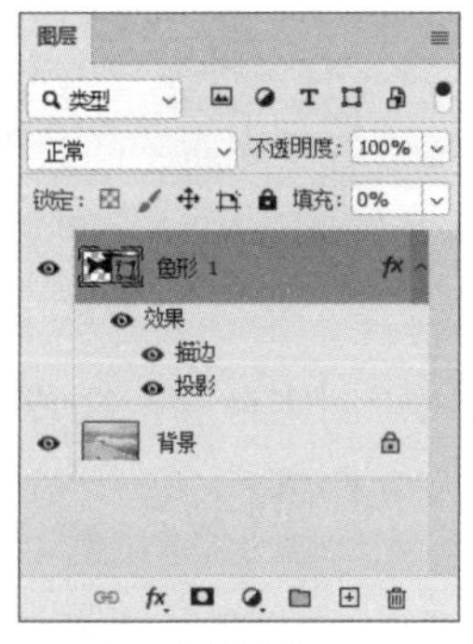

图 3-36

图 3-37

3.3.3　图层样式的应用

图层样式允许用户为文本、形状或其他图像元素添加一系列视觉特效，而无须直接修改图层内容。使用图层样式可以快速创建具有深度感、光照效果、纹理和质感的复杂设计。

1. 添加图层样式

添加图层样式包括以下3种方法。

- 执行“图层”|“图层样式”菜单中的相应命令，如图3-38所示。
- 单击“图层”面板底部的“图层样式”按钮，在弹出的“图层样式”列表中可选择任一种图层样式，如图3-39所示。
- 双击需要添加图层样式的图层缩览图或图层。

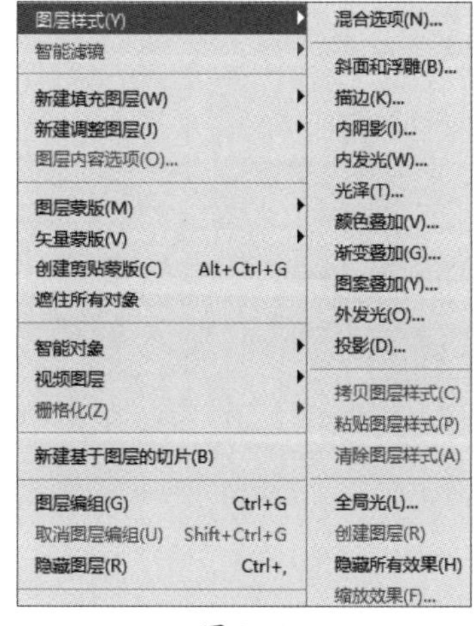

图 3-38

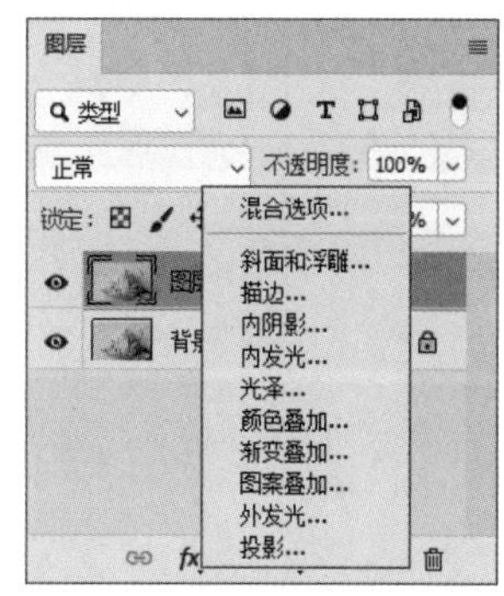

图 3-39

2. 图层样式详解

“图层样式”列表中各选项的含义如下。

- **混合选项**：主要影响图层样式本身（如阴影、发光、斜面和浮雕等）与底层或相邻图层之间的混合方式。
- **斜面和浮雕**：在图层中可以添加不同组合方式的浮雕效果，从而增加图像的立体感。
- **描边**：使用颜色、渐变及图案描绘图像的轮廓边缘。
- **内阴影**：在紧靠图层内容的边缘向内添加阴影，使图层呈现凹陷的效果。
- **内发光**：沿图层内容的边缘向内创建发光效果，使对象出现些许“凸起感”。
- **光泽**：为图像添加光滑且具有光泽的内部阴影，通常用于制作具有光泽质感的按钮和金属。
- **颜色叠加**：在图像上叠加指定的颜色，可以通过混合模式的修改调整图像与颜色的混合效果。
- **渐变叠加**：在图像上叠加指定的渐变色，不仅能制作出具有多种颜色的对象，更能通过巧妙的渐变颜色设置制作突起、凹陷等三维效果，以及带有反光质感的效果。
- **图案叠加**：在图像上叠加图案，可以通过混合模式的设置将叠加的“图案”与原图进行混合。
- **外发光**：沿图层内容的边缘向外创建发光效果，主要用于制作自发光效果。
- **投影**：可为图层模拟投影效果，增强某部分的层次感及立体感。

动手练 立体字效果

素材位置：本书实例\第3章\立体字效果\背景.jpg

本练习制作一款特别的立体字，运用的知识包括文字的创建、填充不透明度，以及图层样式的设置，具体的操作过程如下。

步骤01 打开素材图像，输入文字并设置参数，如图3-40所示。

步骤02 设置该图层的填充不透明度为0%，如图3-41所示。

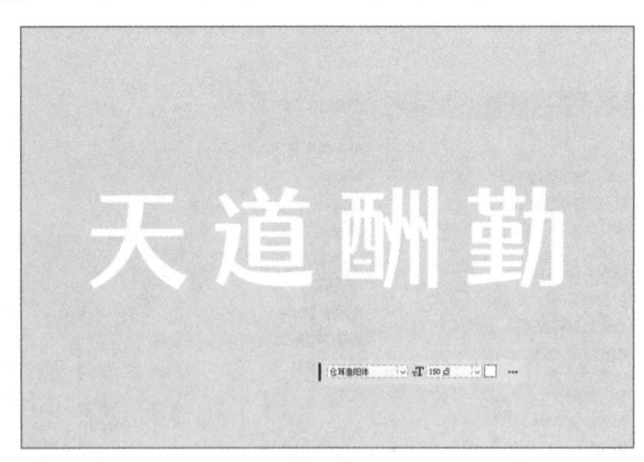

图 3-40

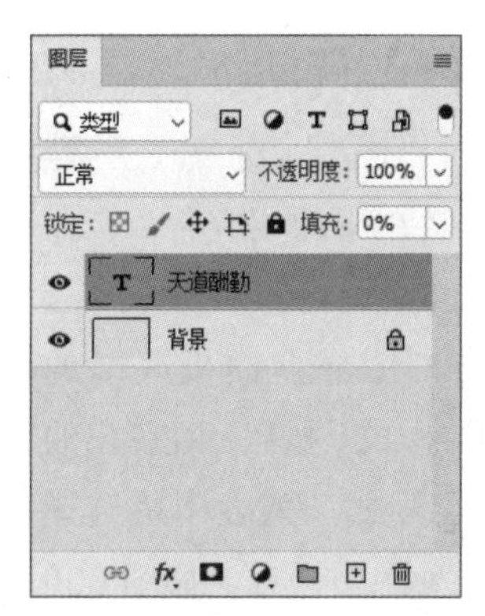

图 3-41

步骤03 双击该图层，在弹出的“图层样式”对话框中勾选“斜面和浮雕”复选框，在“斜面和浮雕”页面设置参数，如图3-42所示。效果如图3-43所示。

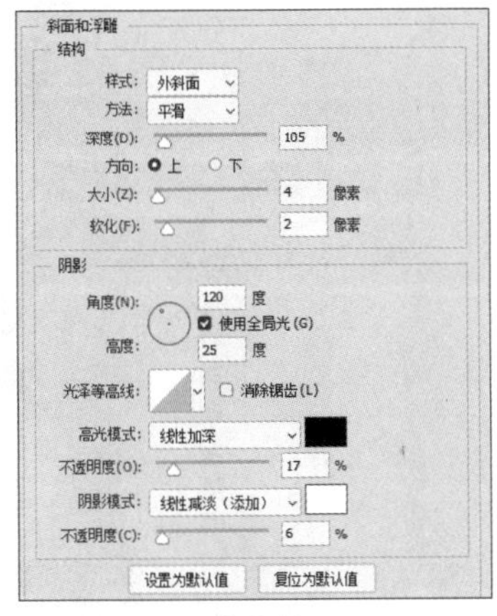

图 3-42

图 3-43

步骤04 勾选“内阴影”复选框，在“内阴影”页面设置参数，如图3-44所示。效果如图3-45所示。

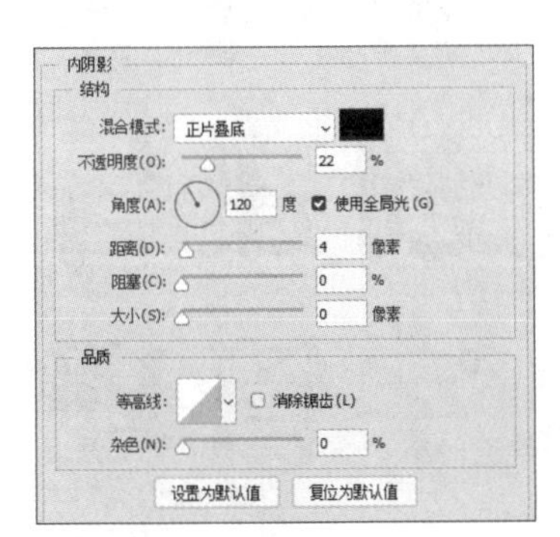

图 3-44

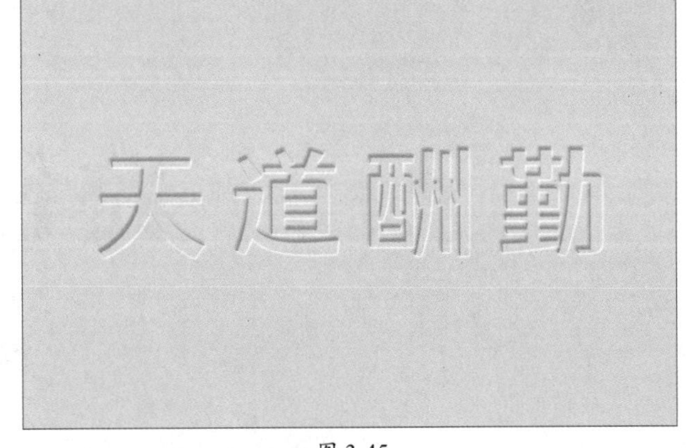

图 3-45

步骤05 勾选“投影”复选框，在“投影”页面设置参数，如图3-46所示。效果如图3-47所示。

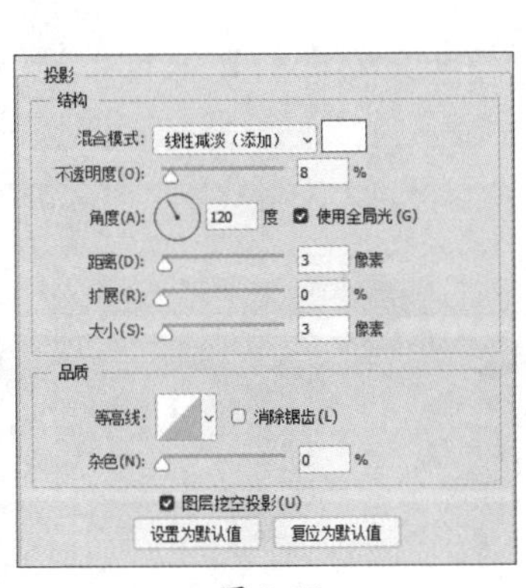

图 3-46

图 3-47

至此天道酬勤立体字制作完成。

Photoshop + CorelDRAW

第4章 路径创建与文字管理

本章对路径、文字的创建与编辑进行讲解，包括路径的创建与编辑、文字的基础操作及文字的进阶操作。了解并掌握这些基础知识，可以培养设计师的图形设计与构造能力，以及排版布局能力。

要点难点

- 路径的创建
- 路径的编辑
- 文字的基础操作
- 文字的进阶操作

4.1 路径的创建

路径由一条或多条直线线段或曲线线段组成，Photoshop中绘制路径的常用工具是钢笔工具和弯度钢笔工具。

4.1.1 使用钢笔工具创建路径

钢笔工具用于绘制任意形状的直线或曲线路径。选择“钢笔工具”，在选项栏中设置为“路径”模式，再在图像中单击，创建路径起点，此时图像中会出现一个锚点，根据物体形态移动光标改变点的方向，按住Alt键将锚点变为单方向锚点，贴合图像边缘直至光标与创建的路径起点相连接，路径自动闭合，如图4-1、图4-2所示。

图 4-1

图 4-2

4.1.2 使用弯度钢笔工具创建路径

弯度钢笔工具用于绘制平滑曲线和直线段。使用该工具，可以在设计中创建自定义形状，或定义精确的路径。无须切换工具就能创建、切换、编辑、添加、删除平滑点或角点。

选择“弯度钢笔工具”确定起点，绘制第二个点后两点之间为直线段，如图4-3所示；绘制第三个点，这三个点就会形成一条连接的曲线，将光标移至锚点，当出现时按下鼠标左键并拖动可随意移动锚点位置，如图4-4所示。

图 4-3

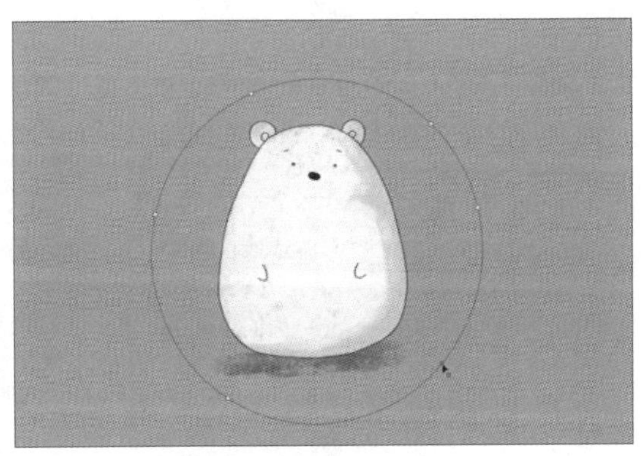
图 4-4

动手练 抠取主图元素

素材位置：**本书实例\第4章\抠取主图元素\杯子.jpg**

本练习介绍使用钢笔工具抠取白色杯子的方法，涉及的知识点包括钢笔工具的使用、选区的创建、图层的复制与隐藏等。具体操作方法如下。

步骤01 将素材文件拖放至Photoshop界面，如图4-5所示。

步骤02 选择“钢笔工具”，绘制闭合路径，如图4-6所示。

图 4-5

图 4-6

步骤03 加选绘制路径，如图4-7所示。

步骤04 按Ctrl+Enter组合键创建选区，如图4-8所示。

图 4-7

图 4-8

步骤05 按Ctrl+J组合键复制选区，在“图层”面板中隐藏背景图层，如图4-9、图4-10所示。

图 4-9

图 4-10

4.2 路径的编辑

通过对路径的编辑，可以更精确地控制图形的形状和外观，从而创建丰富多样、独具特色的图形元素。

4.2.1 “路径”面板

“路径”面板列出了存储的每条路径、当前工作路径和当前矢量蒙版的名称和缩览图像。执行“窗口”|“路径”命令，弹出如图4-11所示的“路径”面板。该面板中的主要按钮功能如下。

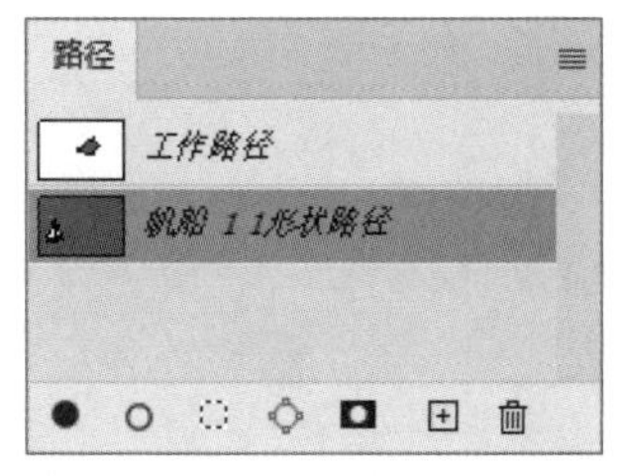

图 4-11

- **“用前景色填充路径”按钮**：单击该按钮，可用前景色填充当前路径。
- **“用画笔描边路径”按钮**：单击该按钮，可用画笔工具和前景色为当前路径描边。
- **“将路径作为选区载入”按钮**：单击该按钮，可将当前路径转换为选区，此时还可对选区进行其他编辑操作。
- **“从选区生成工作路径”按钮**：单击该按钮，可将选区转换为工作路径。
- **“添加图层蒙版”按钮**：单击该按钮，可为路径添加图层蒙版。
- **“创建新路径”按钮**：单击该按钮，可创建新的路径图层。
- **“删除当前路径”按钮**：单击该按钮，可删除当前路径图层。

4.2.2 路径的基础调整

调整路径涉及路径的新建、复制与删除、选择等。下面分别进行介绍。

1. 路径的新建

在“路径”面板中单击“创建新路径”按钮，创建新的路径图层，如图4-12所示。使用“钢笔工具”绘制路径，新创建的路径将显示在面板中，如图4-13所示。

2. 路径的复制与删除

在“路径”面板中选择路径，右击，可在弹出的菜单中选择复制、删除路径，也可直接将选中的路径图层拖曳至“创建新路径”按钮处复制路径，如图4-14所示。拖曳至“删除当前路径”按钮可删除当前路径图层。

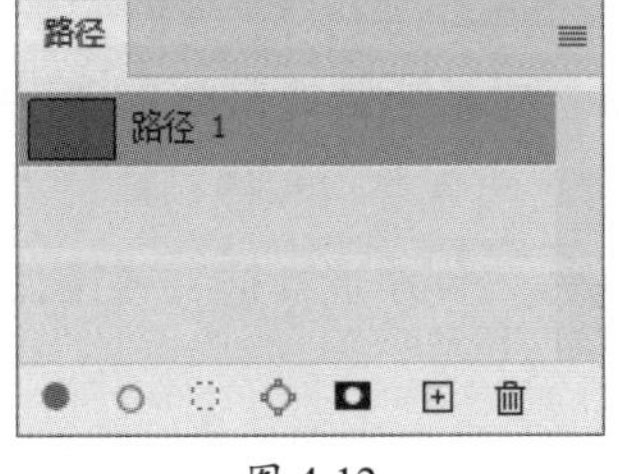

图 4-12

图 4-13

图 4-14

3. 路径的选择

路径的选择主要涉及对路径的识别和定位，以便进行后续的编辑或操作。常用的路径选择工具有路径选择工具与直接选择工具。

（1）路径选择工具

路径选择工具用于选择和移动整个路径。选择“路径选择工具”，单击要选择的路径，按住鼠标左键不放进行拖曳，即可改变所选路径的位置，按住Shift键可水平、垂直或以45°移动路径，如图4-15、图4-16所示。

图 4-15

图 4-16

按Ctrl+T组合键自由变换，可以对路径进行缩放、旋转和倾斜等变换。按住Ctrl键拖动变换右上角控制点可倾斜变换，如图4-17所示，按住Alt键可进行等比放大，如图4-18所示。

图 4-17

图 4-18

（2）直接选择工具

直接选择工具用于直接选择和编辑路径上的锚点和方向线，从而精确地调整形状。选择“直接选择工具”，在路径上单击，选中的锚点显示为实心方形，出现锚点和控制柄，未被选中的锚点显示为空心方形。若要选择多个锚点，可按住鼠标左键拖曳创建选择框，或按住Shift键加选，如图4-19所示。拖曳鼠标可调整路径的形状，如图4-20所示。

图 4-19

图 4-20

4.2.3　路径与选区的转换

路径是由一系列直线段和曲线段组成的矢量图形，选区则是一个由像素组成的区域。将路径转换为选区，通常是为了对图像中的特定区域进行编辑或处理，例如应用滤镜、调整色彩或进行其他像素级别的编辑。选中路径后，可以通过以下方法操作。

- 按Ctrl+Enter组合键，快速将路径转换为选区。
- 右击路径，在弹出的快捷菜单中选择“建立选区”选项，再在弹出的“建立选区”对话框中设置参数，如图4-21、图4-22所示。

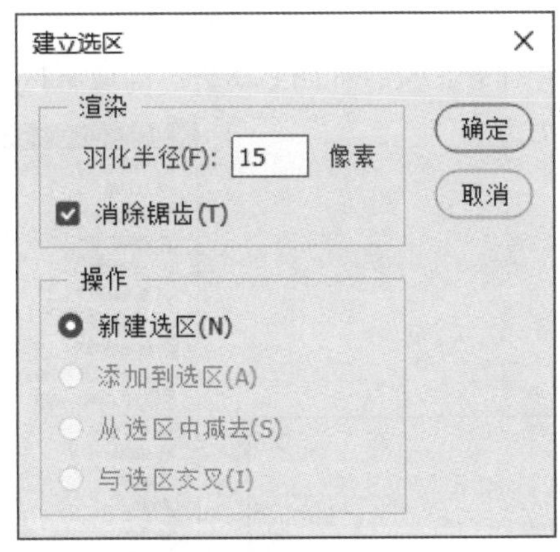

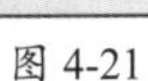

图 4-21

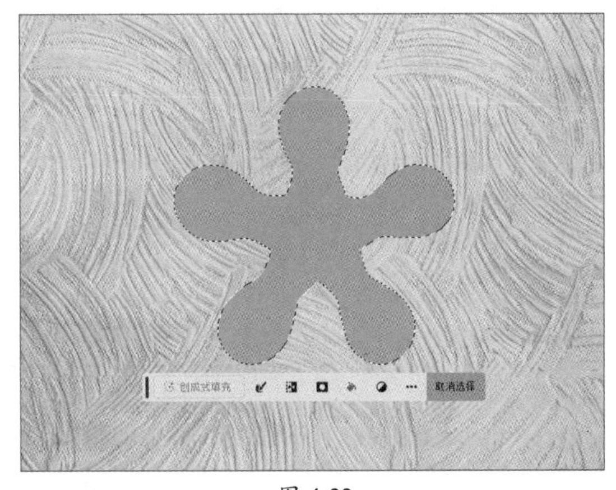

图 4-22

- 在“路径”面板中单击“菜单”按钮，再在弹出的菜单中选择“建立选区”选项，弹出“建立选区”对话框，在其中可以设置羽化半径的参数。
- 在“路径”面板中按住Ctrl键，单击路径缩览图，如图4-23所示。
- 在“路径”面板中单击“将路径作为选区载入”按钮，如图4-24所示。

将选区转换为路径通常是为了获得更精确的矢量形状，以便进行后续的编辑和处理。选中选区后，在“路径”面板中单击“从选区生成工作路径”按钮，如图4-25所示。转换为路径后，可以在“路径”面板中进行编辑和调整，也可以使用路径编辑工具修改路径的形状和属性。

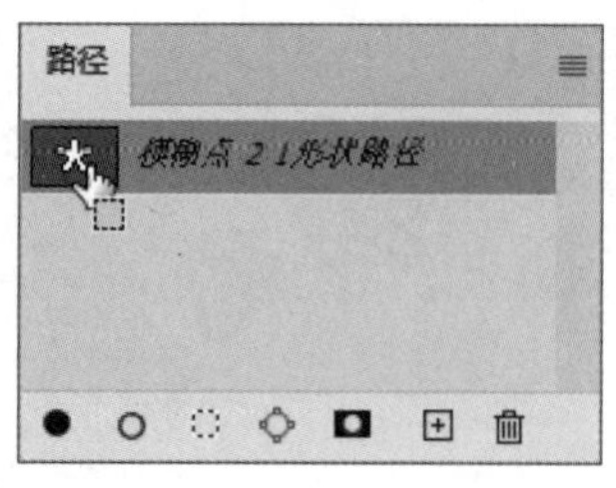

图 4-23

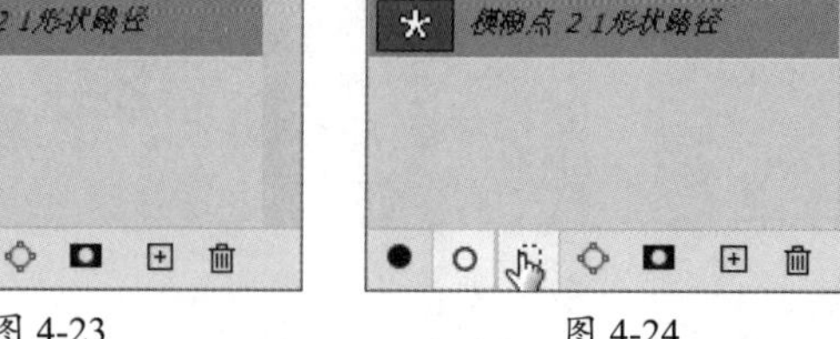

图 4-24

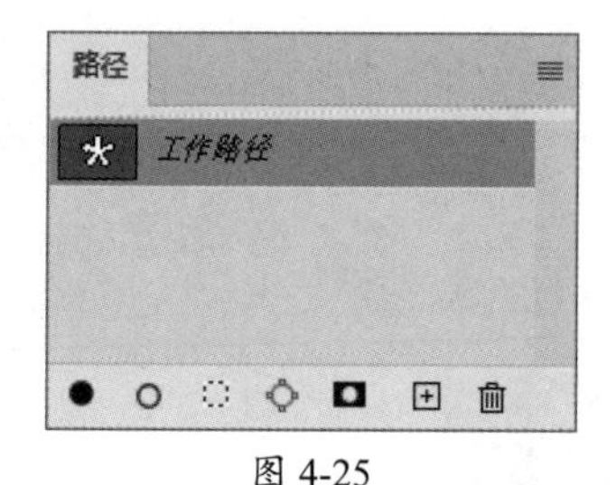

图 4-25

4.2.4 路径的描边与填充

路径填充用于在路径内部填充颜色或图案，创建路径后，可通过以下方法操作。

- 右击填充路径，在弹出的菜单中选择“填充路径”选项，再在弹出的“填充路径”对话框中设置参数，如图4-26所示。
- 在“路径”面板中，按住Alt键单击“用前景色填充路径”按钮●，在弹出的“描边路径”对话框中设置参数。或直接单击“用前景色填充路径”按钮●，为当前路径填充前景色。

描边路径是沿已有的路径为路径边缘添加画笔线条效果，画笔的笔触和颜色可以自定义。创建路径后，可以通过以下方法操作。

- 右击描边路径，在弹出的菜单中选择“描边路径”选项，再在弹出的“描边路径”对话框中设置参数，如图4-27所示。
- 按住Alt键的同时在“路径”面板中单击“用画笔描边路径”按钮，再在弹出的“描边路径”对话框中选择铅笔、画笔、历史记录、海绵等工具，如图4-28所示。或直接单击“用画笔描边路径”按钮，使用画笔为当前路径描边。

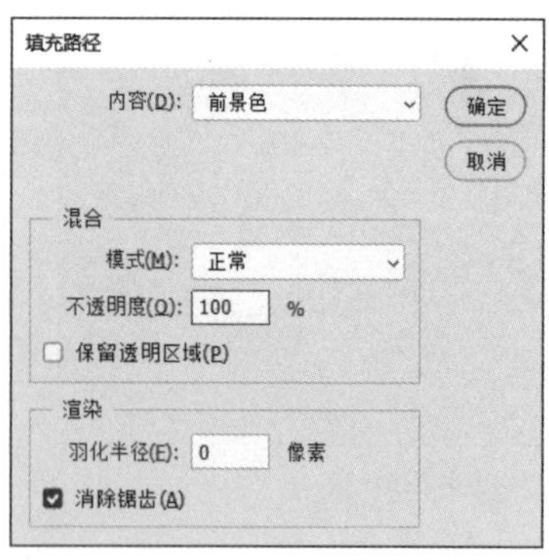

图 4-26

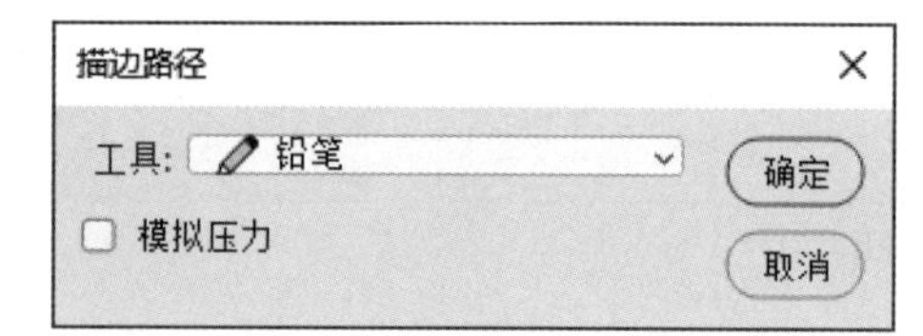

图 4-27

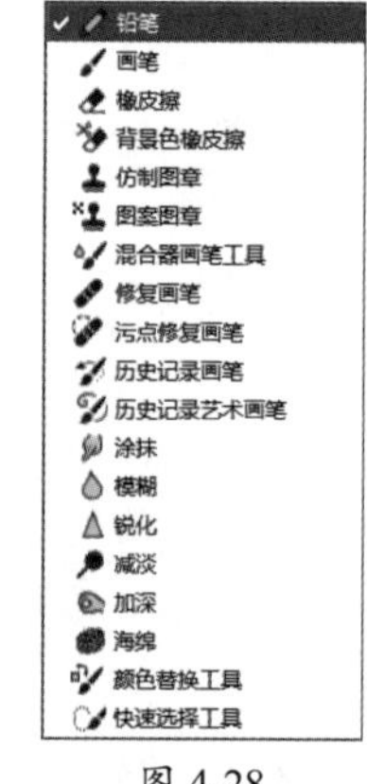

图 4-28

动手练 移花接木

素材位置：**本书实例\第4章\移花接木\装饰画.jpg**

本练习介绍替换装饰画中指定元素的方法，运用的知识包括绘制路径、创建选区、图层样式的应用等。具体操作过程如下。

步骤01 将素材文件拖放至Photoshop界面中，如图4-29所示。

步骤02 将背景图层解锁为常规图层，如图4-30所示。

图 4-29

图 4-30

步骤03 选择“弯度钢笔工具”绘制选区，如图4-31所示。

步骤04 在“路径”面板中单击“将路径作为选区载入”按钮载入选区，如图4-32所示。

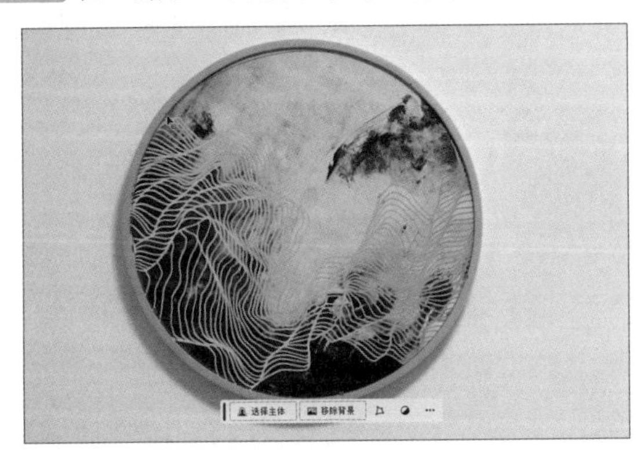
图 4-31

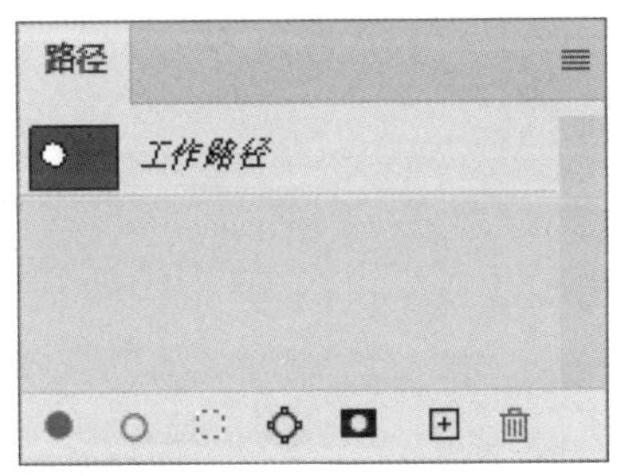

图 4-32

步骤05 效果如图4-33所示。

步骤06 按Delete键删除选区，按Ctrl+D组合键取消选区，如图4-34所示。

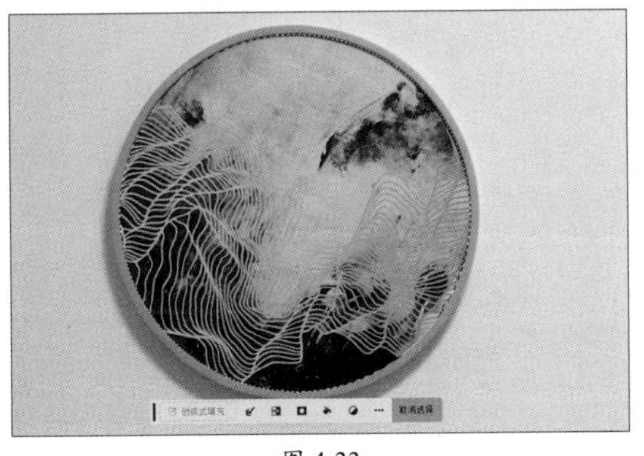
图 4-33

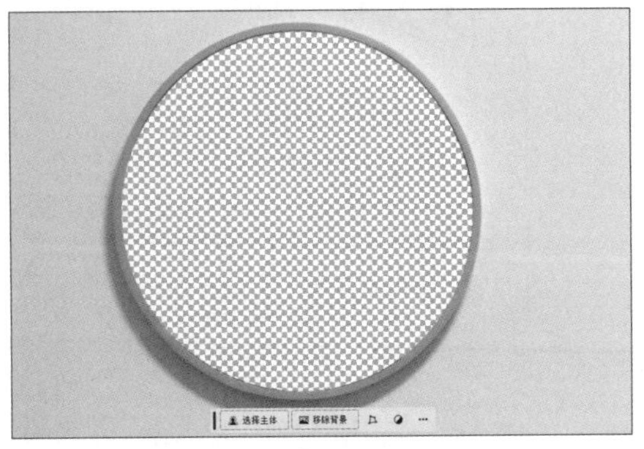
图 4-34

步骤07 使用相同的方法对另一个圆形绘制路径、创建选区、删除选区并取消选区，如图4-35所示。

步骤08 置入素材调整显示，如图4-36所示。

图 4-35

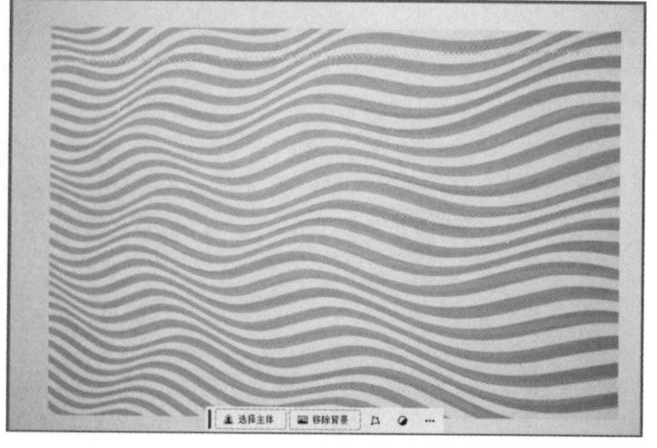
图 4-36

步骤09 调整图层顺序，如图4-37所示。

步骤10 按住Ctrl键的同时单击图层0，载入选区，如图4-38所示。

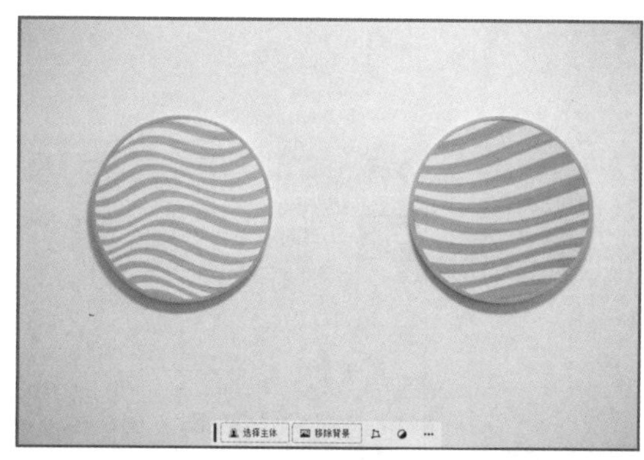
图 4-37

图 4-38

步骤11 按Ctrl+Shift+I组合键反向选择，如图4-39所示。

步骤12 按Ctrl+J组合键复制选区，如图4-40所示。

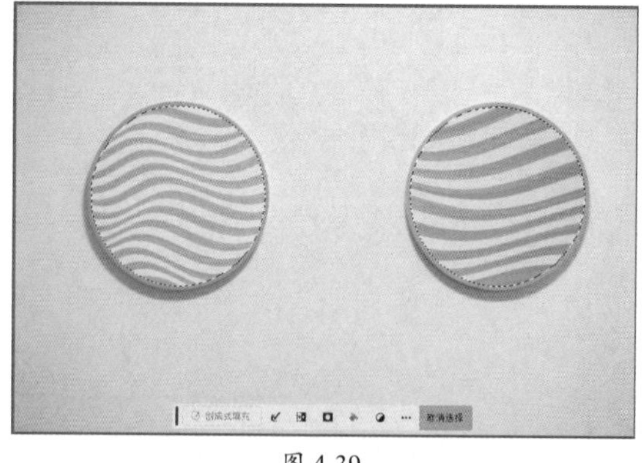
图 4-39

图 4-40

步骤13 双击该图层，在弹出的“图层样式”对话框中添加“内阴影”样式，如图4-41所示。

步骤14 效果如图4-42所示。

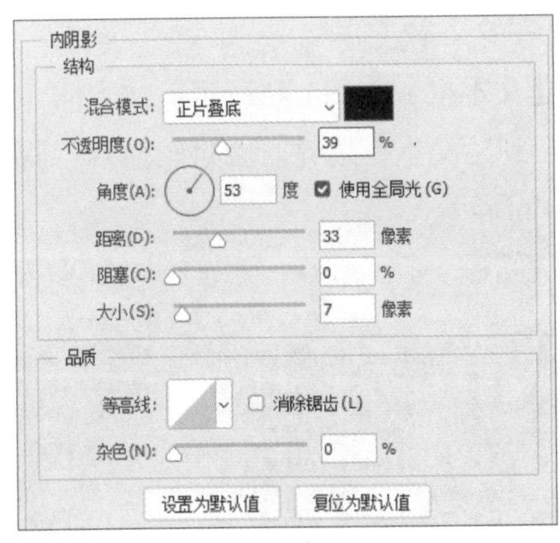

图 4-41

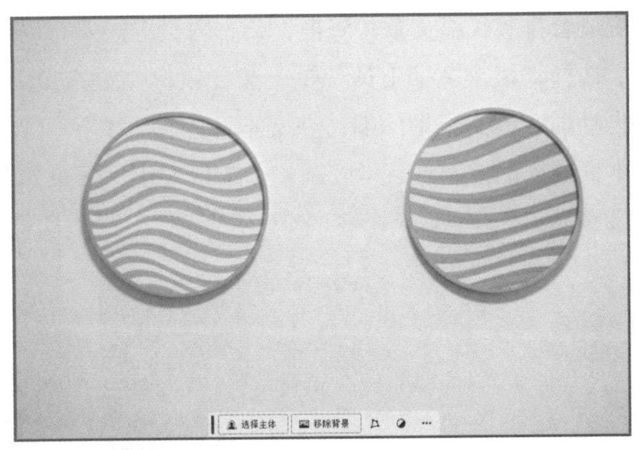

图 4-42

4.3 文字的基础操作

文字工具可实现丰富的图文混排效果和高质量的文字设计，是设计过程中不可或缺的一部分，可为设计师提供极大的灵活性和创造性。

4.3.1 创建文字

创建文字包括创建点文字、段落文字和路径文字，每种文字类型都有其特定的应用场景。

1. 创建点文字

点文字是水平或垂直的文本行，从图像中单击的位置开始，输入的文字会不断延展，且不受预先设定的边界限制，按回车键可换行。适合处理较少的文字，可以精确地控制每个字符的位置和对齐。

选择“横排文字工具”T，在画板上单击，确定一个插入点，输入文字后按Ctrl+Enter组合键完成输入，如图4-43所示。在选项栏中单击“切换文本取向”按钮，或执行“文字 ”|“ 垂直”命令，即可实现文字横排与竖排之间的转换，如图4-44所示。

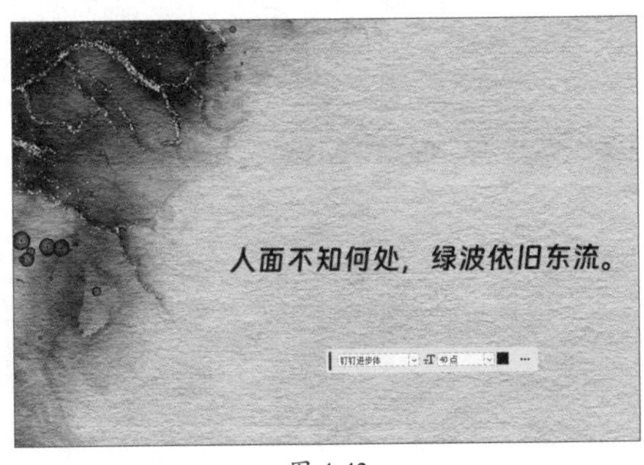

图 4-43

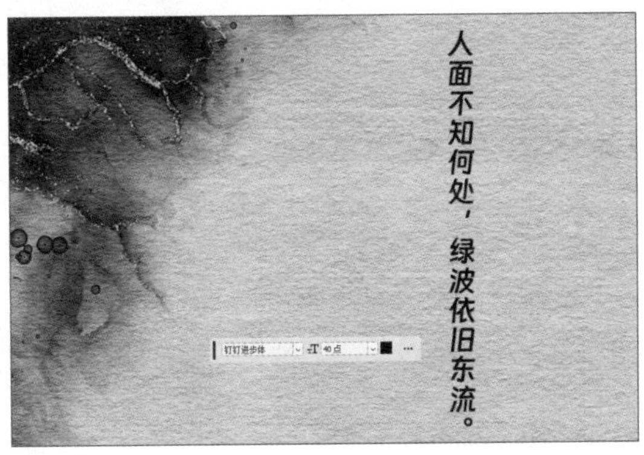

图 4-44

2. 创建段落文字

段落文字功能可以用于创建和编辑包含多行和多段落的文本内容。相比单行文字，段落文字更适合排版长篇文章、海报、杂志内页等需要布局和对齐的文本。

选择“横排文字工具”T，按住鼠标左键拖曳可创建文本框，如图4-45所示。文本插入点会自动插入到文本框前端，在文本框中输入文字，当文字到达文本框边界时会自动换行。调整文本框四周的控制点，可以调整文本框大小，效果如图4-46所示。

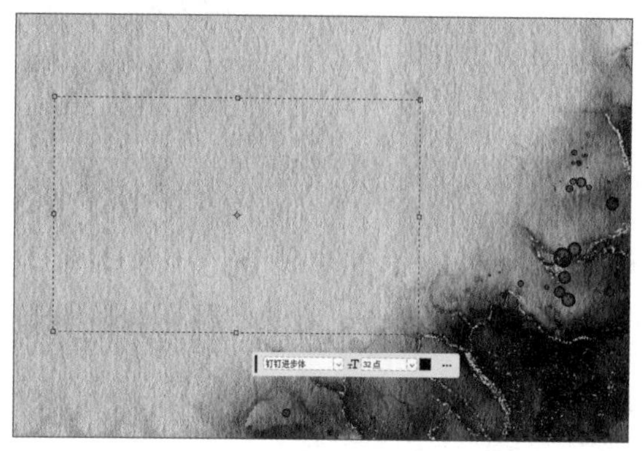
图 4-45

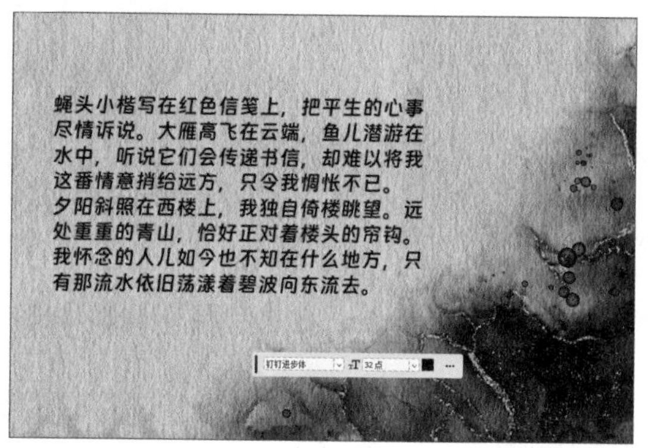

图 4-46

3. 创建路径文字

路径文字指的是沿指定路径流动的文本。可以按照自定义的路径形状排列文字，从而实现更独特、更具吸引力的文本效果。

选择“钢笔工具”绘制路径，再选择“横排文字工具”T，将光标移至路径上方，当光标变为形状时，单击后光标会自动吸附到路径上，如图4-47所示。输入文字后按Ctrl+Enter组合键，可根据显示调整文字大小，如图4-48所示。

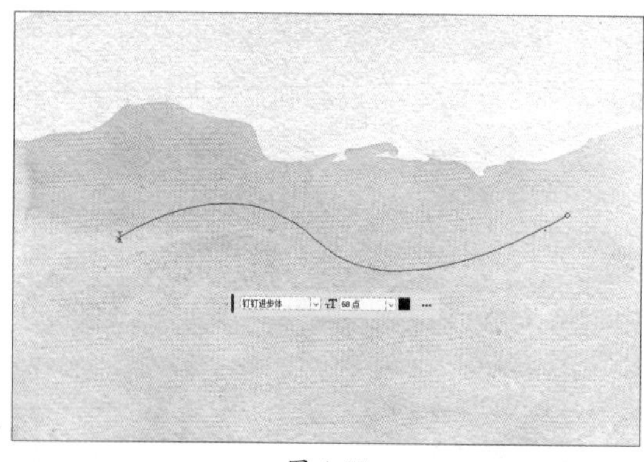
图 4-47

图 4-48

4.3.2 设置文本样式

文本样式的设置主要涉及“字符”面板和“段落”面板，可根据需要在面板中设置字体的类型、大小、颜色、文本排列等属性。

1. 字符面板

字符面板用于设置文本的基本样式，如字体、字号、字距等。执行“窗口”|“字符”命令，弹出“字符”面板，如图4-49所示。该面板中的主要选项功能如下。

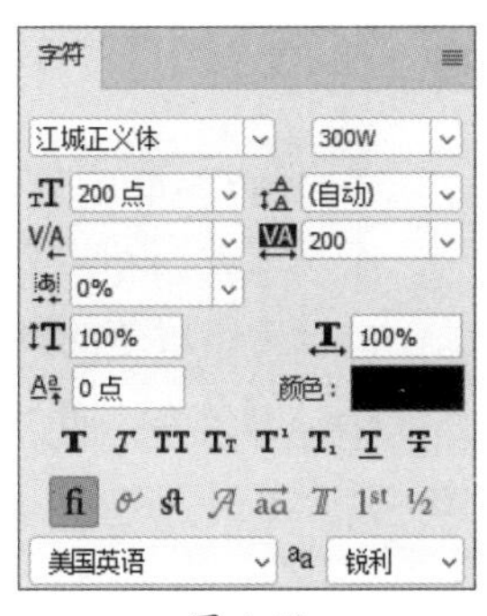

图 4-49

- 字体大小: 在该下拉列表框中选择预设数值，或者输入自定义数值，即可更改字符大小。
- 设置行距: 设置文字行与行之间的距离。
- 字距微调: 微调两个字符之间的距离。
- 字距调整: 设置文字的字符间距。
- 比例间距: 设置文字字符间的比例间距，数值越大，字距越小。
- 垂直缩放: 设置文字垂直方向的缩放大小，即调整文字的高度。
- 水平缩放: 设置文字水平方向的缩放大小，即调整文字的宽度。
- 基线偏移: 设置文字与文字基线之间的距离。输入正值时，文字上移；输入负值时，文字下移。
- 颜色: 单击色块，在弹出的拾色器中可选取字符颜色。
- 文字效果按钮组: 设置文字的效果，依次为仿粗体、仿斜体、全部大写字母、小型大写字母、上标、下标、下画线和删除线。
- Open Type功能组: 依次为标准连字、上下文替代字、自由连字、花饰字、替代样式、标题替代字、序数、分数。
- 语言设置 美国英语: 设置文本连字符和拼写的语言类型。
- 设置消除锯齿的方法 锐利: 设置消除文字锯齿的模式。

2. 段落面板

段落面板主要用于对文本进行高级的段落格式化设置，例如对齐方式、缩进及其他相关格式设置。执行“窗口”|“段落”命令，打开“段落”面板，如图4-50所示。面板中的主要选项功能如下。

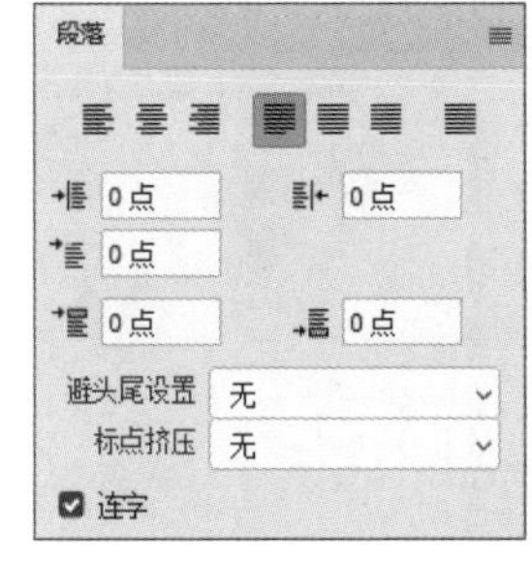

图 4-50

- 对齐方式: 设置文本段落的对齐样式，如左对齐、居中、右对齐或两端对齐等。
- 左缩进: 设置段落文本左侧向内缩进的距离。
- 右缩进: 设置段落文本右侧向内缩进的距离。
- 首行缩进: 设置段落文本首行缩进的距离。
- 段前添加空格: 设置当前段落与上一段落之间的距离。
- 段后添加空格: 设置当前段落与下一段落之间的距离。
- 避头尾法则设置: 避头尾字符是指不能出现在每行开头或结尾的字符。Photoshop提供基于JIS标准的宽松和严格的避头尾集，宽松的避头尾法则设置忽略了长元音和小平假名字符。
- 间距组合设置: 设置内部字符集间距。
- 连字: 勾选该复选框可将文字的最后一个英文单词拆开，形成连字符号，剩余部分则自动换到下一行。

动手练 知识类科普插图

素材位置：本书实例\第4章\知识类科普插图\科普.txt

本练习介绍知识类科普插图的制作方法，主要运用的知识包括矩形的绘制、椭圆的绘制、文字的设置、段落的设置，以及段落样式的应用。具体操作过程如下。

步骤01 选择“矩形工具”，绘制矩形并填充颜色（#14b3ff），调整圆角半径为32像素，如图4-51所示。

步骤02 复制矩形，调整大小与显示位置，如图4-52所示。

图 4-51

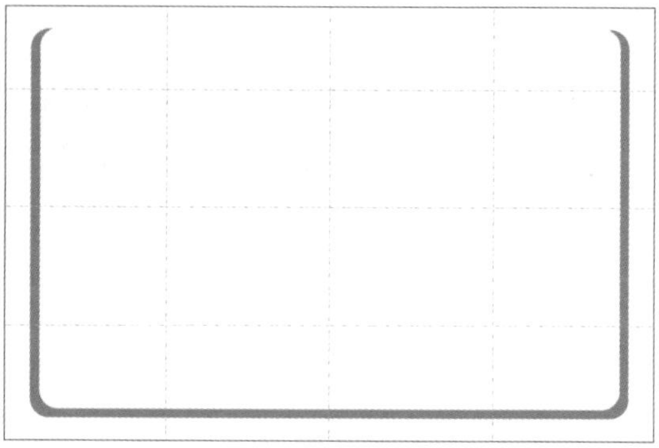

图 4-52

步骤03 继续绘制全圆角矩形，如图4-53所示。

步骤04 选择“椭圆工具”，绘制两个大小不同的正圆，复制两个正圆，移动复制至右侧，调整旋转角度后更改颜色（#ffac30），如图4-54所示。

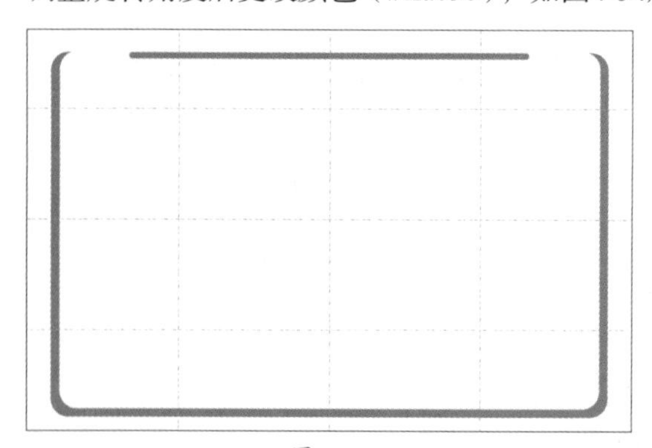

图 4-53

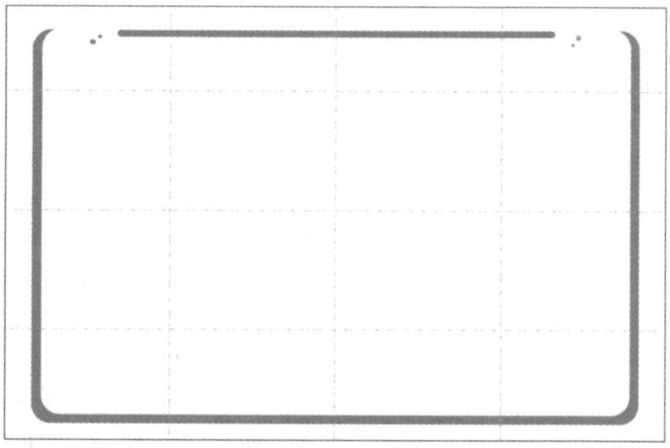

图 4-54

步骤05 选择“横排文字工具”，创建文本框后输入文字，在上下文任务栏中更改字体类型、字体大小及颜色（#1457ac），如图4-55所示。

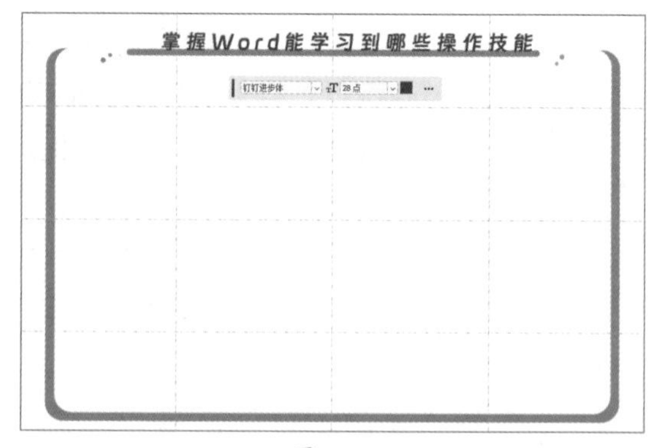

图 4-55

步骤06 更改Word单词的颜色，在前后分别单击空格键调整字间距，如图4-56所示。

步骤07 选择“横排文字工具”，创建文本框后输入文字，在“字符”面板中设置字体类型、字体大小及颜色等参数，如图4-57、图4-58所示。

步骤08 选中每个标题后的冒号，按回车键换行，再在每个标题前添加编号，如图4-59所示。

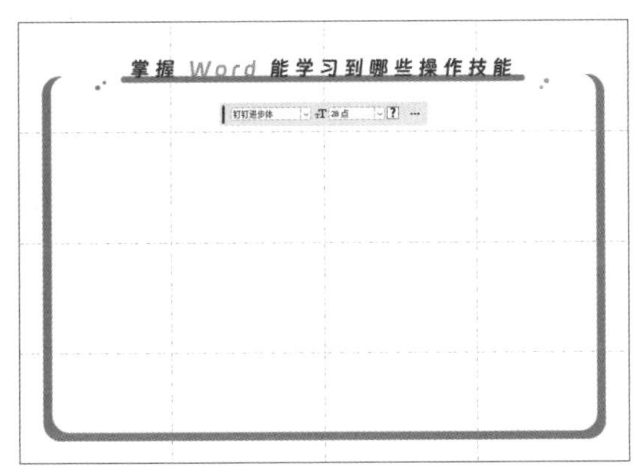

图 4-56

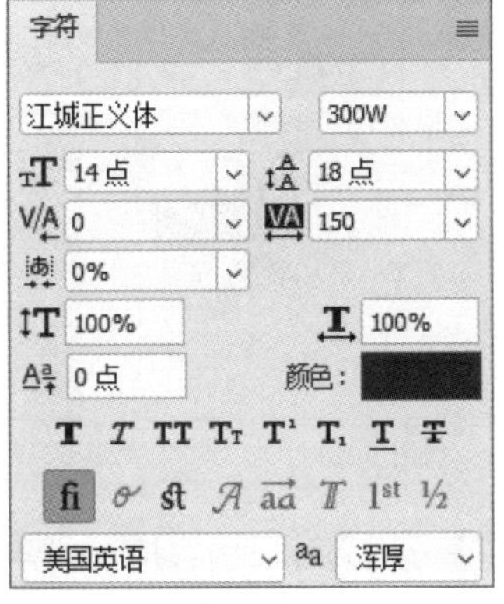

图 4-57

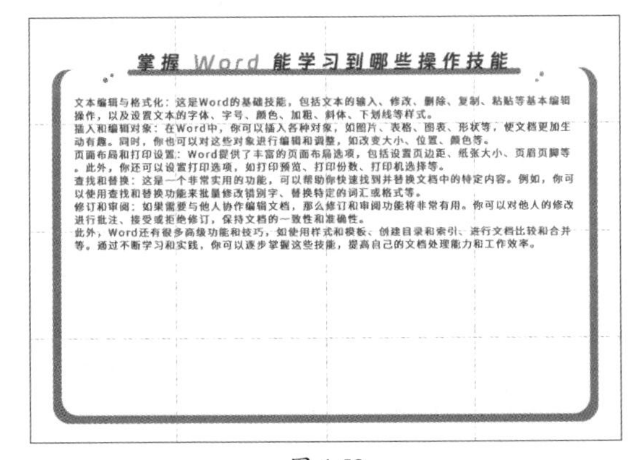

图 4-58

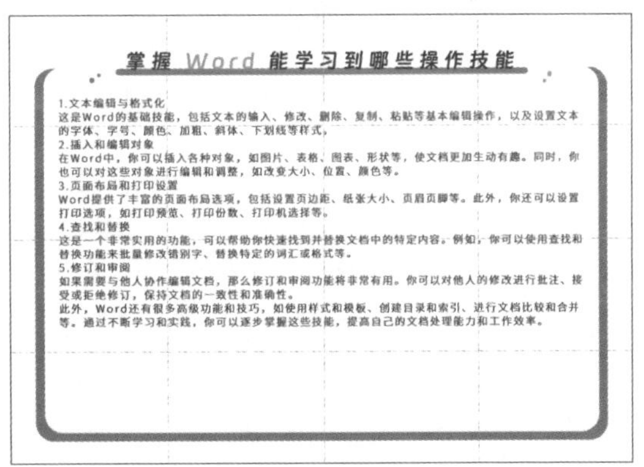

图 4-59

步骤09 选中标题，在“字符”面板中设置参数，如图4-60所示。

步骤10 对每个标题执行相同的操作，如图4-61所示。

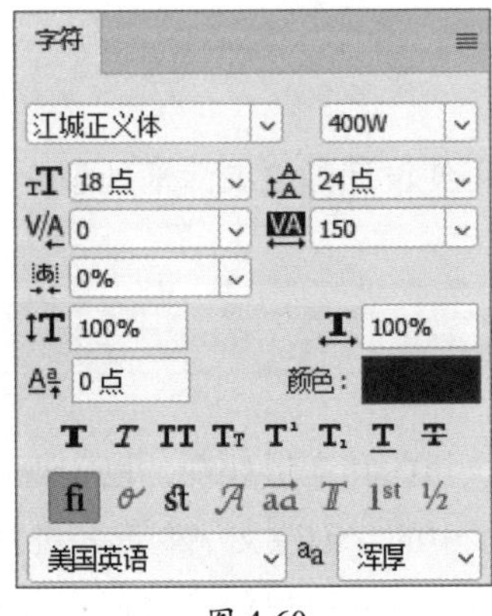

图 4-60

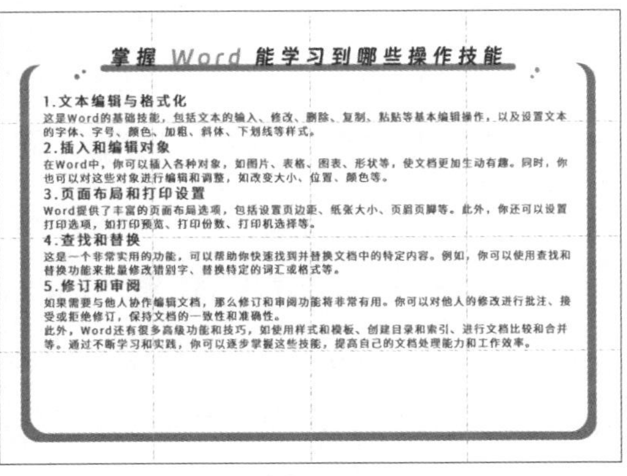

图 4-61

步骤 11 选中内容文字，在“字符”面板中设置参数，如图4-62所示。

步骤 12 在“段落”面板中设置参数，如图4-63所示。

步骤 13 在“段落样式”面板中创建新的段落样式，如图4-64所示。

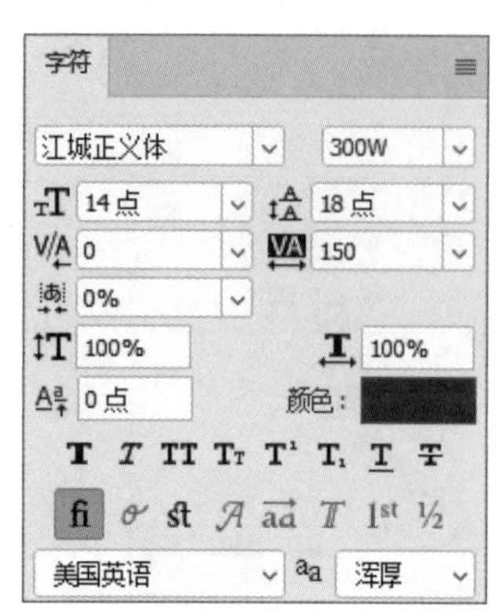

图 4-62

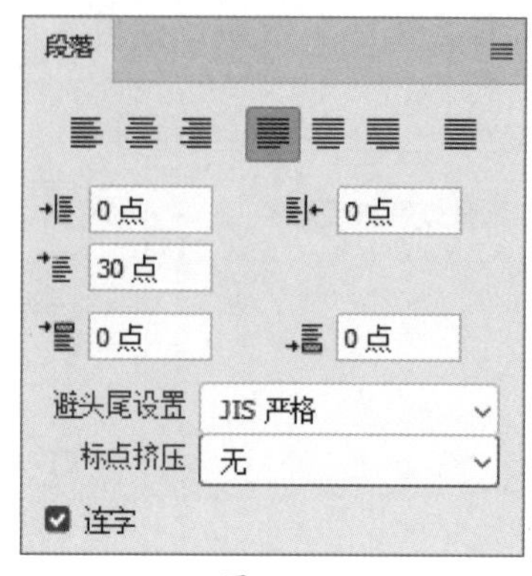

图 4-63

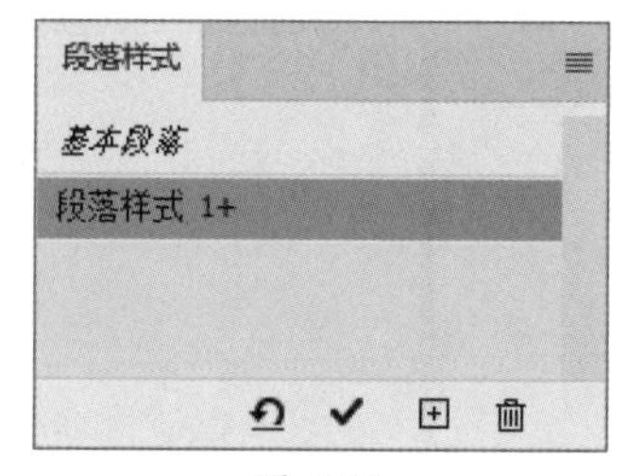

图 4-64

步骤 14 分别为分段内容应用段落样式，如图4-65所示。

步骤 15 将光标放置在每段内容的结尾处，按回车键换行。隐藏网格后设置主标题字号为32，字间距为180，效果如图4-66所示。

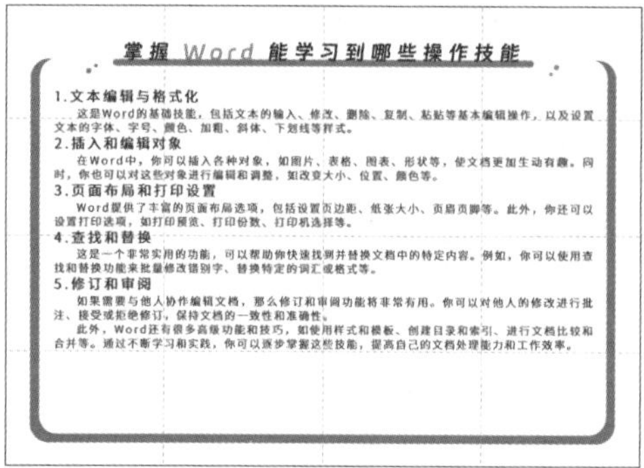

掌握 Word 能学习到哪些操作技能

1.文本编辑与格式化

这是Word的基础技能，包括文本的输入、修改、删除、复制、粘贴等基本编辑操作，以及设置文本的字体、字号、颜色、加粗、斜体、下划线等样式。

2.插入和编辑对象

在Word中，你可以插入各种对象，如图片、表格、图表、形状等，使文档更加生动有趣。同时，你也可以对这些对象进行编辑和调整，如改变大小、位置、颜色等。

3.页面布局和打印设置

Word提供了丰富的页面布局选项，包括设置页边距、纸张大小、页眉页脚等。此外，你还可以设置打印选项，如打印预览、打印份数、打印机选择等。

4.查找和替换

这是一个非常实用的功能，可以帮助你快速找到并替换文档中的特定内容。例如，你可以使用查找和替换功能来批量修改错别字、替换特定的词汇或格式等。

5.修订和审阅

如果需要与他人协作编辑文档，那么修订和审阅功能将非常有用。你可以对他人的修改进行批注、接受或拒绝修订，保持文档的一致性和准确性。

此外，Word还有很多高级功能和技巧，如使用样式和模板、创建目录和索引、进行文档比较和合并等。通过不断学习和实践，你可以逐步掌握这些技能，提高自己的文档处理能力和工作效率。

图 4-65

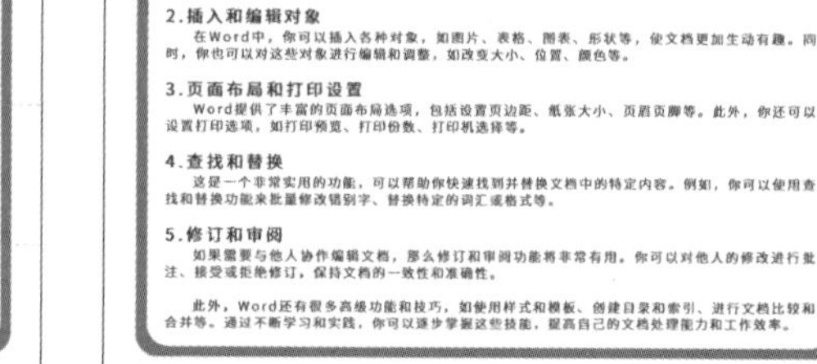

掌握 Word 能学习到哪些操作技能

1.文本编辑与格式化

这是Word的基础技能，包括文本的输入、修改、删除、复制、粘贴等基本编辑操作，以及设置文本的字体、字号、颜色、加粗、斜体、下划线等样式。

2.插入和编辑对象

在Word中，你可以插入各种对象，如图片、表格、图表、形状等，使文档更加生动有趣。同时，你也可以对这些对象进行编辑和调整，如改变大小、位置、颜色等。

3.页面布局和打印设置

Word提供了丰富的页面布局选项，包括设置页边距、纸张大小、页眉页脚等。此外，你还可以设置打印选项，如打印预览、打印份数、打印机选择等。

4.查找和替换

这是一个非常实用的功能，可以帮助你快速找到并替换文档中的特定内容。例如，你可以使用查找和替换功能来批量修改错别字、替换特定的词汇或格式等。

5.修订和审阅

如果需要与他人协作编辑文档，那么修订和审阅功能将非常有用。你可以对他人的修改进行批注、接受或拒绝修订，保持文档的一致性和准确性。

此外，Word还有很多高级功能和技巧，如使用样式和模板、创建目录和索引、进行文档比较和合并等。通过不断学习和实践，你可以逐步掌握这些技能，提高自己的文档处理能力和工作效率。

图 4-66

至此完成该插图的制作。

4.4 文字的进阶操作

对文本进行变形、栅格化、转换为形状等进阶操作，可使设计师更灵活地处理文本元素，创造多样化的视觉表达形式。

4.4.1 文字变形

文字变形是将文本沿着预设或自定义的路径进行弯曲、扭曲和变形处理，以实现富有创意的艺术效果。执行“文字”|“文字变形”命令或单击选项栏中的“创建文字变形”按钮，在弹出的“变形文字”对话框中有15种文字变形样式，应用这些样式可以创建多种艺术字体，如图4-67所示。

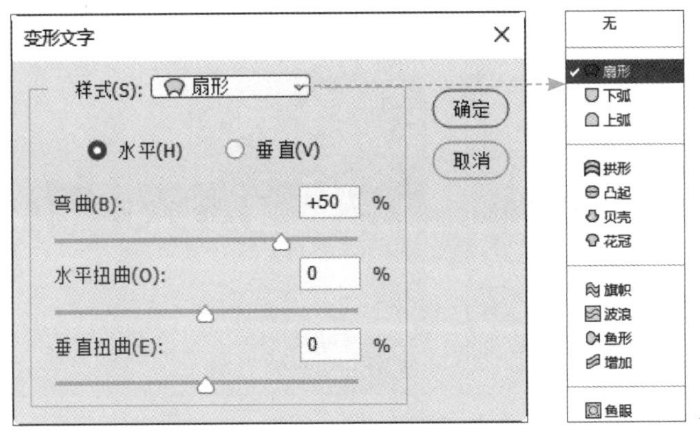

图 4-67

知识点拨 “变形文字”工具只针对整个文字图层，不能单独针对某些文字。如果要制作多种文字变形混合的效果，可以先将文字输入不同的文字图层，再分别设定变形。

4.4.2 栅格化文字

文字图层是一种特殊的图层，它具有文字的特性，可对文字大小、字体等进行修改，如果要在文字图层上绘制、应用滤镜等操作，需要将文字图层栅格化，将其转换为常规图层。文字图层栅格化后无法进行字体的更改。

在“图层”面板中选择文字图层，如图4-68所示。在图层名称上右击，在弹出的快捷菜单中选择“栅格化文字”选项，即可将文字图层栅格化，如图4-69所示。

图 4-68

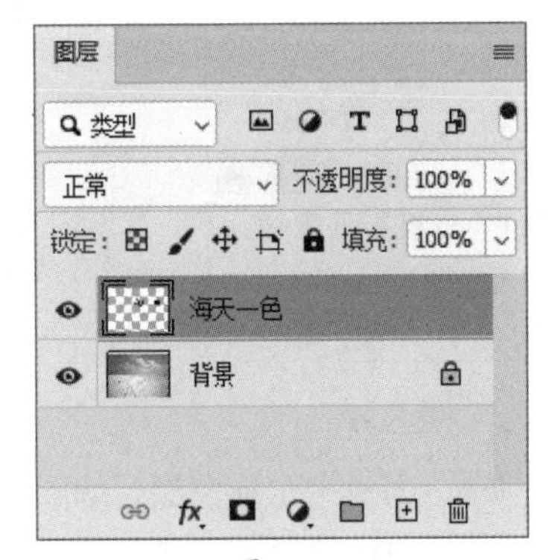

图 4-69

4.4.3 转换为形状

将文本转换为形状是指将文字从可编辑的文字状态转换为矢量形状，虽然不能再直接编辑文字内容，但可以如同编辑其他矢量图形一样，对文字形状进行任意的变形、填充、描边等操作，并保持高清晰度，不受放大缩小的影响。在“图层”面板中选择文字图层，右击图层名称，在弹出的快捷菜单中选择“转换为形状”选项，如图4-70所示。使用“直接选择工具”单击锚点，可更改形状效果，如图4-71所示。

图 4-70

图 4-71

动手练 拆分文字效果

素材位置：本书实例\第4章\拆分文字效果\拆分文字.psd

本练习介绍拆分文字效果的制作，主要运用的知识包括文字的创建、编辑，栅格化文字、图层样式及滤镜等。具体操作过程如下。

步骤01 选择“横排文字工具”，输入“年轻气盛”4个字，在“字符”面板中设置参数，如图4-72、图4-73所示。

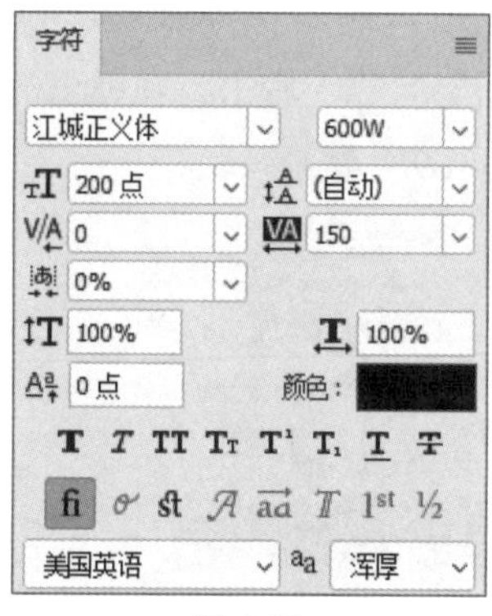

图 4-72

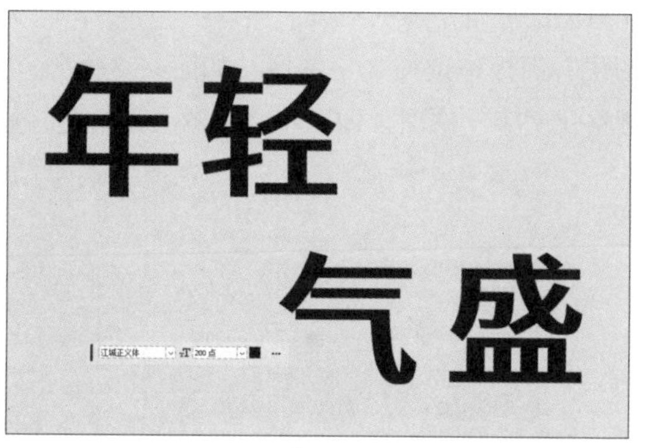

图 4-73

步骤02 在“图层”面板中全选图层，如图4-74所示。

步骤03 右击，在弹出的菜单中选择“栅格化文字”选项，将文字图层栅格化，如图4-75所示。

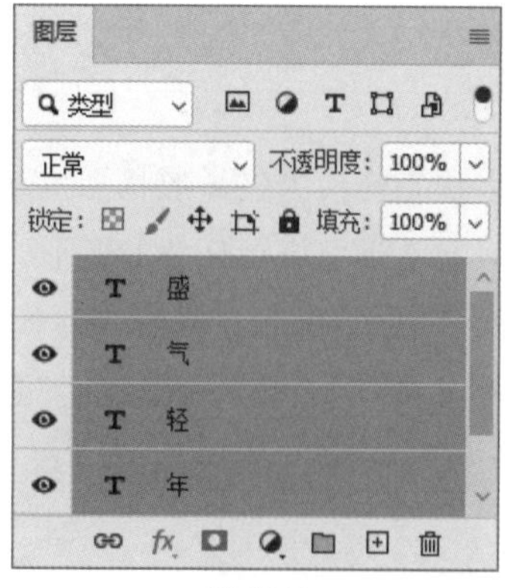

图 4-74

图 4-75

步骤04 选择“矩形选框工具”，绘制选区，如图4-76所示。

步骤05 按Ctrl+X组合键剪切，按Ctrl+V组合键粘贴，移动至原位置后填充颜色样式为绿色（#11633c），如图4-77所示。

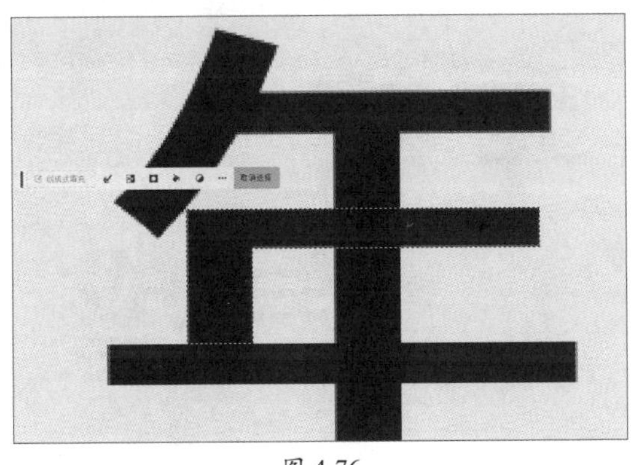

图 4-76

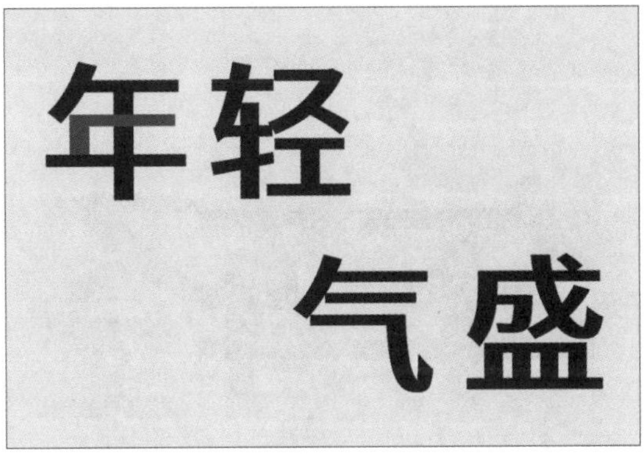

图 4-77

步骤06 使用相同的方式绘制选区，复制“年”字后拆分笔画的样式，分别选中图层粘贴图层样式，如图4-78所示。

步骤07 使用“矩形选框工具”，沿“年”字中的“丨”绘制选区，剪贴选区后补足完整的“丨”，如图4-79所示。

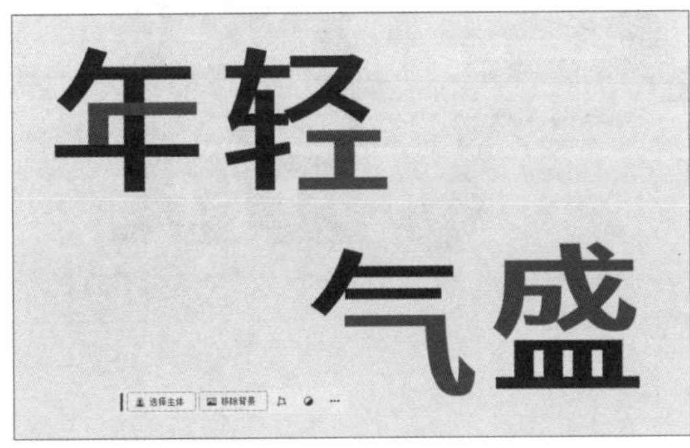

图 4-78

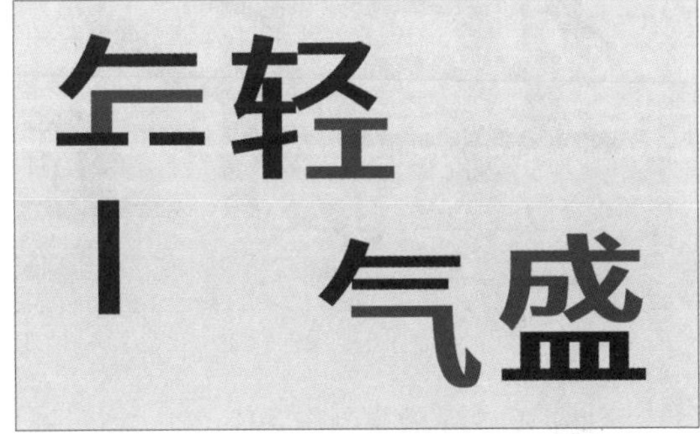

图 4-79

步骤08 执行“滤镜”|“模糊”|“高斯模糊”命令，在弹出的“高斯模糊”对话框中设置参数，如图4-80所示。

步骤09 移动至原位置，如图4-81所示。

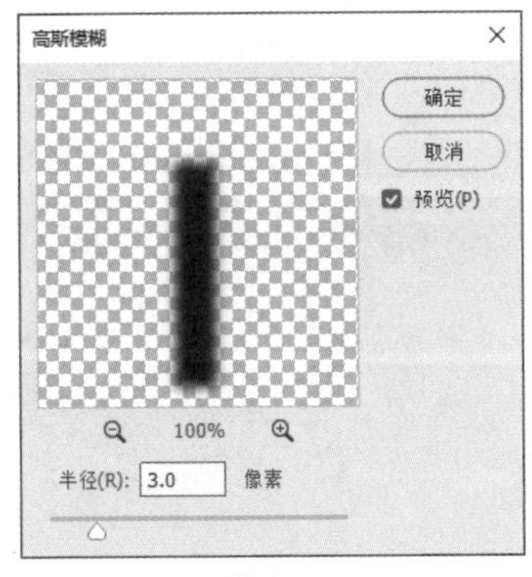

图 4-80

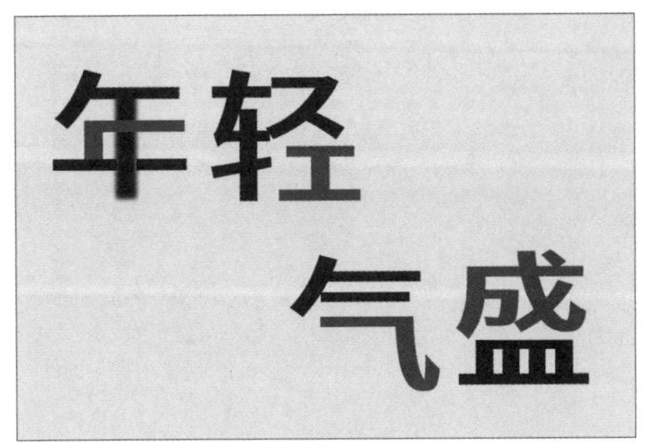

图 4-81

步骤10 选择“矩形选框工具”，沿“年”字的“一”绘制选区，按Ctrl+T组合键可自由变换，按住Shift键并向右拖曳鼠标，如图4-82所示。

步骤11 使用相同的方法对剩余的文字笔画进行模糊操作，如图4-83所示。

图 4-82

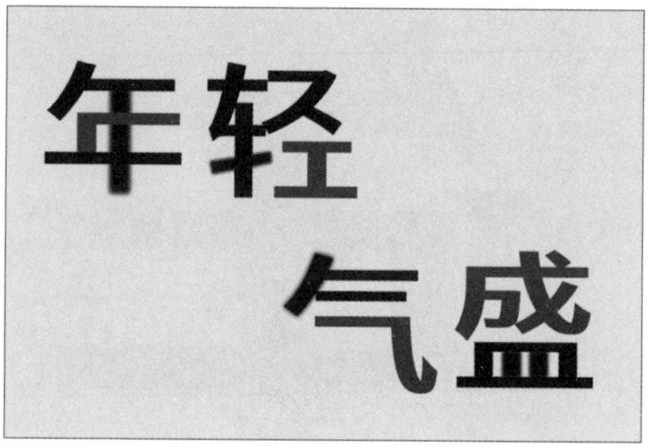

图 4-83

步骤12 调整文字“气”和“盛”的摆放位置，使用“裁剪工具”裁剪多余的背景。再使用“横排文字工具”输入4组拼音，调整至合适位置，如图4-84所示。

图 4-84

至此拆分文字效果制作完成。

Ps+CDR

Photoshop+CorelDRAW

第5章 图像的编辑与修饰

本章对图像处理的相关知识进行讲解，包括画笔工具组的应用、修复工具组的应用、橡皮擦工具组的应用、历史记录工具组的应用及修饰工具组的应用。了解并掌握这些基础知识，不仅可以修复和改善瑕疵图像，还可以为图像添加更多的创意和个性化元素。

要点难点

- 画笔工具组工具的使用
- 修复工具组工具的使用
- 橡皮擦、历史记录工具组工具的使用
- 修饰工具组工具的使用

5.1 画笔工具组的使用

画笔工具组的应用场景非常广泛，涵盖大部分需要绘制和编辑图形的领域。下面对该组中的工具进行详细介绍。

5.1.1 画笔工具

画笔工具是最常用的绘图工具之一，类似于传统的毛笔，可以绘制各种柔和或硬朗的线条，也可以画出预先定义好的图案（笔刷）。选择“画笔工具”，显示其选项栏，如图5-1所示。该选项栏中主要选项的功能如下。

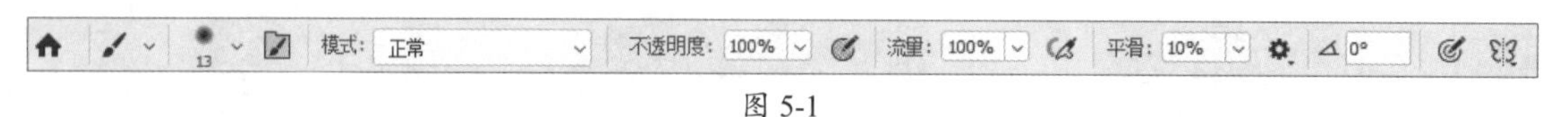

图 5-1

- **工具预设**：实现新建工具预设和载入工具预设等操作。
- **“画笔预设”选取器**：单击按钮，弹出“画笔预设”选取面板，如图5-2所示。可选择画笔笔尖，设置画笔大小和硬度。
- **切换“画笔设置”面板**：单击按钮，弹出“画笔设置”面板，如图5-3所示。

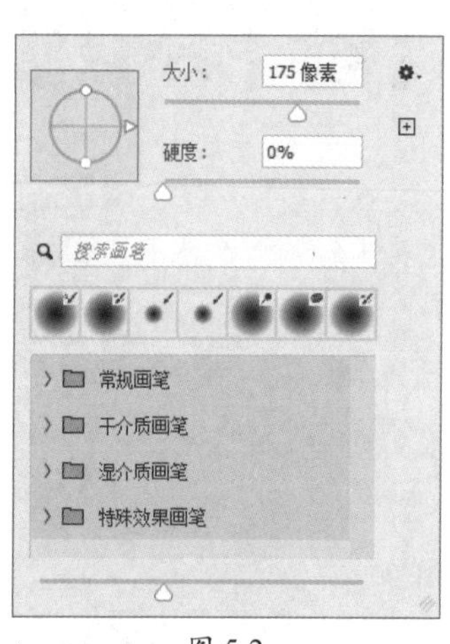

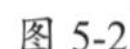

图 5-2

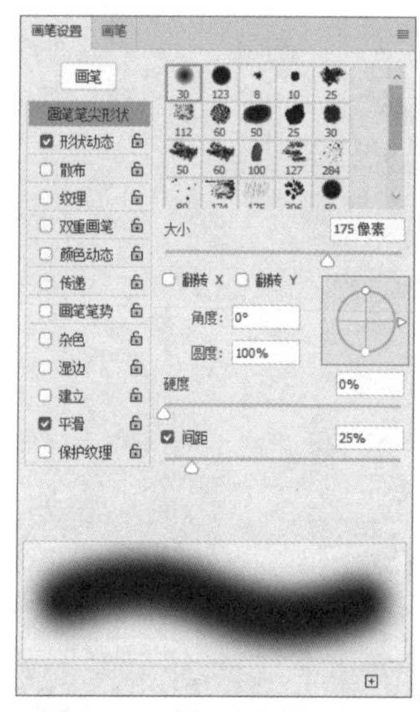

图 5-3

- **模式选项**：设置画笔的绘画模式，即绘画时的颜色与当前颜色的混合模式。
- **不透明度**：设置使用画笔绘图时所绘颜色的不透明度。数值越小，绘出的颜色越浅，反之越深。
- **流量**：设置使用画笔绘图时所绘颜色的深浅。若设置的流量较小，则其绘制效果如同降低透明度，但经过反复涂抹，颜色就会逐渐饱和。
- **平滑**：控制绘画时得到图像的平滑度，数值越大，平滑度越高。单击按钮，可启用一种或多种模式，包括拉绳模式、描边补齐、补齐描边末端及调整缩放。

- **设置画笔角度**：在文本框中设置画笔角度。
- **设置绘画的对称选项**：单击该按钮，可显示多种对称类型，如垂直、水平、双轴、对角线、波纹、圆形螺旋线、平行线、径向、曼陀罗。

知识点拨 按住Shift键拖曳鼠标，可以绘制直线（水平、垂直或45°方向，适用于所有画笔工具组的工具）。

5.1.2　铅笔工具

铅笔工具用于模拟铅笔绘画的风格和效果，可以绘制边缘硬朗、无发散效果的线条或图案。选择“铅笔工具”，显示其选项栏，除了“自动抹掉”选项外，其他选项均与“画笔工具”相同。勾选“自动抹除”复选框，在图像上拖曳光标时，线条默认为前景色，如图5-4所示。若光标的中心在前景色上，则该区域将抹成背景色，如图5-5所示。同理，若开始拖曳时光标的中心在不包含前景色的区域，则该区域被绘制为前景色。

图 5-4

图 5-5

5.1.3　颜色替换工具

颜色替换工具可以将选定的颜色替换为前景色，并能够保留图像原有材质的纹理与明暗，赋予图像更多的变化。选择“颜色替换工具”，显示其选项栏，如图5-6所示。

图 5-6

该选项栏中主要选项的功能如下。

- **模式**：用于设置替换颜色与图像的混合方式，包括“色相”“饱和度”“亮度”和“颜色”4种方式。
- **取样方式**：设置所要替换颜色的取样方式。选择“连续”选项，可以从笔刷中心所在区域取样，随着取样点的移动不断地取样；选择“一次”选项，以第一次单击时笔刷中心点的颜色为取样颜色，取样颜色不随光标的移动而改变；选择“背景色板”选项，将背景色设置为取样颜色，只替换与背景颜色相同或相近的颜色区域，如图5-7所示。

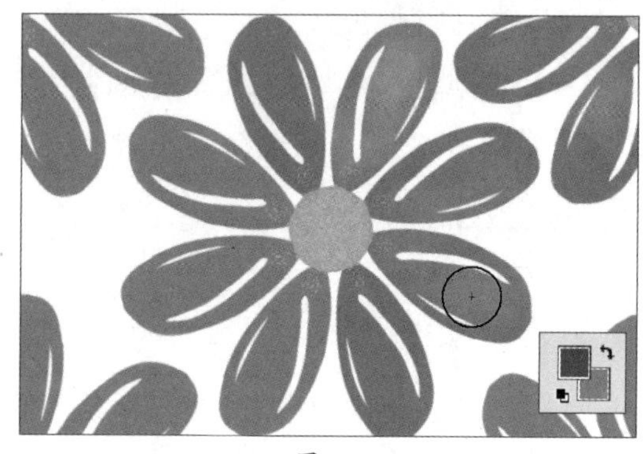

图 5-7

- **限制：** 指定替换颜色的方式。选择“不连续”选项，替换容差范围内所有与取样颜色相似的像素；选择“连续”选项，替换与取样点相接或邻近的颜色相似区域；选择“查找边缘”选项，替换与取样点相连的颜色相似区域，能较好地保留替换位置颜色反差较大的边缘轮廓。
- **容差：** 控制替换颜色区域的大小。数值越小，替换的颜色越接近色样颜色，替换的范围也就越小；反之替换的范围越大。
- **消除锯齿：** 勾选此复选框，替换颜色时将得到较平滑的图像边缘。

5.1.4 混合器画笔工具

混合器画笔工具用于混合前景色和图像（画布）的颜色，模拟真实的绘画效果。选择“混合器画笔工具”，显示其选项栏，如图5-8所示。该选项栏中主要选项的功能如下。

自定 潮湿：80% 载入：75% 混合：90% 流量：100% 10% 0° 对所有图层取样

图 5-8

- **当前画笔载入：** 单击色块可调整画笔颜色，单击右侧三角符号可选择“载入画笔”“清理画笔”和“只载入纯色”。“每次描边后载入画笔”和“每次描边后清理画笔”两个按钮用于控制每笔涂抹结束后是否对画笔进行更新和清理。
- **潮湿：** 控制画笔从画布拾取的油彩量，较高的设置会产生较长的绘画条痕。
- **载入：** 指定储槽中载入的油彩量，载入速率较低时，绘画描边干燥的速度更快。
- **混合：** 控制画布油彩量与储槽油彩量的比例。比例为100%时，所有油彩都从画布中拾取；比例为0%时，所有油彩都来自储槽。
- **流量：** 控制混合画笔流量的大小。
- **描边平滑度** 10%**：** 控制画笔抖动。
- **对所有图层取样：** 勾选此复选框，可拾取所有可见图层中的画布颜色。

动手练 创建个性笔刷

素材位置：本书实例\第5章\创建个性笔刷\荷花.jpg

本练习介绍笔刷的创建，主要运用的知识包括色彩范围、画笔工具、定义画笔图案等。具体操作过程如下。

步骤01 将素材文件拖放至Photoshop界面中，如图5-9所示。

步骤02 将背景图层解锁为常规图层，如图5-10所示。

图 5-9

图 5-10

步骤03 执行“选择”|“色彩范围”命令，在弹出的“色彩范围”对话框中设置颜色容差为60，再在图像中使用“吸管工具”单击背景，如图5-11所示。

步骤04 按回车键应用效果，如图5-12所示。

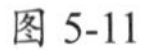

图 5-11

图 5-12

步骤05 按Delete键删除选区，再按Ctrl+D组合键取消选区，如图5-13所示。

步骤06 执行“编辑”|“定义画笔预设”命令，在弹出的“画笔名称”对话框中设置名称，如图5-14所示。

图 5-13

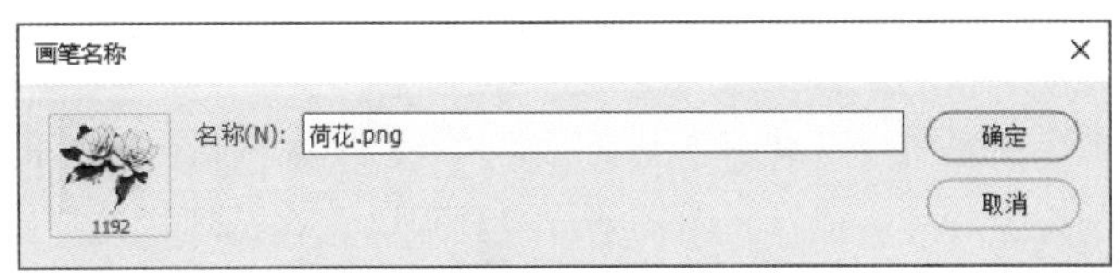

图 5-14

图 5-15

步骤07 使用“画笔工具”设置不同颜色、不同大小的参数，绘制的荷花效果如图5-15所示。至此荷花样式的笔刷制作完成。

5.2 修复工具组的使用

修复工具组主要用于图像修复和瑕疵去除，包含多种工具，如仿制图章工具、图案图章工具、污点修复画笔工具、修复画笔工具、修补工具及内容感知移动工具等。

5.2.1 仿制图章工具

仿制图章工具的功能就像复印机，它能够以指定的像素点为复制基准点，将该基点周围的图像复制到图像中的任意位置。当图像中存在瑕疵或需要遮盖某些信息时，可以使用仿制图章工具进行修复。选择“仿制图章工具”，在选项栏中设置参数，按住Alt键，同时单击要复制的区域进行取样，如图5-16所示。在合适位置按住鼠标进行涂抹即可应用，如图5-17所示。

图 5-16

图 5-17

5.2.2 图案图章工具

图案图章工具用于复制图案，并对图案进行排列，需要注意的是，该图案是在复制操作之前定义好的。选择“图案图章工具”，在选项栏选择图案，单击即可应用，如图5-18所示。若勾选“印象派效果”复选框，则效果如图5-19所示。

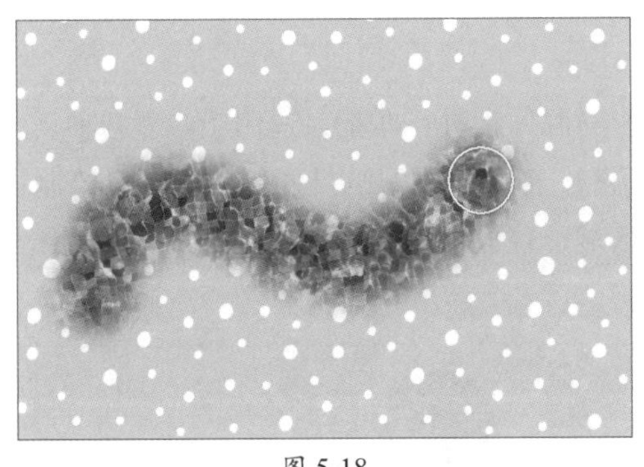

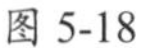

图 5-18

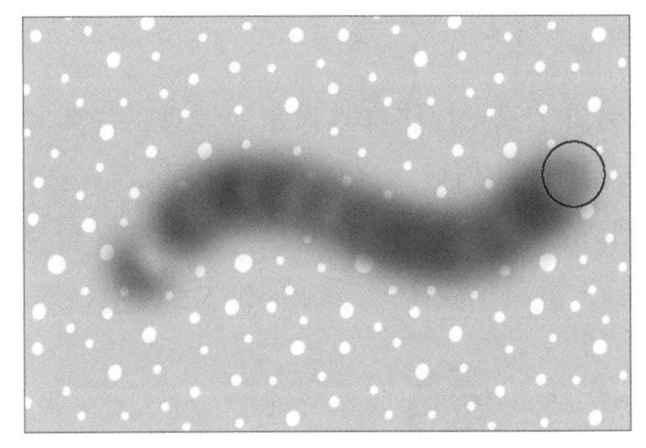

图 5-19

5.2.3 污点修复画笔工具

污点修复画笔工具是将图像的纹理、光照和阴影等与所修复的图像进行自动匹配。该工具不需要进行取样定义样本，可在瑕疵处单击，自动从所修饰区域的周围进行取样来修复单击区域。污点修复画笔工具适用于各种类型的图像和瑕疵。选择“污点修复画笔工具”，在需要修补的位置单击并拖曳鼠标，如图5-20所示。释放鼠标即可修复绘制的区域，如图5-21所示。

图 5-20

图 5-21

5.2.4 修复画笔工具

修复画笔工具使用智能算法分析周围的像素颜色和纹理，快速移除或替换图像中的瑕疵，如划痕、污渍或面部痘痘。只需直接单击或单击并拖曳鼠标，无须预先采样。选择“修复画笔工具”，按Alt键在源区域单击，对源区域进行取样，如图5-22所示。在目标区域单击并拖曳鼠标，即可将取样内容复制到目标区域，如图5-23所示。

图 5-22

图 5-23

5.2.5 修补工具

修补工具可以将样本像素的纹理、光照和阴影与源像素进行匹配，适用于修复各种类型的图像缺陷，如划痕、污渍、颜色不均等。选择“修补工具”，沿需要修补的部分绘制一个随意性的选区，如图5-24所示。拖曳选区至空白区域，释放鼠标即可完成修补工作，如图5-25所示。

图 5-24

图 5-25

5.2.6 内容感知移动工具

内容感知移动工具用于选择和移动图片的一部分。图像重新组合，留下的空洞用图片中的匹配元素填充，适用于去除多余物体、调整布局或改变对象的位置等。选择“内容感知移动工具”，按住鼠标左键并拖曳画出选区，再在选区中按住鼠标左键拖曳，如图5-26所示。移至目标位置，释放鼠标后按Enter键即可，如图5-27所示。

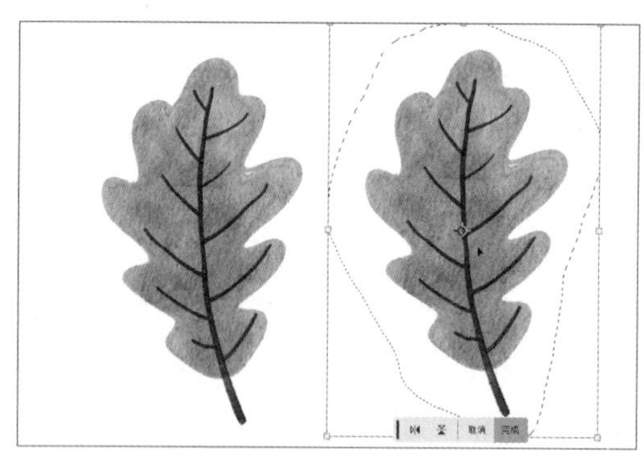

图 5-26

图 5-27

动手练 打造唯美图像

素材位置：本书实例\第5章\打造唯美图像\花束.jpg

本练习介绍如何对图像背景进行修饰处理，主要运用的知识包括污点修复画笔的使用、矩形选框工具的使用，以及混合器画笔工具的使用。具体操作过程如下。

步骤01 打开素材图像，如图5-28所示。

步骤02 选择“污点修复画笔工具”，在图像中的阴影处单击并拖曳鼠标进行绘制，如图5-29所示。

图 5-28

图 5-29

步骤03 释放鼠标，即可修复绘制的区域，如图5-30所示。

步骤04 继续使用“污点修复画笔工具”擦除图像中的其他部分，如图5-31所示。

图 5-30

图 5-31

步骤05 选择“矩形选框工具”绘制选区，如图5-32所示。

步骤06 按Ctrl+F5组合键，在弹出的“填充”对话框中设置内容为“内容识别”，如图5-33所示。

图 5-32

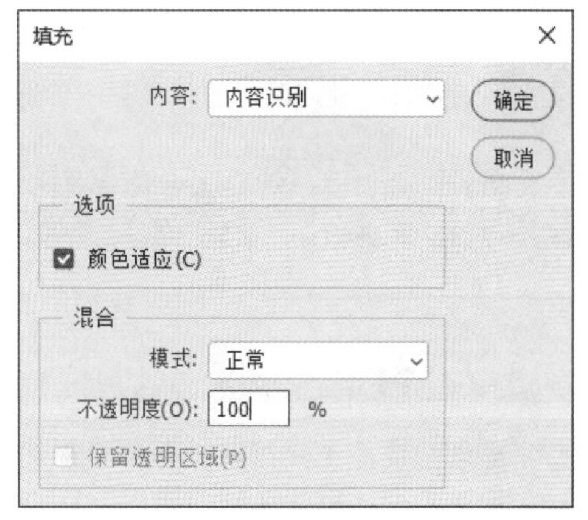

图 5-33

步骤07 按Ctrl+D组合键取消选区，如图5-34所示。

步骤08 使用“混合器画笔工具”涂抹背景，使画面更自然，如图5-35所示。

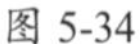
图 5-34

图 5-35

5.3 橡皮擦工具组的使用

橡皮擦工具组中的工具主要用于移除图像中不必要的元素或特定区域，从而能有效地重塑图像构图、消除不理想的部分及实现创新性视觉编辑效果。

5.3.1 橡皮擦工具

橡皮擦工具主要用于擦除当前图像中的颜色，擦除后的区域将显示为透明或背景色，具体取决于当前图层的设置。橡皮擦工具适用于简单的擦除任务，如去除小瑕疵或不需要的元素。选择“橡皮擦工具”，在背景图层下擦除，擦除的部分显示为背景色，如图5-36所示。在普通图层状态下擦除，擦除的部分为透明，如图5-37所示。

图 5-36

图 5-37

5.3.2 背景橡皮擦工具

背景橡皮擦工具可以擦除指定颜色，并将擦除的区域以透明色填充，适用于去除复杂背景或创建抠图效果。选择“吸管工具”，分别吸取背景色和前景色，前景色为保留的部分，背景色为擦除的部分，如图5-38所示。选择“背景橡皮擦工具”，在图像中涂抹，效果如图5-39所示。

图 5-38

图 5-39

5.3.3 魔术橡皮擦工具

魔术橡皮擦工具是魔棒工具与背景橡皮擦工具的综合，它是一种根据像素颜色擦除图像的工具，使用魔术橡皮擦工具可以一次性擦除图像或选区中颜色相同或相近的区域，从而得到透明区域。打开素材图像，如图5-40所示。选择“魔术橡皮擦工具”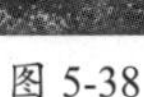，在图像中单击擦除图像，如图5-41所示。

图 5-40

图 5-41

动手练 擦除图像背景

素材位置：**本书实例\第5章\擦除图像背景\艺术照.jpg**

本练习介绍擦除图像背景的操作，主要运用的知识包括吸管工具、背景橡皮擦工具、套索工具的使用及选区的删除等。具体操作过程如下。

步骤01 将素材文件拖曳至Photoshop界面中，选择“吸管工具”，吸取人物的头发为前景色、背景的颜色为背景色，如图5-42所示。

步骤02 选择“背景橡皮擦工具”，在人物头发周围单击擦除，如图5-43所示。

步骤03 选择“吸管工具”，在狗的头部吸取前景色，使用“背景橡皮擦工具”涂抹，擦除该部分上方的背景，如图5-44所示。

步骤04 选择“吸管工具”，在衣服处吸取前景色，使用“背景橡皮擦工具”涂抹，擦除该部分周围的背景，如图5-45所示。

图 5-42

图 5-43

图 5-44

图 5-45

步骤05 选择“套索工具”，框选主体，如图5-46所示。

步骤06 按Ctrl+Shift+I组合键反选选区，删除选区后取消选区，如图5-47所示。

图 5-46

图 5-47

5.4 历史记录工具组的使用

历史记录工具组在图像编辑过程中为用户提供一种非破坏性且有创意的方式，能够在不影响整个图像历史的情况下，局部恢复或创造性地改变图像的某些部分。

5.4.1 历史记录画笔工具

历史记录画笔工具能够充分利用历史记录面板的功能，恢复至图像处理过程中的任意状态，并在此状态下运用类似画笔的工具进行局部恢复或修改。常用于修改错误、精细调整图像或实现非线性编辑。

打开如图5-48所示的素材图像，按Shift+Ctrl+U组合键去色，如图5-49所示。选择“历史记录画笔工具”，在选项栏中设置画笔参数，单击并按住鼠标左键，在图像中拖曳需要恢复的位置，光标经过的位置即恢复为上一步对图像进行操作的效果，而图像中未修改的区域保持不变，如图5-50所示。

图 5-48

图 5-49

图 5-50

5.4.2 历史记录艺术画笔工具

历史记录艺术画笔更侧重于创造性的效果，可以模拟不同的绘画风格，将过去的历史状态以某种艺术手法重新应用于当前图像，产生一种类似传统绘画技法的效果。

打开素材图像，如图5-51所示。选择“历史记录艺术画笔工具”，在其选项栏中的“样式”下拉列表框中选择笔刷样式，再在区域文本框中设置历史记录艺术画笔描绘的范围，设置的范围越大，影响的范围越大。图5-52所示为使用历史记录艺术画笔工具绘制的图像效果。

图 5-51

图 5-52

5.5 修饰工具组的使用

修饰工具组中的工具用于对图像的特定区域进行精细的调整和修饰，不仅可以改善图像的清晰度、亮度、色调和饱和度等，还可以实现更高级的创意效果。

5.5.1 模糊工具

模糊工具用于柔化图像细节，消除噪点，或者创建平滑过渡效果。在人像摄影中常用于淡化皮肤瑕疵，或者创建运动模糊效果。打开素材图像，如图5-53所示，选择“模糊工具”，在选项栏中设置参数，将光标移动到需处理的位置，单击并拖曳鼠标进行涂抹，即可应用模糊效果，如图5-54所示。

图 5-53

图 5-54

5.5.2 锐化工具

锐化工具用于增强图像的细节和边缘，提高图像清晰度，尤其适用于拍摄条件差或压缩导致的轻微模糊图片。打开素材图像，如图5-55所示，选择“锐化工具”，在选项栏中设置参数，将光标移动到需处理的位置，单击并拖曳鼠标进行涂抹，即可应用锐化效果，如图5-56所示。

图 5-55

图 5-56

知识点拨 锐化工具若涂抹强度过大，涂抹时可能出现像素杂色，影响画面效果。

5.5.3 涂抹工具

涂抹工具模拟手指或刷子在湿颜料上的移动，可以混合并扩散颜色边界，制造一种流动或涂抹的效果，常用于抽象艺术表现或模仿手绘风格。打开素材图像，如图5-57所示，选择“涂抹工具”，在选项栏中设置参数，将光标移动到需处理的位置，单击并拖曳光标进行涂抹，即可模拟手绘效果，如图5-58所示。

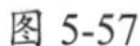

图 5-57

图 5-58

5.5.4 减淡工具

减淡工具用于提高图像局部区域的亮度，即模拟增加曝光的效果，常用于高光区域提亮、纠正暗部细节，或者增加图像的局部对比度。

打开素材图像，如图5-59所示，选择“减淡工具”，在选项栏中设置参数，将光标移动到需处理的位置，单击并拖曳光标进行涂抹即可提亮区域颜色，如图5-60所示。

图 5-59

图 5-60

5.5.5 加深工具

加深工具用于降低图像局部区域的亮度，模拟减少曝光的效果，可用于强化阴影、减少过曝区域，增加整体图像的对比度。

打开素材图像，如图5-61所示，选择“加深工具”，将光标移动到需处理的位置，单击并拖曳鼠标进行涂抹以增强阴影效果，如图5-62所示。

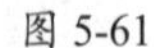

图 5-61

图 5-62

5.5.6 海绵工具

海绵工具专门用于调整图像色彩的饱和度，不改变亮度，可在不影响明暗的情况下使图像色彩变得更饱和或更灰暗。打开素材图像，如图5-63所示，选择“海绵工具”，在选项栏中设置“去色”模式，将光标移动到需处理的位置，单击并拖曳鼠标应用去色效果，如图5-64所示。更改为“加色”模式，涂抹效果如图5-65所示。

图 5-63

图 5-64

图 5-65

动手练 制作景深效果

素材位置：本书实例\第5章\制作景深效果\人物照.jpg

本练习介绍景深效果的制作，主要运用的知识包括套索工具的使用，选区的编辑，模糊命令、模糊工具、加深工具及减淡工具的使用。具体操作过程如下。

步骤01 将素材文件拖曳至Photoshop界面中，选择“套索工具”，绘制选区，如图5-66所示。

步骤02 按Shift+Ctrl+I组合键反选，在弹出的菜单中选择“羽化”选项，再在弹出的对话框中设置羽化值为50，如图5-67所示。

图 5-66

图 5-67

步骤03 选择“模糊工具”，拖曳鼠标涂抹使其模糊，如图5-68所示。

步骤04 执行“滤镜”|“模糊”|“动感模糊”命令，在弹出的对话框中设置参数，如图5-69所示。

图 5-68

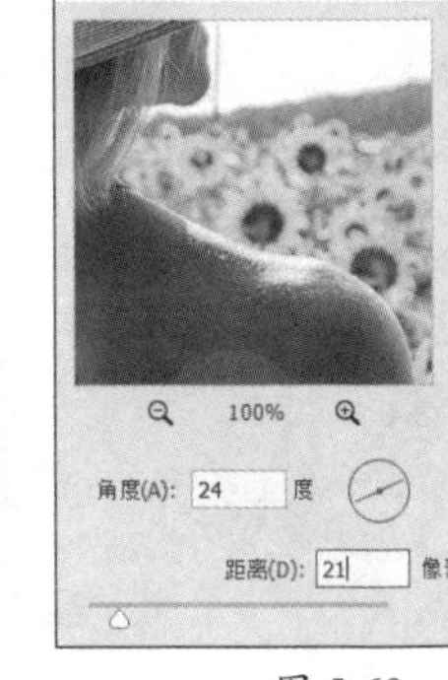

图 5-69

步骤05 按Ctrl+D组合键取消选区。选择“历史记录画笔工具”，在选项栏设置不透明度为20%，再在人物边缘处涂抹，使模糊效果过渡得更自然，如图5-70所示。

步骤06 选择“加深工具”，在选项栏设置范围为“中间调”，曝光度为10%，在图像上均匀涂抹增强对比，如图5-71所示。

图 5-70

图 5-71

步骤07 在选项栏将范围更改为“阴影”，再在图像四周进行涂抹，加深颜色，如图5-72所示。

步骤08 选择“减淡工具”，在选项栏设置范围为“中间调”，曝光度为10%。再在人物所在之处涂抹，减淡颜色，如图5-73所示。

图 5-72

图 5-73

至此景深效果制作完成。

Ps+CDR

Photoshop+CorelDRAW

第6章 图像的色彩与色调

本章将对图像的色彩调整进行讲解，包括图像色彩分布的查看，图像的色调、图像的色彩及特殊颜色效果的调整。了解并掌握这些基础知识，可以更准确地体现图像的立体感和深度，增强画面的视觉冲击力。

要点难点

- 图像色彩分布的查看方法
- 图像色调的调整方法
- 图像色彩的特殊调整方法
- 调整图层的创建与智能对象的转换

6.1 图像色彩分布的查看

在Photoshop中，信息面板、直方图面板及吸管工具提供关于图像颜色信息的详细数据，有助于更好地理解和处理图像。

6.1.1 “信息”面板

“信息”面板提供关于当前图像或工作区中光标所指位置的详细信息，如颜色信息、坐标信息、文档大小及额外信息。如图6-1所示，当光标移动至图像的任意位置时，“信息”面板中会显示相应的信息数值，如图6-2所示。

图 6-1

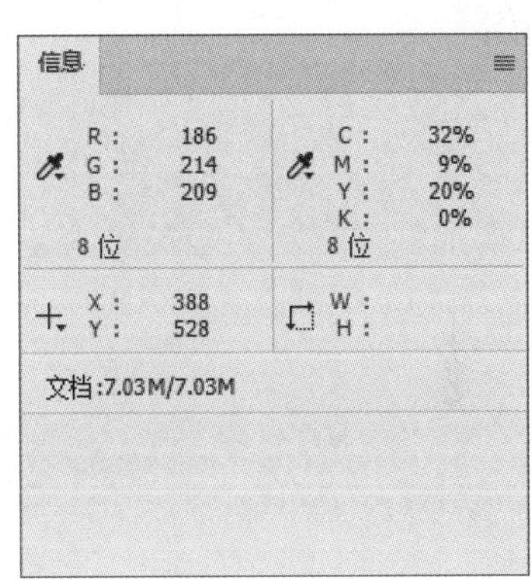

图 6-2

6.1.2 “直方图”面板

直方图用图形表示图像每个亮度级别的像素数量，展示像素在图像中的分布情况。直方图用于确定某个图像是否有足够的细节进行良好的校正。执行“窗口”|“直方图”命令，默认情况下，“直方图”面板将以“紧凑视图”的形式打开，并且没有控件或统计数据，如图6-3所示。单击“菜单”按钮，在弹出的菜单中可以选择“扩展视图”命令，效果如图6-4所示，以及“全部通道视图”命令调整视图，效果如图6-5所示。

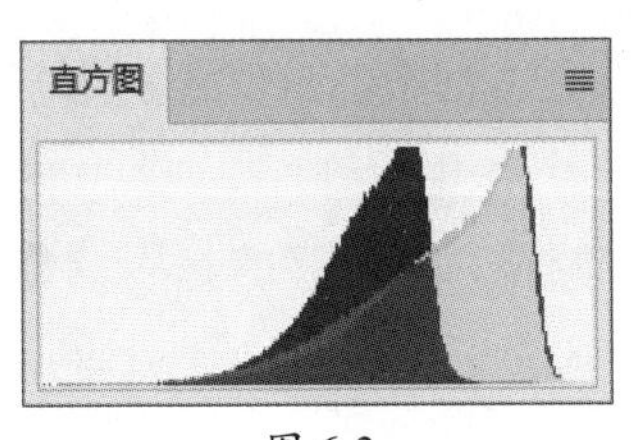

图 6-3

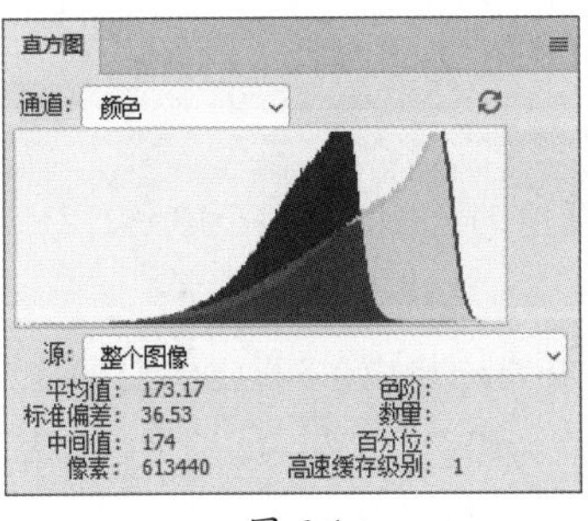

图 6-4

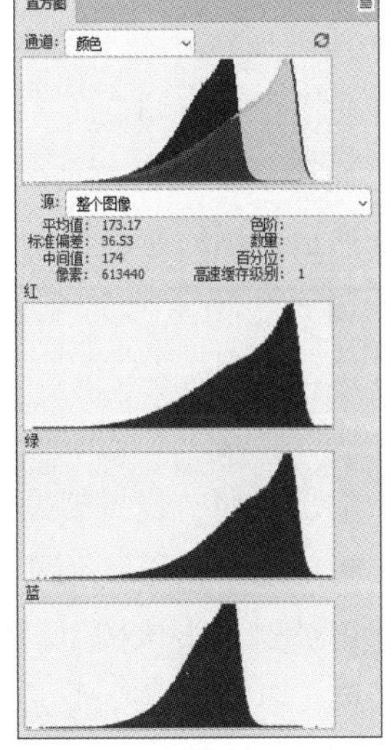

图 6-5

6.1.3 吸管工具

吸管工具采集色样以指定新的前景色或背景色。选择“吸管工具”，可以从图像或屏幕上的任意位置采集色样并拾取颜色，如图6-6所示。“信息”面板中会显示吸取的颜色信息，如图6-7所示。

图 6-6

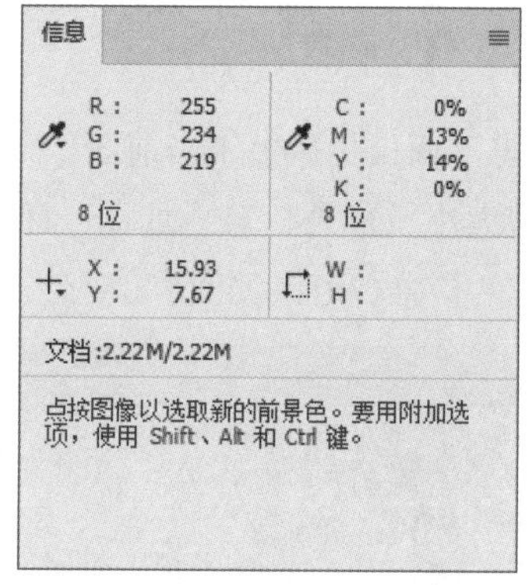

图 6-7

6.2 图像的色调

Photoshop中可以通过色阶、曲线、亮度/对比度、色调均化及阴影/高光调整图像的色调，即调整图像的相对明暗程度。

6.2.1 色阶

色阶命令可以通过设置图像的阴影、中间调和高光的强度调整图像的明暗度。执行“图像”|“调整”|“色阶”命令或按Ctrl+L组合键，弹出“色阶”对话框，如图6-8所示。该对话框中主要选项的功能如下。

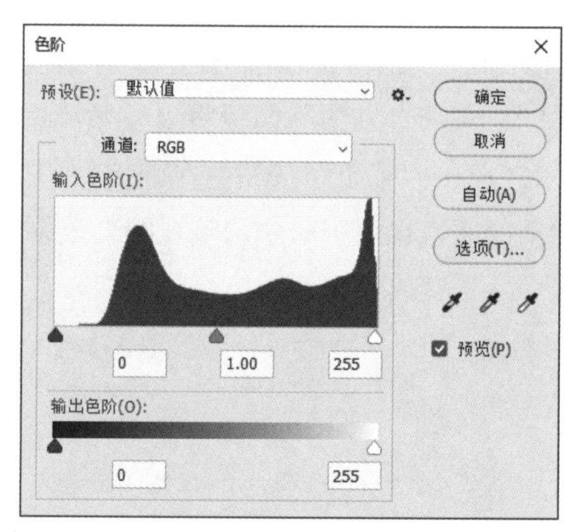

图 6-8

- **预设**：在其下拉列表框中选择预设色阶文件，对图像进行调整。
- **通道**：在其下拉列表框中选择调整整体或单个通道色调的通道。
- **输入色阶**：该选项对应直方图下方的三个滑块，分别代表暗部、中间调和高光。移动这些滑块可以改变图像的明暗分布。
- **输出色阶**：设置图像亮度值的范围，范围为0～255，两个文本框中的数值分别用于调整暗部色调和亮部色调。
- **自动**：单击该按钮，Photoshop将以0.5的比例对图像进行调整，将最亮的像素调整为白色，并将最暗的像素调整为黑色。图6-9、图6-10所示分别为应用“自动”命令前后的效果。

图 6-9

图 6-10

- **选项**：单击该按钮，打开“自动颜色校正选项”对话框，设置“阴影”和“高光”所占的比例。
- **从图像中取样以设置黑场**：单击该按钮在图像中取样，可将单击处的像素调整为黑色，图像中比该单击点亮的像素也会变为黑色。
- **从图像中取样以设置灰场**：单击该按钮在图像中取样，可根据单击点设置为灰度色，从而改变图像的色调。
- **从图像中取样以设置白场**：单击该按钮在图像中取样，可将单击处的像素调整为白色，图像中比该单击点亮的像素也会变为白色。

6.2.2 曲线

曲线工具通过调整图像的色调曲线改变图像的明暗度。执行“图像”|“调整”|“曲线”命令或按Ctrl+M组合键，弹出“曲线”对话框，如图6-11所示。该对话框中主要选项的功能如下。

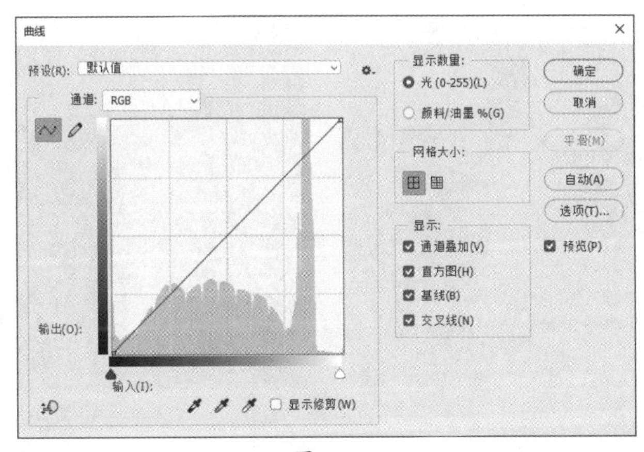

图 6-11

- **预设**：Photoshop已对一些特殊调整进行了设定，在其下拉列表框中选择相应选项，即可快速调整图像。
- **通道**：选择需要调整的通道。
- **曲线编辑框**：曲线的水平轴表示原始图像的亮度，即图像的输入值；垂直轴表示处理后新图像的亮度，即图像的输出值；曲线的斜率表示相应像素点的灰度值。在曲线上单击并拖曳鼠标，可创建控制点调整色调，如图6-12、图6-13所示。

图 6-12

图 6-13

- **编辑点以修改曲线**：以拖曳曲线上控制点的方式调整图像。
- **通过绘制来修改曲线**：单击该按钮后将光标移至曲线编辑框，当其变为形状时单击并拖曳，可绘制曲线来调整图像。
- **网格大小**：该选项区中的选项可以控制曲线编辑框中曲线的网格数量。
- **显示**：该选项区包括“通道叠加”“基线”“直方图”和“交叉线”4个复选框，只有勾选这些复选框，才会在曲线编辑框中显示3个通道叠加，以及基线、直方图和交叉线的效果。

6.2.3 亮度/对比度

亮度/对比度命令通过调整图像的亮度和对比度改变图像的明暗度。执行“图像”|“调整”|“亮度/对比度”命令，在弹出的“亮度/对比度”对话框中可拖曳滑块或在文本框中输入数值（范围为-100～100）调整图像的亮度和对比度，如图6-14、图6-15所示。

图 6-14

图 6-15

6.2.4 色调均化

色调均化功能通过平均分配图像中的像素亮度等级，使图像具有更均衡的色调分布。色调均化能增强图像的中间调细节，通常用于改善低对比度或曝光不足的图像。打开素材图像，如图6-16所示，执行“图像”|“调整”|“色调均化”命令，即可应用效果，如图6-17所示。

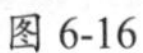

图 6-16

图 6-17

6.2.5　阴影/高光

阴影/高光用于对曝光不足或曝光过度的照片进行修正。执行“图像”|“调整”|“阴影/高光”命令，在“阴影/高光”对话框中可设置阴影和高光数量，效果如图6-18所示。

图 6-18

动手练 调整图像明暗对比

素材位置：**本书实例\第6章\调整图像明暗对比\户外.jpg**

本练习介绍图像明暗对比效果的调整，主要运用的知识包括色阶、曲线命令的应用。具体操作过程如下。

步骤01 将素材文件拖曳至Photoshop界面中，如图6-19所示。

步骤02 按Ctrl+J组合键复制图层，如图6-20所示。

图 6-19

图 6-20

步骤03 按Ctrl+L组合键，在弹出的“色阶”对话框中拖曳中间灰色滑块调整中间调，如图6-21所示。应用效果如图6-22所示。

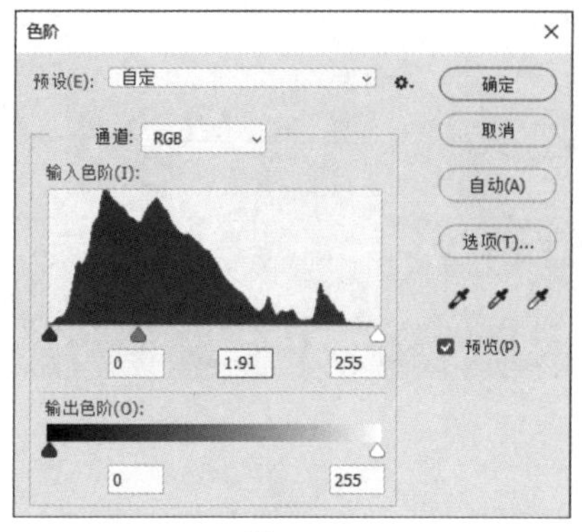

图 6-21

图 6-22

步骤04 按Ctrl+M组合键，在弹出的“曲线”对话框中单击“自动”按钮后继续调整，如图6-23所示。应用效果如图6-24所示。

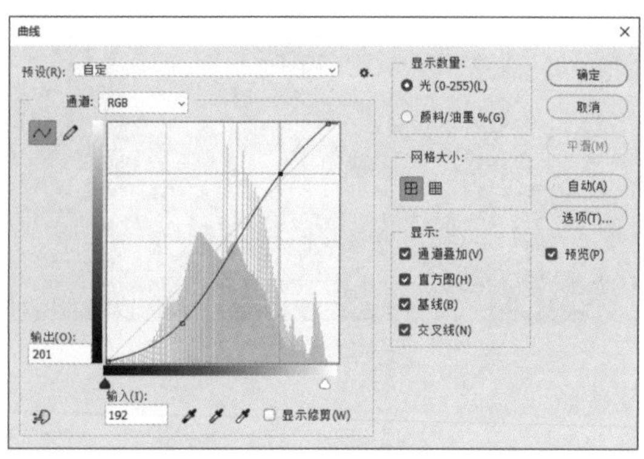

图 6-23

图 6-24

6.3 图像的色彩

Photoshop中可以通过色彩平衡、色相/饱和度、替换颜色、匹配颜色、通道混合器及可选颜色调整图像的色彩。

6.3.1 色彩平衡

色彩平衡可改变颜色的混合，纠正图像中明显的偏色问题。执行该命令，可以在图像原色的基础上根据需要添加其他颜色，或通过增加某种颜色的补色减少该颜色的数量，从而改变图像的色调。执行“图像”|“调整”|“色彩平衡”命令或按Ctrl+B组合键，弹出“色彩平衡”对话框，如图6-25所示。该对话框中主要选项的功能如下。

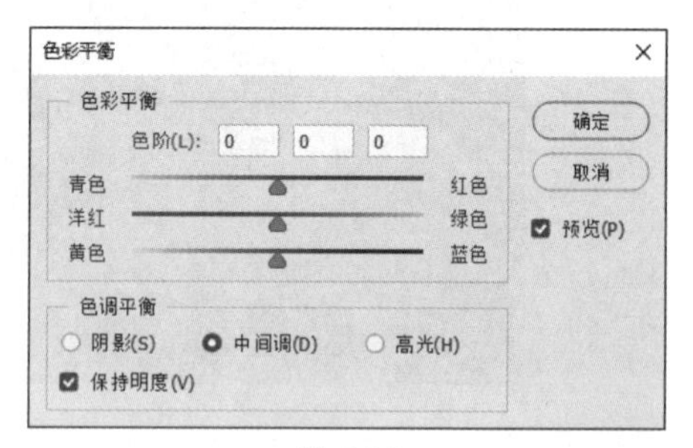

图 6-25

- **色彩平衡**：在文本框中输入数值，可调整图像6个不同原色的比例；也可直接用鼠标拖曳文本框下方3个滑块的位置，调整图像的色彩。
- **色调平衡**：选择需要调整的色彩范围，包括阴影、中间调和高光。勾选“保持明度”复选框，保持图像亮度不变。

图6-26、图6-27所示为调整色彩平衡前后的效果。

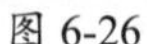

图 6-26

图 6-27

6.3.2　色相/饱和度

色相/饱和度可用于调整图像像素的色相和饱和度，也可用于灰度图像的色彩渲染，从而为灰度图像添加颜色。执行“图像”|“调整”|“色相/饱和度”命令或按Ctrl+U组合键，弹出“色相/饱和度”对话框，如图6-28所示。该对话框中主要选项的功能如下。

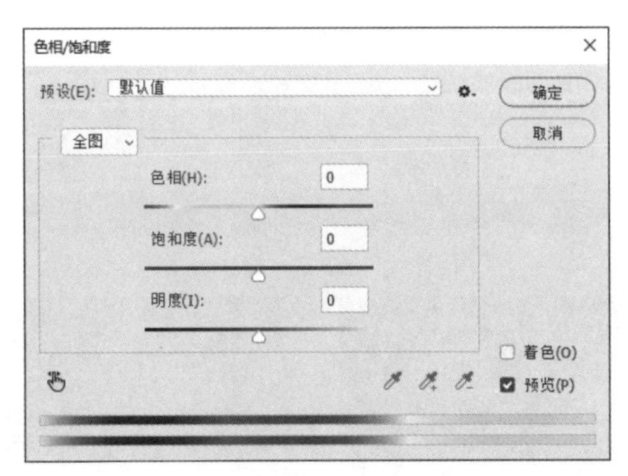

图 6-28

- **预设**：“预设”下拉列表框中提供了8种色相/饱和度预设，单击“预设选项”按钮，可对当前设置的参数进行保存，或者载入一个新的预设调整文件。
- **通道**全图：该下拉列表框中提供7种通道，选择通道后，可以拖曳“色相”“饱和度”“明度”的滑块进行调整。选择“全图”选项，可一次调整整幅图像中的所有颜色。若选择“全图”选项之外的选项，则色彩变化只对当前选中的颜色起作用。
- **移动工具**：在图像上单击并拖曳，可修改饱和度；按Ctrl键的同时单击图像，可修改色相。
- **着色**：勾选该复选框，图像会整体偏向于单一的红色调。通过调整色相和饱和度，能使图像呈现多种富有质感的单色调效果。

图6-29、图6-30所示为调整色相/饱和度前后的效果。

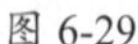

图 6-29

图 6-30

6.3.3 替换颜色

替换颜色用于替换图像中某个特定范围的颜色，以调整色相、饱和度和明度值。执行“图像”|“调整”|“替换颜色”命令，弹出“替换颜色”对话框，使用“吸管工具”吸取颜色，拖曳滑块或单击结果色块，可设置替换颜色，如图6-31所示。

图6-32、图6-33所示为替换颜色前后的效果。

图 6-31

图 6-32

图 6-33

6.3.4 匹配颜色

匹配颜色将一个图像作为源图像，另一个图像作为目标图像，将源图像的颜色与目标图像的颜色进行匹配。源图像和目标图像可以是两个独立的文件，也可以匹配同一图像中不同图层之间的颜色。打开两张图像的素材，图6-34、图6-35所示分别为源图像与目标图像。

图 6-34

图 6-35

执行“图像”|“调整”|“匹配颜色”命令，在弹出的“匹配颜色”对话框中设置参数，如图6-36所示。应用效果如图6-37所示。

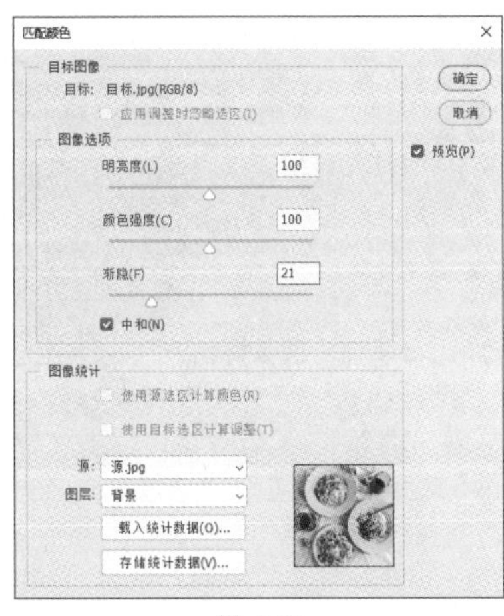

图 6-36

图 6-37

知识点拨 匹配颜色命令仅适用于RGB模式图像。

6.3.5 通道混合器

通道混合器用于混合图像中某个通道的颜色与其他通道中的颜色，使图像产生合成效果，从而达到调整图像色彩的目的。通过对各通道进行不同程度的替换，图像会产生戏剧性的色彩变换，赋予图像不同的画面效果与风格。执行“图像”|“调整”|“通道混合器”命令，在弹出的“通道混合器”对话框中选择通道并设置参数，图6-38、图6-39所示为调整通道混合器前后的效果。

图 6-38

图 6-39

6.3.6 可选颜色

可选颜色用于校正颜色的平衡，选择某种颜色范围进行针对性的修改，在不影响其他原色的情况下修改图像中某种原色的数量。执行“图像”|“调整”|“可选颜色”命令，弹出“可选颜色”对话框，如图6-40所示。

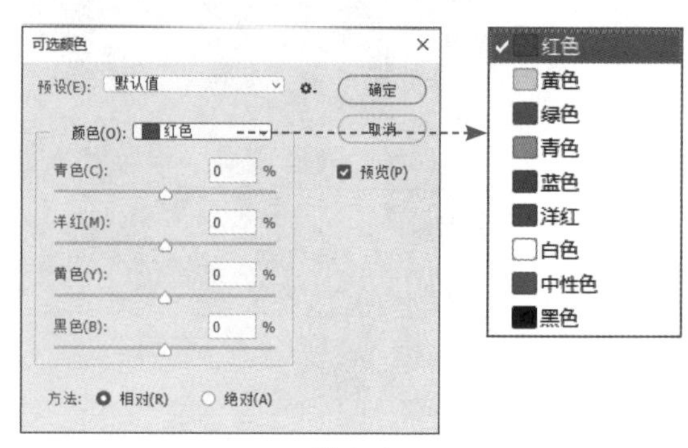

图 6-40

在“可选颜色”对话框中，若选中“相对”单选按钮，则表示按照总量的百分比更改现有的青色、洋红、黄色或黑色的量；若选中“绝对”单选按钮，则按绝对值进行颜色值的调整。图6-41、图6-42所示为调整可选颜色前后的效果。

图 6-41

图 6-42

动手练 调整图像的色调

素材位置：**本书实例\第6章\调整图像的色调\风景.jpg**

本练习介绍图像色调的调整，主要运用的知识包括色彩平衡、可选颜色、自然饱和度、色相饱和度，以及“历史记录画笔工具”的使用。具体操作过程如下。

步骤01 将素材文件拖曳至Photoshop界面中，按Ctrl+J组合键复制图层，如图6-43所示。

步骤02 按Ctrl+B组合键，在弹出的“色彩平衡”对话框中设置参数，如图6-44所示。

图 6-43

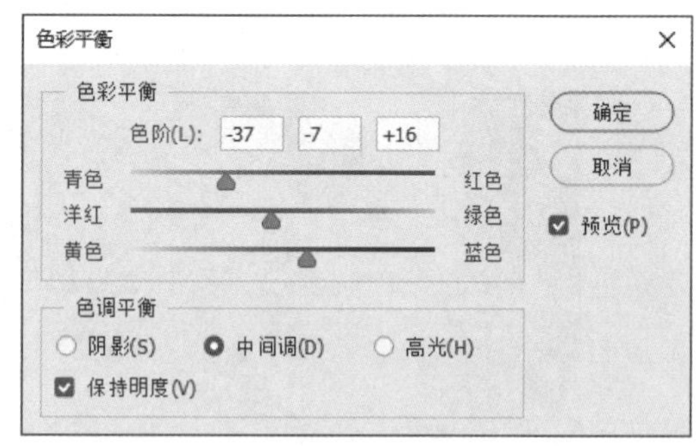

图 6-44

步骤03 应用效果如图6-45所示。

步骤04 执行“图像”|“调整”|“可选颜色”命令，在弹出的“可选颜色”对话框中设置参数，如图6-46所示。

图 6-45

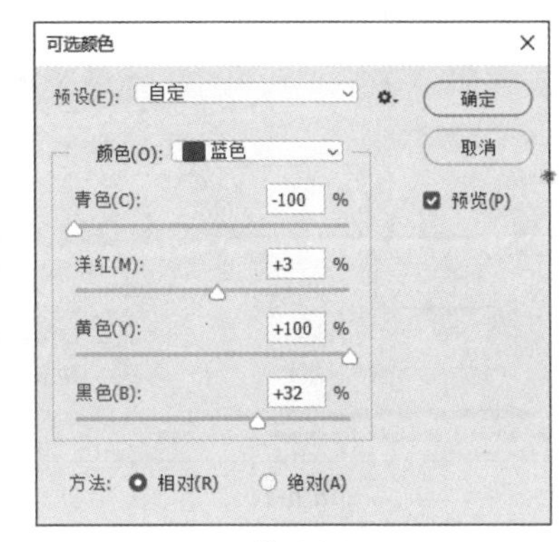

图 6-46

步骤05 应用效果如图6-47所示。

步骤06 执行“图像”|“调整”|“自然饱和度”命令，在弹出的“自然饱和度”对话框中设置参数，如图6-48所示。

图 6-47

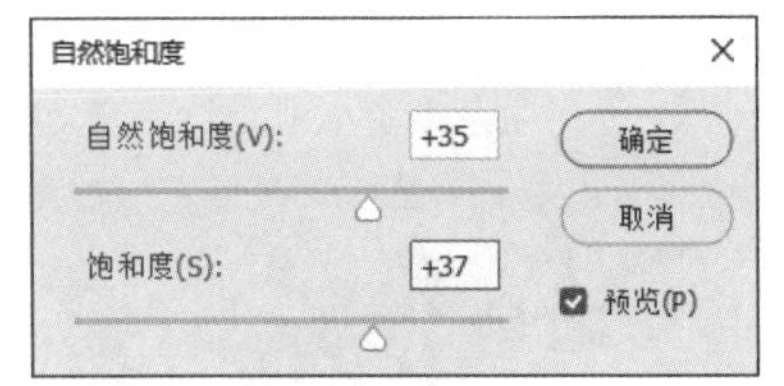

图 6-48

步骤07 应用效果如图6-49所示。

步骤08 选择“快速选择工具”创建选区，如图6-50所示。

图 6-49

图 6-50

步骤09 按Ctrl+U组合键，在弹出的“色相/饱和度”对话框中设置参数，如图6-51所示。

步骤10 应用效果后取消选区，选择“历史记录画笔工具”，设置不透明度为10%，涂抹公路部分，最终效果如图6-52所示。

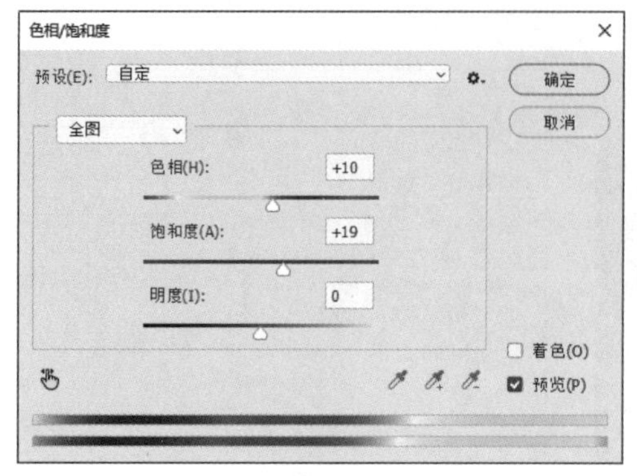

图 6-51

图 6-52

6.4 特殊颜色效果

Photoshop中可以通过去色、黑白、阈值、反相及渐变映射命令，对图像进行特殊色调调整。

6.4.1 去色

使用“去色”命令可以将彩色图片快速转换为黑白图片。但是，它不提供对颜色通道的精细控制。执行“图像”|“调整”|“去色”命令或按Shift+Ctrl+U组合键即可。图6-53、图6-54所示为图像去色前后的效果。

图 6-53

图 6-54

6.4.2 黑白

使用黑白命令可以将彩色图片转换为高品质的黑白图片，与“去色”命令相比，它提供更多的细节和控制选项。执行“图像”|“调整”|“黑白”命令，弹出“黑白”对话框，可以通过调整不同颜色通道的滑块模拟传统黑白摄影中的滤镜效果，如图6-55所示。单击“自动”按钮，可以一键应用黑白效果，勾选“色调”复选框，可以为图像添加单色效果。图6-56、图6-57所示为应用黑白命令前后的效果。

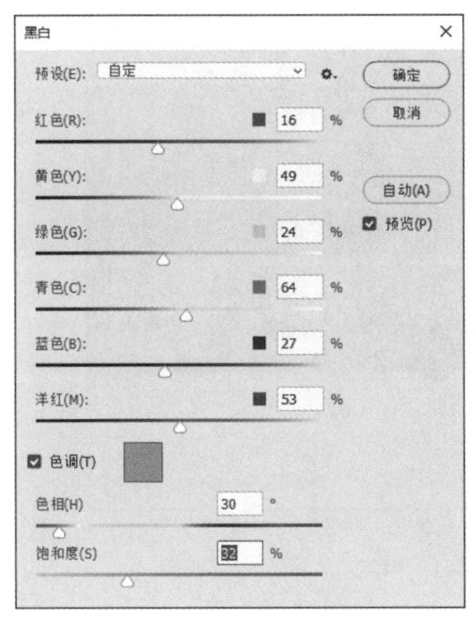

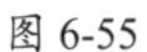

图 6-55

图 6-56

图 6-57

6.4.3　阈值

“阈值”命令可以将灰度或彩色图像转换为高对比的黑白图像，先将图像中的像素与指定的阈值进行比较，然后将比阈值亮的像素转换为白色，再将比阈值暗的像素转换为黑色，从而实现图像的黑白转换。执行“图像”|“调整”|“阈值”命令，弹出“阈值”对话框，如图6-58所示。

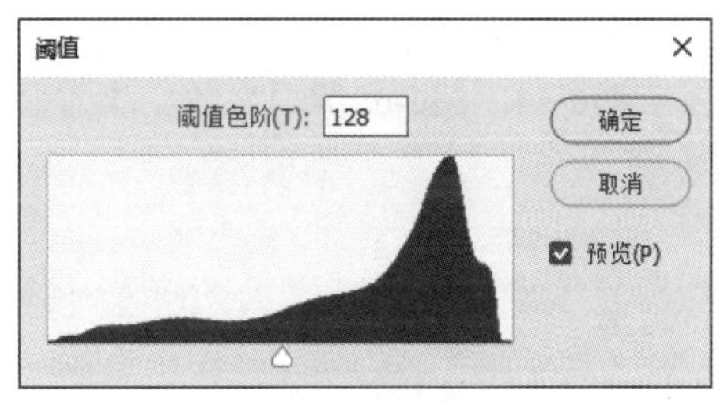

图 6-58

图6-59、图6-60所示为阈值命令执行前后的效果。

图 6-59

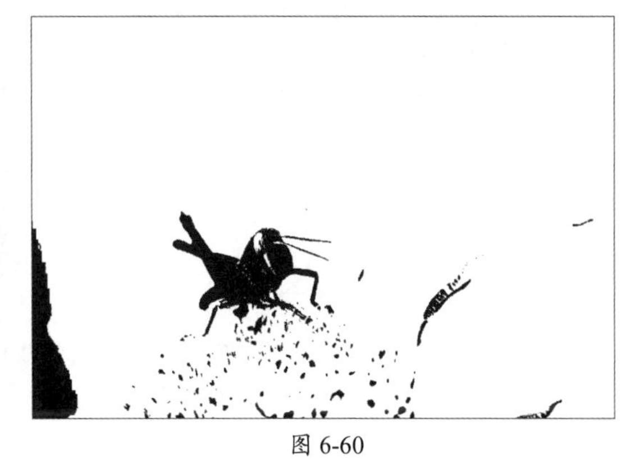

图 6-60

6.4.4　反相

“反相”命令主要针对颜色色相进行操作，可将图像中的颜色进行反转处理。例如，将黑色转换为白色，将白色转换为黑色。执行“图像”|“调整”|“反相”命令，或按Ctrl+I组合键即可。图6-61、图6-62所示为反相命令执行前后的效果。

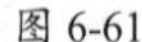
图 6-61

图 6-62

6.4.5 渐变映射

“渐变映射”命令先将图像转换为灰度图像，再将相等的图像灰度映射到指定的渐变填充色，但不能应用于不包含任何像素的完全透明图层。执行“图像”|“调整”|“渐变映射”命令，弹出“渐变映射”对话框，如图6-63所示。

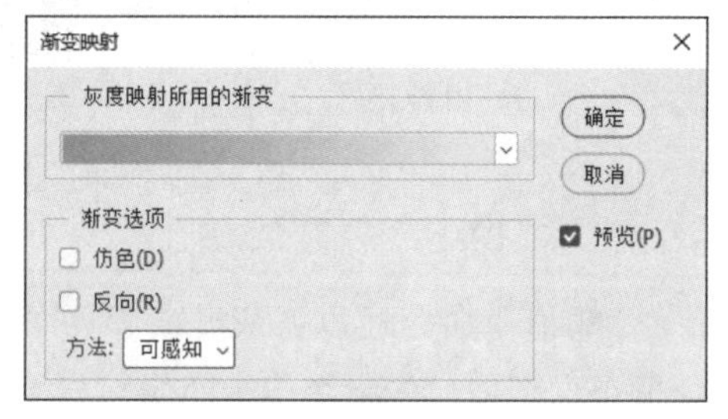

图 6-63

图6-64、图6-65所示为渐变映射命令执行前后的效果。

图 6-64

图 6-65

动手练 木版画效果

素材位置：**本书实例\第6章\木版画效果\背景.jpg**

本练习介绍木版画效果的制作，主要运用的知识包括图层的编辑调整、阈值及不透明度的设置等。具体操作过程如下。

步骤01 将素材文件拖曳至Photoshop界面中，如图6-66所示。

步骤02 按Ctrl+J组合键复制图层，执行“图像”|“调整”|“阈值”命令，在弹出的“阈值”对话框中设置参数，如图6-67所示。

步骤03 调整效果，如图6-68所示。

步骤04 按Ctrl+J组合键复制背景图层，调整图层顺序，如图6-69所示。

步骤05 执行“图像”|“调整”|“阈值”命令，在弹出的“阈值”对话框中设置参数，如图6-70所示。调整不透明度为60%，如图6-71所示。

图 6-66

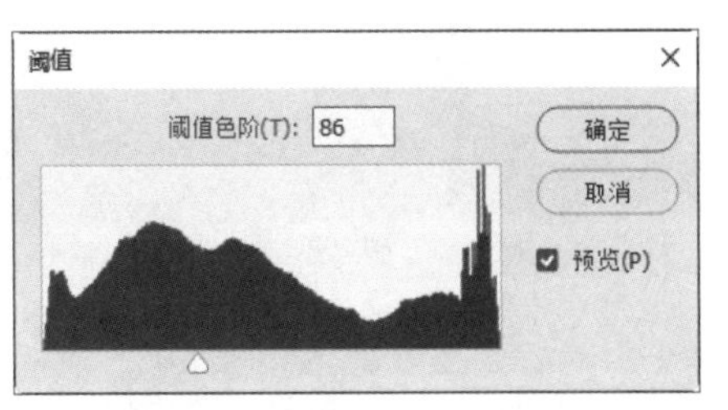

图 6-67

图 6-68

图 6-69

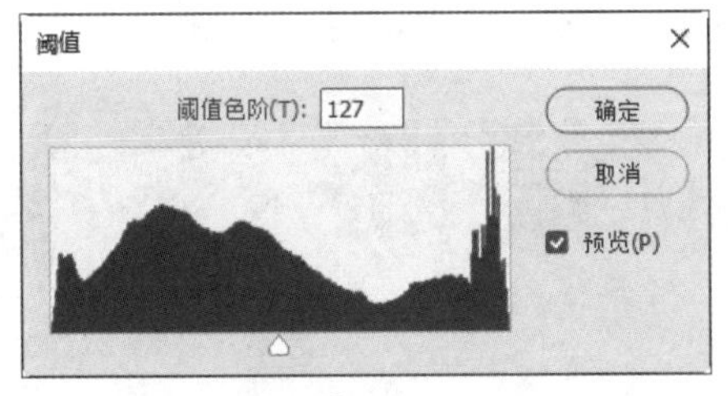

图 6-70

图 6-71

步骤06 按Ctrl+J组合键复制背景图层，调整图层至最顶层，执行“图像”|“调整”|“阈值”命令，在弹出的“阈值”对话框中设置参数，如图6-72所示。

步骤07 调整不透明度为50%，如图6-73所示。

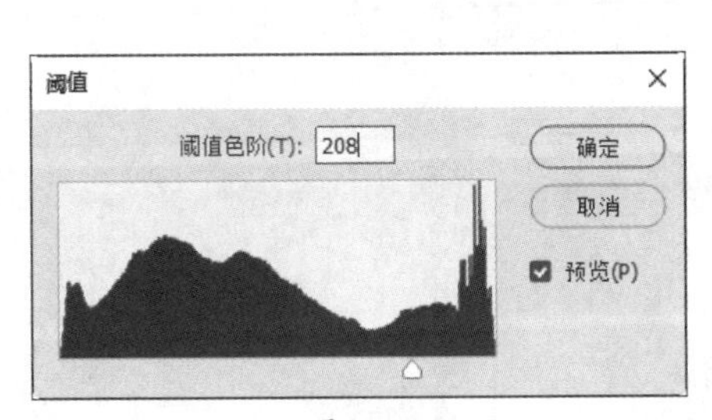

图 6-72

图 6-73

至此，完成木版画效果的制作。

Ps+CDR

Photoshop+CorelDRAW

第7章 通道管理与蒙版技术

本章对通道与蒙版的应用进行讲解，包括通道的类型、通道的基本操作、蒙版的类型及蒙版的基本操作。了解并掌握这些基础知识，可以更精确地操作图像，实现色彩调整、图层混合、特效制作等多种效果。

要点难点

- 通道的类型
- 蒙版的类型
- 通道的基本操作
- 蒙版的基本操作

7.1 通道概述

通道是Photoshop中的一个核心概念，主要用于管理和编辑图像的颜色信息及选区数据。

7.1.1 通道的类型

Photoshop中的通道主要包括以下类型。

1. 颜色通道

颜色通道是指保存图像颜色信息的通道。对于RGB模式的图像，包含红、绿、蓝3个颜色通道；对于CMYK模式的图像，则包含青色、洋红、黄色和黑色4个通道，这些通道共同决定图像的色彩表现。

2. Alpha 通道

Alpha通道主要用于存储和编辑选区信息及透明度级别。其中，黑白灰阶代表图像的不同透明度层次，白色代表完全不透明，黑色代表完全透明，中间的灰色代表不同程度的半透明。Alpha通道常用于精细地控制图像的边缘羽化、遮罩，或者作为保存和载入选区的工具。

3. 专色通道

专色通道（也称专色油墨）是一种特殊的颜色通道，用于补充印刷中的CMYK 4色油墨，以呈现CMYK 4色油墨无法准确混合出的特殊颜色，例如亮丽的橙色、鲜艳的绿色、荧光色、金属色等。

7.1.2 “通道”面板

“通道”面板允许用户查看、编辑和管理图像的颜色通道、Alpha通道及专色通道。执行“窗口”|“通道”命令，打开“通道”面板，图7-1、图7-2所示分别为RGB和CMYK模式下的“通道”面板，展示了当前图像文件的颜色模式相应的通道。“通道”面板中主要选项的功能如下。

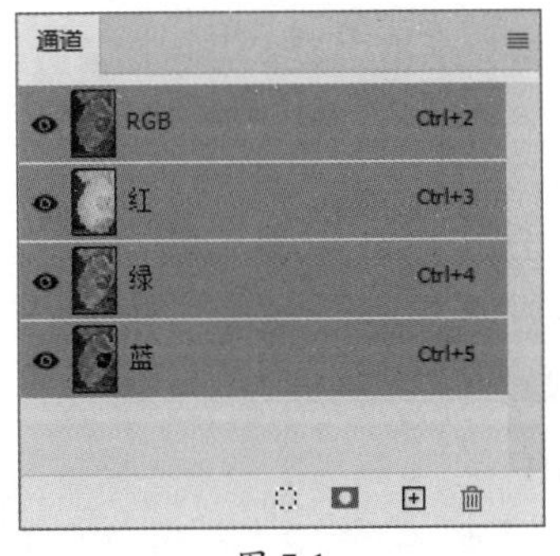

图 7-1

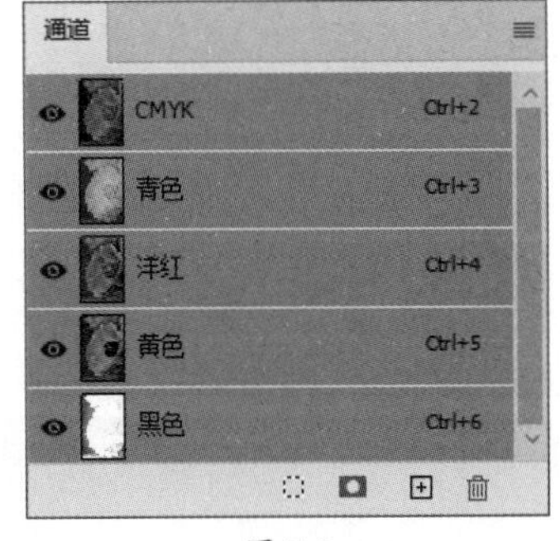

图 7-2

- **指示通道可见性图标**：图标为状态时，图像窗口显示该通道的图像。单击该图标后，图标变为形状，隐藏该通道的图像。
- **将通道作为选区载入**：单击该按钮，可将当前通道快速转换为选区。

- **将选区存储为通道**：单击该按钮，可将图像中选区之外的图像转换为一个蒙版的形式，并将选区保存在新建的Alpha通道中。
- **创建新通道**：单击该按钮，可创建一个新的Alpha通道。
- **删除当前通道**：单击该按钮，可删除当前通道。

7.2 通道的基本操作

通道的基本操作包括Alpha通道和专色通道的创建、通道的分离与合并，以及通道的辅助与删除。

7.2.1 创建Alpha通道

单击“通道”面板底部的“创建新通道”按钮，或单击面板右上角的“菜单”按钮，在弹出的菜单中选择“新建通道”选项，弹出“新建通道”对话框，如图7-3所示。在该对话框中可设置新通道的名称等参数，完成后单击“确定”按钮，即可新建Alpha通道，如图7-4所示。

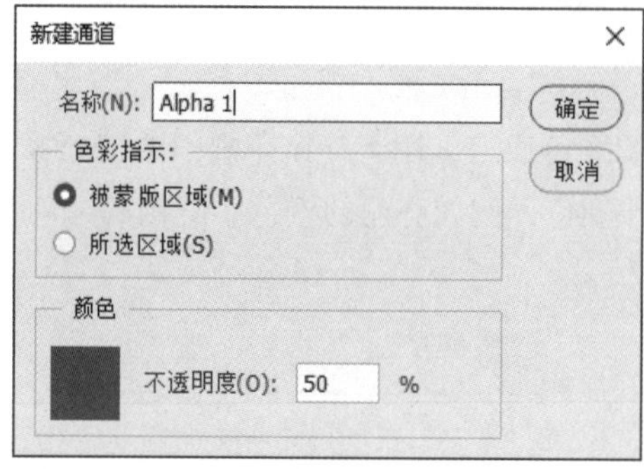

图 7-3

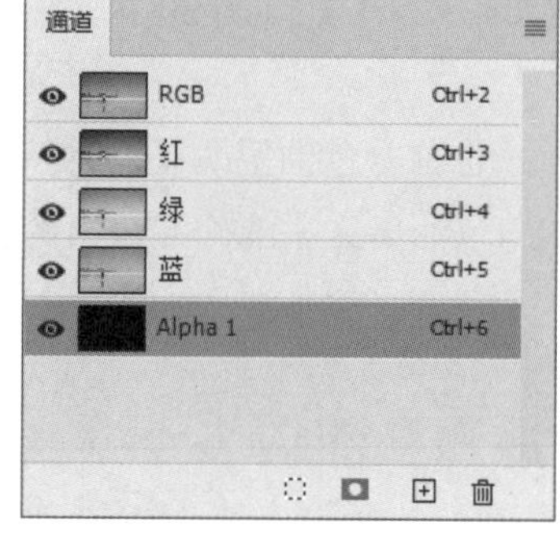

图 7-4

7.2.2 创建专色通道

单击“通道”面板右上角的“菜单”按钮，在弹出的菜单中选择“新建专色通道”选项，弹出“新建专色通道”对话框，如图7-5所示。在该对话框中设置专色通道的颜色和名称，完成后单击“确定”按钮，即可新建专色通道，如图7-6所示。若要更改油墨颜色，可以在“通道混合选项”中进行设置和调整。

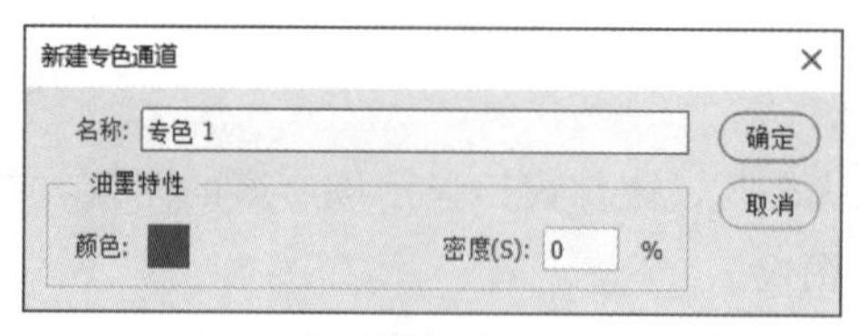

图 7-5

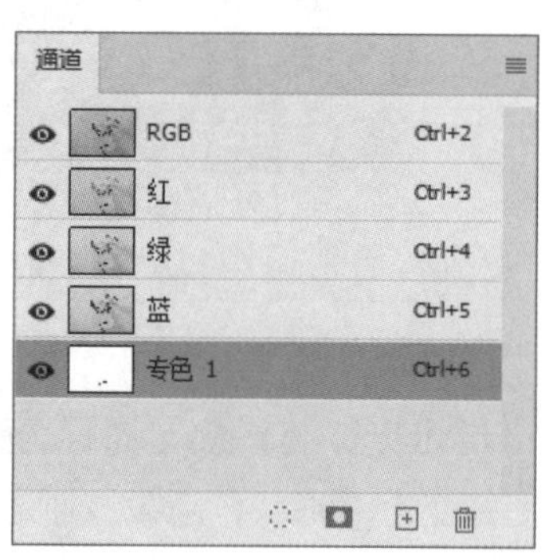

图 7-6

7.2.3 通道的分离与合并

如果要将图像的颜色通道分别导出为独立的灰度图像进行存储和进一步处理，可以通过分离通道实现。在“通道”面板中单击右上角的“菜单”按钮，再在弹出的菜单中选择“分离通道”选项，如图7-7所示。

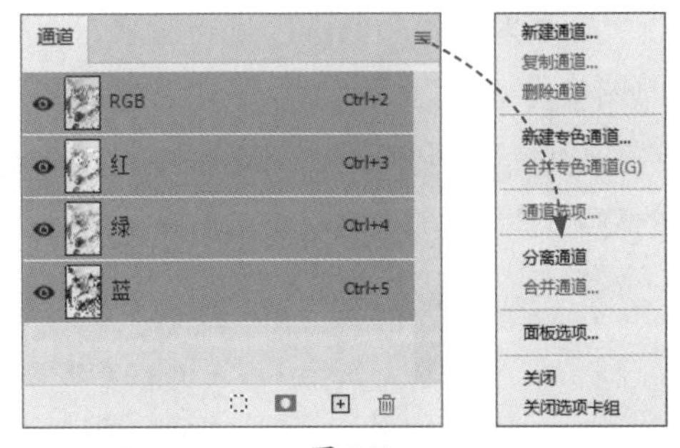

图 7-7

一旦分离通道完成，原图像将在图像窗口中关闭，并且每个颜色通道都作为一个独立的灰度图像文件打开，标题栏中显示原文件名称加上对应通道名称的缩写。图7-8所示为原图，软件自动将其分离为3个独立的灰度图像，图7-9～图7-11所示分别为红、绿、蓝图像。

图 7-8

图 7-9

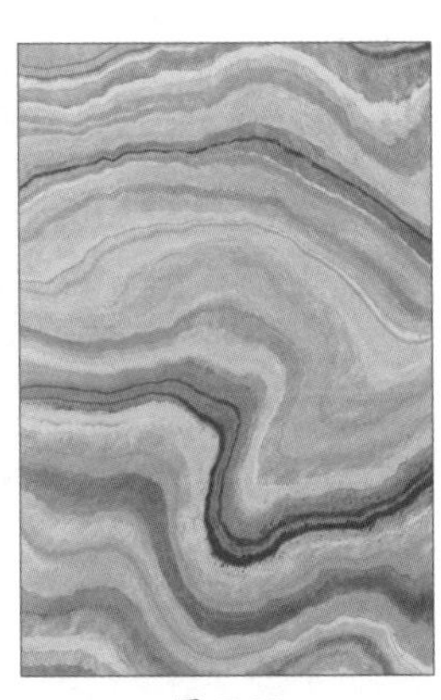

图 7-10

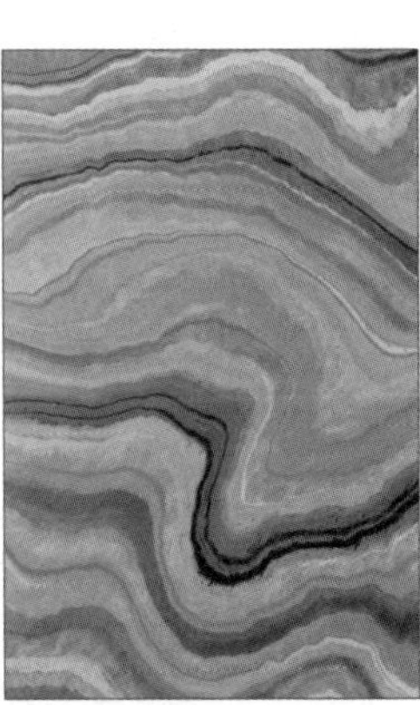

图 7-11

知识点拨 分离通道通常用于将特定通道作为单独图像处理的场合，如制作单色调图像或进行高级图像处理。此外，某些图像（如PSD分层图像）格式不支持分离通道操作。

分离后的灰度图像可以合并为一个完整的彩色图像。任选一张分离后的图像，单击“通道”面板右上角的“菜单”按钮，在弹出的菜单中选择“合并通道”选项，如图7-12所示。弹出“合并通道”对话框，在该对话框中可设置模式参数，如图7-13所示。单击“确定”按钮，在弹出的“合并RGB通道”对话框中，可以分别指定分离后的图像作为红色、绿色、蓝色通道进行合并，如图7-14所示。

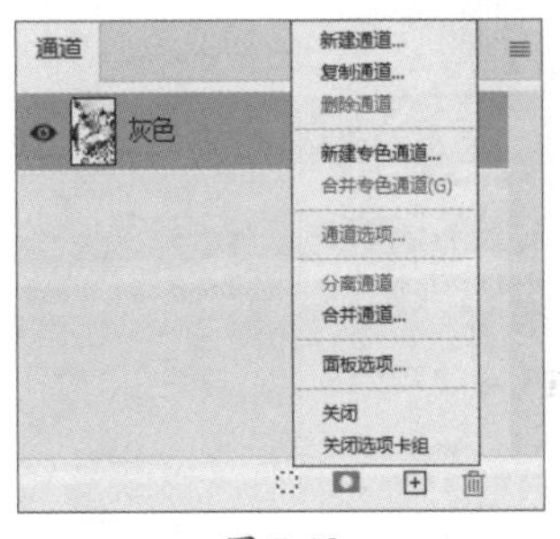

图 7-12

图 7-13

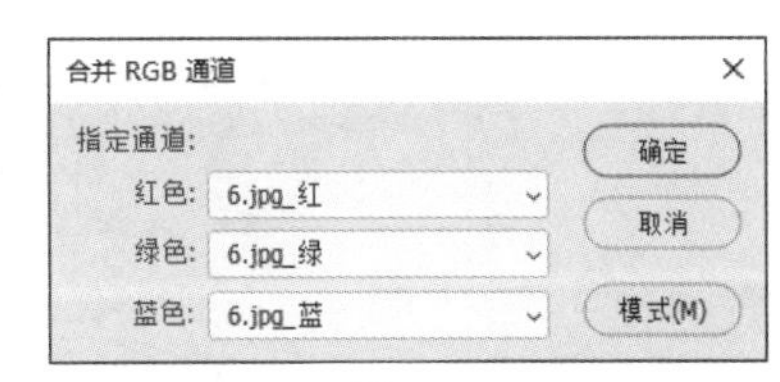

图 7-14

知识点拨 合并图像的大小和分辨率必须相同，否则无法进行通道合并。

7.2.4 通道的复制与删除

若要对通道中的选区进行编辑，可先复制该通道的内容，再进行编辑，避免编辑后不能还原图像。选中目标通道，右击，在弹出的快捷菜单中选择“复制通道”选项，如图7-15所示。在弹出的“复制通道”对话框中设置参数，如图7-16所示。单击“确定”按钮，即可完成通道的复制。

图 7-15

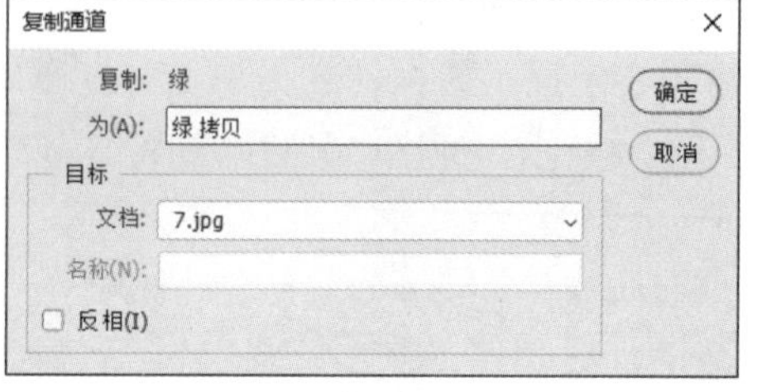

图 7-16

也可以直接将目标通道拖曳至“创建新通道”按钮，如图7-17所示。释放鼠标，即可完成通道的复制，如图7-18所示。

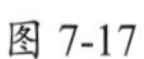
图 7-17

图 7-18

选择要删除的通道，拖曳至“删除当前通道”按钮处，或者选择“删除通道”选项，直接删除该通道。若选中删除通道，单击“删除当前通道”按钮，则会弹出删除提示框，如图7-19所示。单击“确定”按钮，跳转至复合通道处，如图7-20所示。

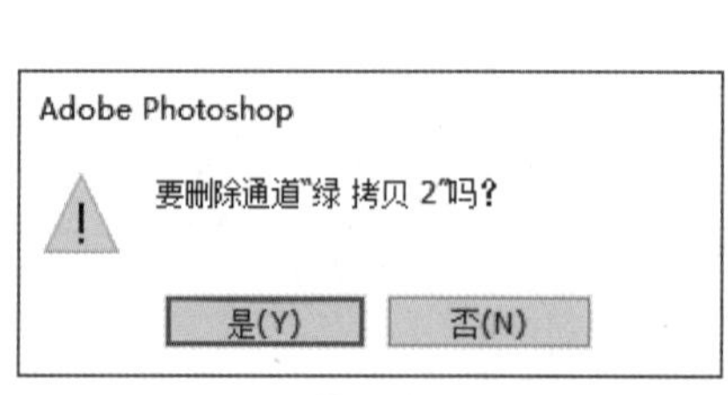

图 7-19

图 7-20

动手练 移动泼溅的水花

素材位置：本书实例\第7章\移动泼溅的水花\水花jpg和背景.jpg

本练习介绍使用通道分离水花与背景的方法，主要运用的知识包括通道的复制、色阶的调整，以及选区的创建等。具体操作过程如下。

步骤01 将素材文件拖曳至Photoshop界面中，如图7-21所示。

步骤02 执行“窗口”|“通道”命令，弹出“通道”面板，观察几个通道，“蓝”通道对比最明显，所以将“蓝”通道拖至“创建新通道”按钮，复制该通道，如图7-22所示。

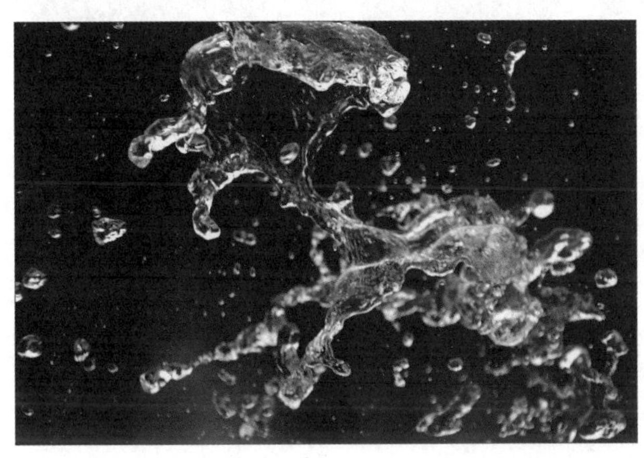

图 7-21

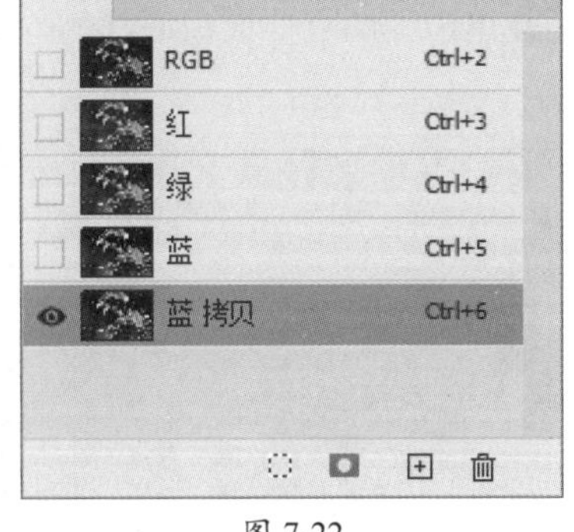

图 7-22

步骤03 按Ctrl+L组合键，在弹出的“色阶”对话框中选择黑色吸管，吸取背景颜色，增加背景与水滴对比，如图7-23、图7-24所示。

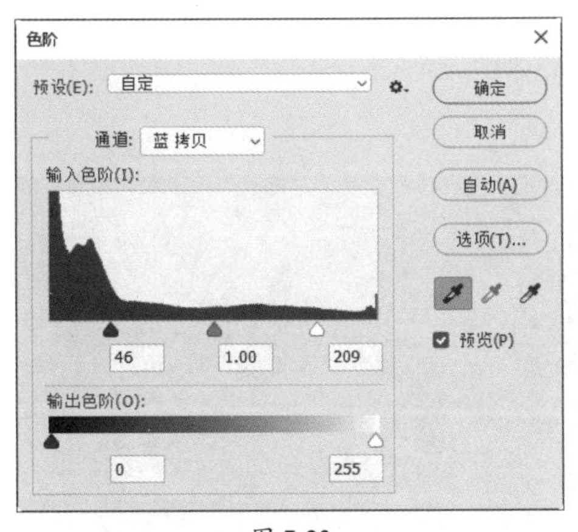

图 7-23

图 7-24

步骤04 选择“加深工具”，在属性栏中设置参数，如图7-25所示。

图 7-25

步骤05 涂抹画面灰色部分，如图7-26所示。

步骤06 按住Ctrl键，同时单击“蓝 拷贝”通道缩览图，载入选区，如图7-27所示。

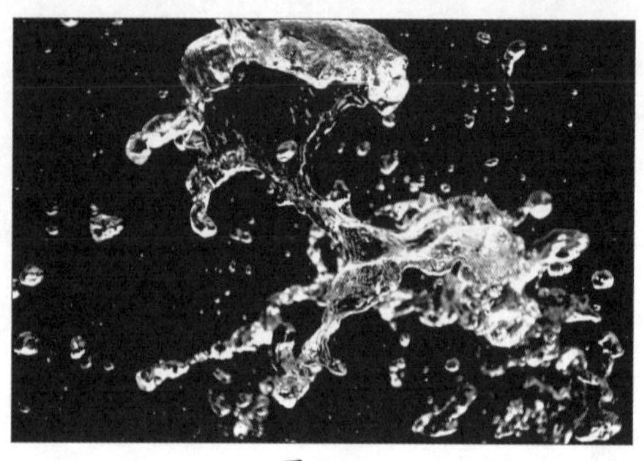
图 7-26

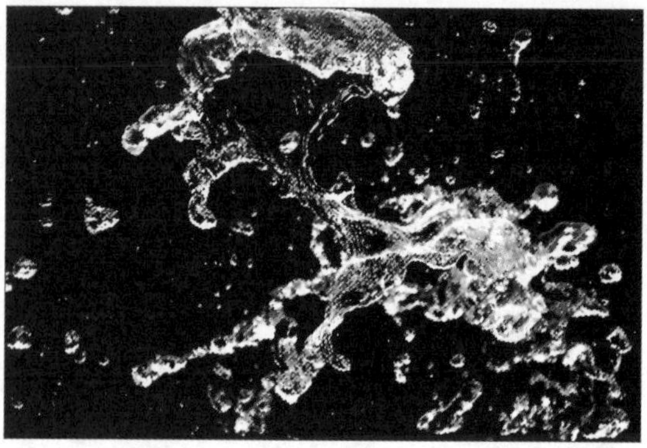

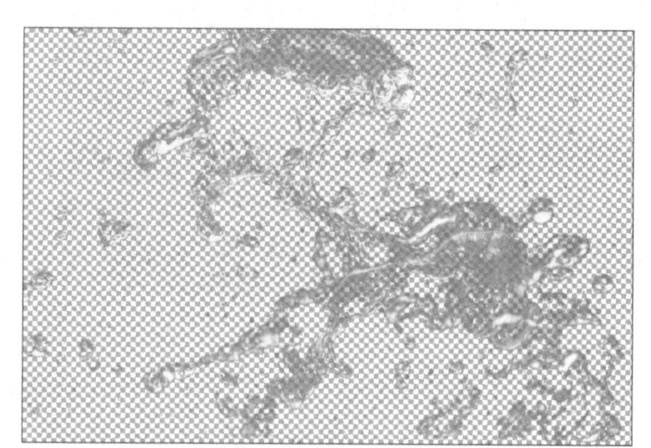
图 7-27

步骤07 单击“图层”面板底部的“添加图层蒙版”按钮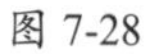，为图层添加蒙版，如图7-28、图7-29所示。

图 7-28

图 7-29

步骤08 将素材文件拖曳至Photoshop界面中，如图7-30所示。

步骤09 调整图层顺序，如图7-31所示。

图 7-30

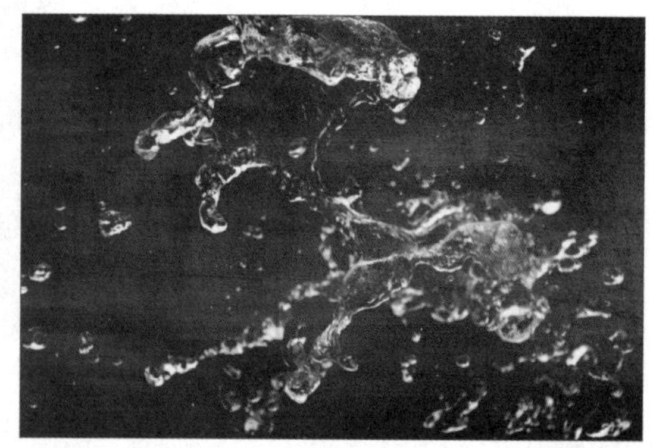
图 7-31

7.3 认识蒙版

蒙版是一种强大的工具，用于控制图像的可见部分，实现非破坏性编辑和精确的选择区域调整。

7.3.1　蒙版的功能

蒙版在Photoshop中的应用非常广泛，主要用于合成图像、控制显示区域及保护图像等。蒙版的功能体现在以下方面。

1. 图像合成

调整不同图层的蒙版，可以控制各图层之间的透明度、混合模式等，实现图像的完美融合，从而实现丰富多样的视觉效果。

2. 局部调整

蒙版用于对图像的特定区域进行局部调整，而不影响其他部分。例如，可以使用蒙版调整图像中某个对象的亮度、对比度或色彩，而保持背景或其他对象不变。

3. 保护原始图像

使用蒙版可以在不破坏原始图像的基础上进行修改和编辑。可以在蒙版上进行绘制、擦除或调整操作，而这些操作只会影响蒙版本身，不会直接修改原始图像。

4. 创建特殊效果

蒙版还可用于创建各种特殊效果。例如，使用渐变蒙版，可以创建图像之间的平滑过渡效果；使用快速蒙版，可以快速创建和编辑选区，从而用于各种特效处理。

7.3.2　蒙版的类型

蒙版主要分为快速蒙版、矢量蒙版、图层蒙版及剪贴蒙版。掌握不同类型的蒙版及其特点，可以更高效地进行图像创作和调整。

1. 快速蒙版

快速蒙版是一种非破坏性的临时蒙版，用于直观高效地创建与编辑图像选区，尤其适用于需要手工编辑和调整的复杂选区。

按Q键或在工具箱中单击按钮，启用快速蒙版模式后，现有的选区会被转换为一个临时、可视化的蒙版层，默认情况下表现为半透明的红色叠加层，如图7-32所示。可以使用画笔工具、橡皮擦工具及其他绘图工具进行调整，再次按Q键，退出快速蒙版模式，编辑的蒙版将重新转换为实际、精细化的图像选区，如图7-33所示。

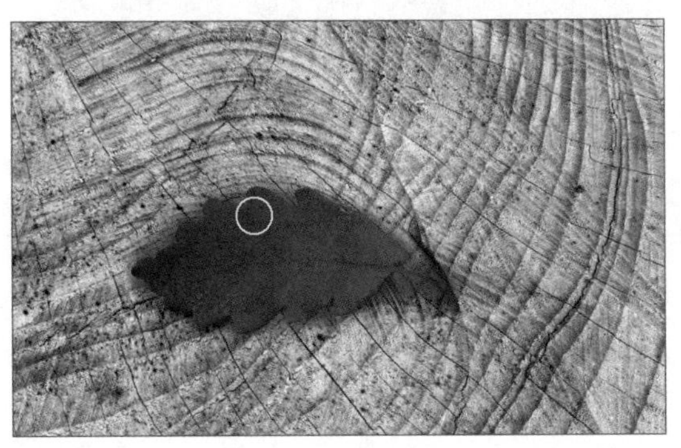

图 7-32

图 7-33

2. 矢量蒙版

矢量蒙版也叫路径蒙版，是配合路径一起使用的蒙版，它的特点是可以任意放大或缩小而不失真，因为矢量蒙版是矢量图形，适用于需要精确控制图像显示区域和创建复杂图像效果的场景。

选择“矩形工具”，在选项栏中设置“路径”模式，再在图像中绘制路径，如图7-34所示。在“图层”面板中，按住Ctrl键的同时单击“图层”面板底部的“添加图层蒙版”按钮，如图7-35所示。

图 7-34

图 7-35

创建的矢量蒙版效果如图7-36所示，矢量蒙版中的路径都是可编辑的，可以根据需要随时调整其形状和位置，进而改变图层内容的遮罩范围，如图7-37所示。

图 7-36

图 7-37

3. 图层蒙版

图层蒙版是最常见的一种蒙版类型，它附着在图层上，用于控制图层的可见性，通过隐藏或显示图层的部分区域实现各种图像编辑效果。图层蒙版常用于非破坏编辑图像，实现更精确的过渡效果。

选择要添加蒙版的图像，如图7-38所示。单击“图层”面板底部的“添加图层蒙版”按钮，如图7-39所示，图层上添加一个全白的蒙版缩略图。

图 7-38

图 7-39

选择“画笔工具”，设置前景色为黑色，在图层蒙版上进行绘制即可，可调整画笔的不透明度，实现柔和的过渡效果，如图7-40所示。在“图层”面板中，蒙版中的白色表示完全显示该图层的内容，黑色表示完全隐藏，灰色则表示不同程度的透明度，如图7-41所示。

图 7-40

图 7-41

知识点拨 按住Alt键，同时单击“添加图层蒙版”按钮，可以创建一个全黑的蒙版，也就是空蒙版，表示该图层的内容将完全隐藏。

4. 剪贴蒙版

剪贴蒙版使用位于下方图层的形状限制上方图层的显示状态。剪贴蒙版由两部分组成：一部分为基层，即基础层，用于定义显示图像的范围或形状；另一部分为内容层，用于存储要表现的图像内容。

在“图层”面板中，按Alt键，同时将光标移至两图层间的分隔线上，当其变为形状时单击即可，如图7-42、图7-43所示。或在面板中选择剪贴图层中的内容层，按Ctrl+Alt+G组合键。再次按Ctrl+Alt+G组合键，或者选择内容图层，右击，在弹出的快捷菜单中选择“释放剪贴蒙版”选项，释放剪贴蒙版。

图 7-42

图 7-43

动手练 隔窗换景

素材位置：本书实例\第7章\隔窗换景\窗.jpg

本练习介绍窗外风景的更换操作，主要运用的知识包括弯度钢笔的使用、选区的创建与编辑，以及剪贴蒙版的应用。具体操作过程如下。

步骤01 将素材文件拖曳至Photoshop界面中，如图7-44所示。

步骤02 选择“弯度钢笔工具”绘制选区，如图7-45所示。

图 7-44

图 7-45

步骤03 按Ctrl+Enter组合键创建选区，按Ctrl+J组合键复制选区，如图7-46所示。

步骤04 拖曳素材图像至Photoshop界面中，如图7-47所示。

图 7-46

图 7-47

步骤05 按Ctrl+Alt+G组合键创建剪贴蒙版，调整位置，如图7-48、图7-49所示。

图 7-48

图 7-49

7.4 蒙版的基本操作

蒙版的基本操作包括蒙版的转移与复制、蒙版的停用与启用，以及蒙版的羽化与边缘调整。

7.4.1 蒙版的转移与复制

创建蒙版后，若要将一个图层的蒙版转移到另一个图层，首先确保目标图层没有蒙版。然后按住鼠标左键将当前图层的蒙版缩略图直接拖曳至目标图层，如图7-50所示，释放鼠标后，当前图层的蒙版会被转移至目标图层，而原图层中不再有蒙版，如图7-51所示。

图 7-50

图 7-51

按住Alt键，同时用鼠标左键将当前图层的蒙版缩略图拖曳至另一个图层，如图7-52所示。释放鼠标后，当前图层的蒙版会被复制到目标图层，且两个图层都会有各自的蒙版，如图7-53所示。

图 7-52

图 7-53

在“图层”面板中的蒙版缩略图上右击，再在弹出的快捷菜单中选择“删除图层蒙版”选项，如图7-54所示。或者直接拖曳图层缩略图蒙版至“删除图层”按钮，如图7-55所示。

图 7-54

图 7-55

7.4.2 蒙版的停用与启用

停用与启用蒙版有助于对图像使用蒙版前后的效果进行更多的对比观察。

在“图层”面板中右击图层蒙版缩略图，再在弹出的快捷菜单中选择“停用图层蒙版”选项，如图7-56所示。或按住Shift键，同时单击图层蒙版缩略图，此时图层蒙版缩略图中会出现一个×标记，如图7-57所示。

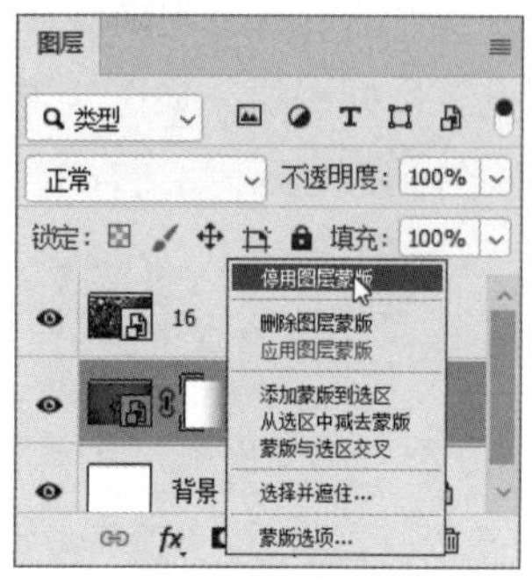

图 7-56

图 7-57

若要重新启用图层蒙版功能，可以右击图层蒙版缩览图，在弹出的快捷菜单中选择“启用图层蒙版”选项，如图7-58所示。或按住Shift键，同时单击图层蒙版缩略图启用蒙版，如图7-59所示。

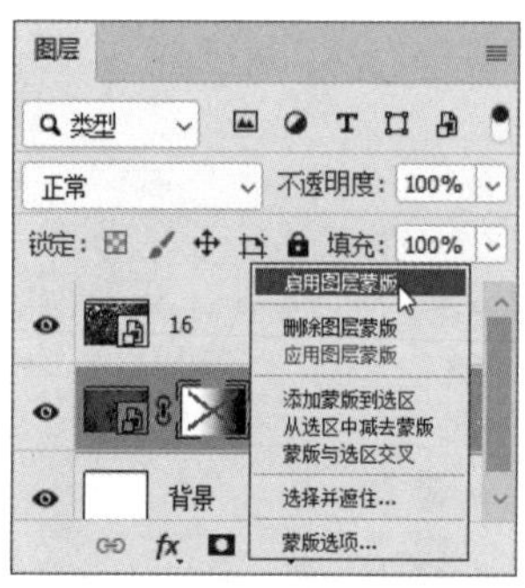

图 7-58

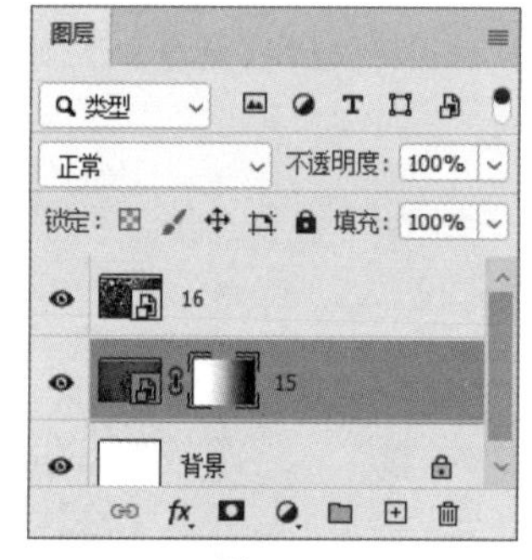

图 7-59

7.4.3 蒙版的羽化与边缘调整

蒙版的羽化与边缘调整用于实现更自然、柔和的图像过渡效果，避免边缘生硬。

1. 蒙版的羽化

蒙版的羽化通过设置蒙版中的渐变工具，将图片从不透明逐渐变为透明，从而实现图片边缘的柔和效果。置入素材后创建蒙版，选择“渐变工具”，在选项栏中设置参数，可根据需要调整渐变的范围和透明度，图7-60、图7-61所示为羽化前后的效果。

2. 边缘调整

蒙版的边缘调整用于优化蒙版与图像之间的过渡效果，使边缘看起来更柔和、自然。创建蒙版后，在上下文任务栏单击“修改蒙版的羽化和密度”按钮，再在弹出的对话框中设置密度、羽化参数，前后效果如图7-62、图7-63所示。

图 7-60

图 7-61

图 7-62

图 7-63

调整密度可以调整其不透明度，如图7-64所示。当密度值为0%时，蒙版完全不透明，如图7-65所示。

图 7-64

图 7-65

动手练 文字叠加效果

素材位置：**本书实例\第7章\文字叠加效果\花.jpg**

本练习介绍文字叠加效果的制作，主要运用的知识包括文字的创建与编辑、剪贴蒙版的创建、选区的创建与编辑等。具体操作过程如下。

步骤01 新建空白文档并填充颜色（#eceefc），选择“横排文字工具”，在“字符”面板中设置参数，如图7-66所示。

步骤02 输入文字并设置居中对齐，如图7-67所示。

图 7-66

图 7-67

步骤03 置入素材图像后调整大小，如图7-68所示。

步骤04 按Ctrl+Alt+G组合键创建剪贴蒙版，如图7-69所示。

图 7-68

图 7-69

步骤05 按Ctrl+J组合键复制图层并调整不透明度，如图7-70、图7-71所示。

图 7-70

图 7-71

步骤06 选择“快速选择工具”创建选区，如图7-72所示。

图 7-72

步骤07 按Shift+Ctrl+I组合键反选选区，执行“选择”|“修改”|“扩展”命令，在弹出的“扩展选区”对话框中设置扩展量为2像素，如图7-73所示。

图 7-73

步骤08 使用“画笔工具”擦除选区内容，如图7-74所示。

图 7-74

步骤09 按Ctrl+D组合键取消选区，调整不透明度为100%，如图7-75所示。

图 7-75

步骤10 进行停用与启用蒙版操作，搭配“画笔工具”继续调整花朵的显示，如图7-76、图7-77所示。

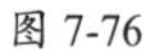

图 7-76

图 7-77

步骤11 双击文字图层，在弹出的“图层样式”对话框中添加内阴影效果，如图7-78、图7-79所示。

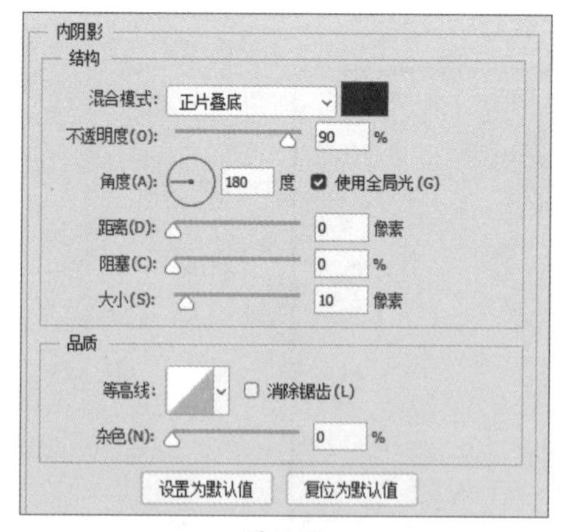

图 7-78

图 7-79

至此文字叠加效果制作完成。

Ps+CDR
Photoshop+CorelDRAW

第8章 应用滤镜效果

本章对滤镜效果进行讲解，包括智能滤镜、图像修饰滤镜及内置滤镜效果。了解并掌握这些基础知识，可以根据图像的内容和需求选择合适的滤镜，并通过灵活调节各项参数，实现对图像效果的精细化优化与提升。

要点难点

- 智能滤镜的转换
- 滤镜库的应用
- 图像修饰滤镜的应用
- 内置滤镜效果的应用

8.1 Photoshop中的滤镜

在Photoshop中，滤镜可用于添加或改变图像的各种视觉效果，从而极大地扩展用户对图像艺术化处理的能力。滤镜主要用于创建特殊效果，如模糊、锐化、扭曲、渲染纹理、调整色彩和光照，以及模拟传统艺术技法等。

8.1.1 滤镜的概念

Photoshop中所有的滤镜都在“滤镜”菜单中。单击“滤镜”按钮，弹出“滤镜”菜单，如图8-1所示。滤镜组中有多个滤镜命令，可通过执行一次或多次滤镜命令为图像添加不同的效果。该菜单栏中主要选项的功能如下。

- 第1栏：显示最近使用过的滤镜。
- 第2栏“转换为智能滤镜”：可以整合多个不同的滤镜，并对滤镜效果的参数进行调整和修改，使图像的处理过程更智能化。
- 第4栏“独立特殊滤镜”。单击后即可使用。
- 第5栏“滤镜组”。每个滤镜组中又包含多个滤镜命令。

若安装了外挂滤镜，则会出现在“滤镜”菜单底部。

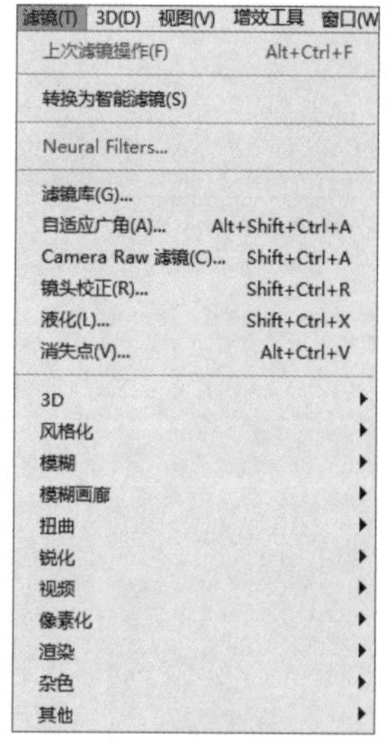

图 8-1

8.1.2 智能滤镜的概念

智能滤镜是一种非破坏性滤镜，应用于智能对象的滤镜都可称为智能对象滤镜。可以随时调整和撤销滤镜效果，而不会对原始图像造成破坏。选择智能对象图层，应用任意滤镜，右击，在弹出的快捷菜单中对智能滤镜进行设置，如图8-2所示。

- 编辑智能滤镜混合选项：调整滤镜的模式和不透明度，如图8-3所示。
- 编辑智能滤镜：重新更改应用滤镜的参数。
- 停用智能滤镜：暂停使用智能滤镜。
- 删除智能滤镜：删除该智能滤镜。

图 8-2

图 8-3

8.2 图像修饰滤镜

图像修饰滤镜包括“滤镜库”滤镜、Camera Raw滤镜、“液化”滤镜及“消失点”滤镜，可以改善图像质量和外观。

8.2.1 “滤镜库”滤镜

滤镜库是集成了多种滤镜效果的工具集合。执行“滤镜”|“滤镜库”命令，弹出如图8-4所示的“滤镜库”对话框。在该对话框中可以单击滤镜缩略图，预览应用该滤镜后图像的效果，还可以调整右侧参数控制滤镜的强度和其他属性，以达到期望的效果。该对话框中主要选项的功能如下。

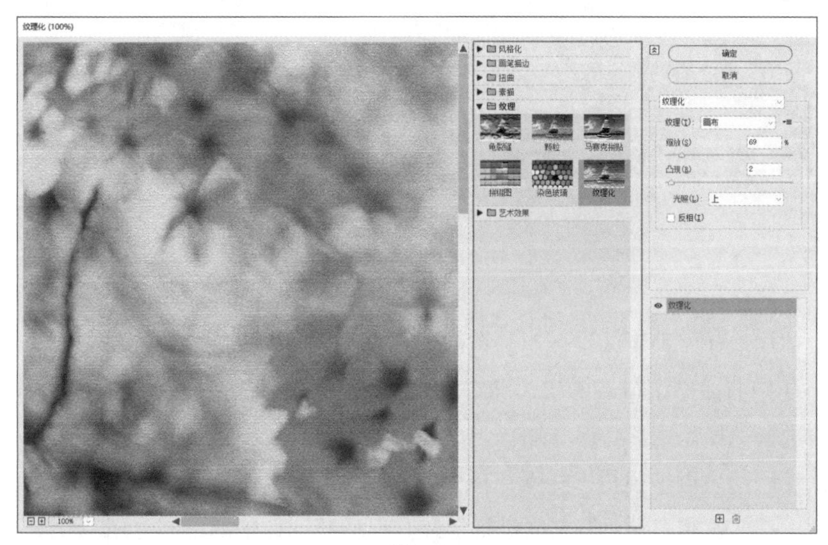

图 8-4

- **预览框**：可预览图像的变化效果，单击底部的⊟⊞按钮，可缩小或放大预览框中的图像。
- **滤镜组**：该区域显示了“风格化”“画笔描边”“扭曲”“素描”“纹理”和“艺术效果”6组滤镜，单击每组滤镜前面的三角形图标▶展开该滤镜组，即可看到该组中包含的具体滤镜。
- **显示/隐藏滤镜缩略图**：单击该按钮可显示或隐藏滤镜缩略图。
- **“滤镜”弹出式菜单与参数设置区**：在“滤镜”弹出式菜单中选择所需滤镜，并在其下方区域中设置当前应用滤镜的各个参数值和选项。
- **选择滤镜显示区域**：单击某个滤镜效果图层，显示选择该滤镜；其余的属于已应用但未选择的滤镜。
- **隐藏滤镜**：单击效果图层前面的图标，隐藏滤镜效果；再次单击，将显示被隐藏的效果。
- **新建效果图层**：若要同时使用多个滤镜，则可单击该按钮，新建一个效果图层，从而实现多滤镜的叠加使用。
- **删除效果图层**：选择一个效果图层后，单击该按钮，即可将其删除。

8.2.2 Camera Raw滤镜

Camera Raw滤镜不但提供了导入和处理相机原始数据的功能，还可以处理不同相机和镜头拍摄的图像，并进行色彩校正、细节增强、色调调整等处理。执行“滤镜”|“ Camera Raw滤镜”命令，弹出“Camera Raw”对话框，如图8-5所示。该对话框中“编辑”选项的功能如下。

图 8-5

- 基本：使用滑块对白平衡、色温、色调、曝光度、高光、阴影等进行调整。
- 曲线：使用曲线微调色调等级。还可在参数曲线、点曲线、红色通道、绿色通道和蓝色通道中进行选择。
- 细节：使用滑块调整锐化、降噪并减少杂色。
- 混色器：在HSL和“颜色”之间进行选择，以调整图像中的不同色相。
- 颜色分级：可使用色轮精确调整阴影、中色调和高光中的色相。还可调整这些色相的“混合”与“平衡”。
- 光学：能够删除色差、扭曲和晕影。使用“去边”对图像中的紫色或绿色色相进行采样和校正。
- 几何：调整不同类型的透视和色阶校正。选择“限制裁切”，可在应用“几何”调整后快速移除白色边框。
- 效果：使用滑块添加颗粒或晕影。
- 校准：在“处理”下拉菜单中选择“处理版本”，并调整阴影、红原色、绿原色和蓝原色滑块。

可在右侧工具栏中切换修复、蒙版、红眼、预设、缩放、抓手，切换取样器叠加及切换网格覆盖图。

- 修复：选择修复类工具，单击或在需要修复的区域中涂抹，即可去除。
- 蒙版：使用各种工具编辑图像的任意部分，以定义要编辑的区域。
- 红眼：去除图像中的红眼或宠物眼。
- 预设：访问和浏览适用于不同场景的高级预设。

- **缩放**：放大或缩小预览图像。双击“缩放”图标，可返回“适合视图”。
- **抓手**：放大后，使用抓手工具在预览中移动并查看图像区域。在使用其他工具的同时，按住空格键可暂时激活抓手工具。双击抓手工具，可使预览图像适合窗口的大小。
- **切换取样器叠加**：单击图像任意处，添加颜色取样器。
- **切换网格覆盖图**：切换至网格模式，可以调整网格的大小和不透明度。

8.2.3 “液化”滤镜

“液化”滤镜用于对图像的任何区域进行各种变形操作，如推、拉、旋转、反射、折叠和膨胀等。执行“滤镜”|“液化”命令，弹出“液化”对话框，该对话框提供液化滤镜的工具、选项和图像预览，如图8-6所示。该对话框中主要选项的功能如下。

图 8-6

- **向前变形工具**：使用该工具可以移动图像中的像素，得到变形效果。
- **重建工具**：使用该工具在变形的区域单击或拖曳鼠标进行涂抹，可使变形区域的图像恢复到原始状态。
- **平滑工具**：用于平滑调整后的图像边缘。
- **顺时针旋转扭曲工具**：使用该工具在图像中单击或移动鼠标时，图像会被顺时针旋转扭曲；按住Alt键单击时，图像会被逆时针旋转扭曲。
- **褶皱工具**：使用该工具在图像中单击或移动鼠标时，可使像素向画笔中间区域的中心移动，使图像产生收缩效果。
- **膨胀工具**：使用该工具在图像中单击或移动鼠标时，可使像素向画笔中心区域以外的方向移动，使图像产生膨胀效果。
- **左推工具**：使用该工具可以使图像产生挤压变形效果。
- **冻结蒙版工具**：使用该工具可以在预览窗口绘制出冻结区域，调整时冻结区域内的图像不会受到变形工具的影响。

● **解冻蒙版工具**：使用该工具涂抹冻结区域，可以解除该区域的冻结。

● **脸部工具**：使用该工具可以自动识别人的五官和脸型，当鼠标置于五官的上方，图像出现调整脸型的线框，拖曳线框可以改变五官的位置、大小，也可在右侧人脸识别液化属性窗口中设置参数，调整人物的脸型。

8.2.4 “消失点”滤镜

“消失点”滤镜能够在保证图像透视角度不变的前提下，对图像进行绘制、仿制、复制、粘贴及变换等操作。操作会自动应用透视原理，按照透视的角度和比例自适应图像的修改，从而大大节约精确设计和修饰照片所需的时间。执行“滤镜”|“消失点”命令，弹出“消失点”对话框，如图8-7所示。该对话框中主要选项的功能如下。

图 8-7

● **编辑平面工具**：使用该工具，可选择、编辑、移动平面和调整平面大小。

● **创建平面工具**：使用该工具，单击图像中透视平面或对象的四个角，可创建平面，还可从现有的平面伸展节点拖出垂直平面。

● **选框工具**：使用该工具，在图像中单击并移动可选择该平面上的区域，按住Alt键拖曳选区，可将区域复制到新目标；按住Ctrl键拖曳选区，可用源图像填充该区域。

● **图章工具**：使用该工具，在图像中按住Alt键单击，可为仿制设置源点，然后单击并拖曳鼠标可进行绘画或仿制。按住Shift键单击，可将描边扩展到上一次单击处。

● **画笔工具**：使用该工具，在图像中单击并拖曳鼠标，可进行绘画。按住Shift键单击，可将描边扩展到上一次单击处。选择“修复明亮度”，可将绘画调整为适应阴影或纹理。

● **变换工具**：使用该工具，可缩放、旋转和翻转当前选区。

● **吸管工具**：使用该工具，可在图像中吸取颜色，也可单击“画笔颜色”色块，弹出“拾色器”。

● **测量工具**：使用该工具，可在透视平面中测量项目中的距离和角度。

动手练 水彩画效果

素材位置：本书实例\第8章\水彩画效果\古建筑.jpg

本练习制作水彩画效果，主要运用的知识包括智能滤镜、滤镜库、模糊滤镜及风格化等滤镜。具体操作过程如下。

步骤01 将素材文件拖曳至Photoshop界面中，如图8-8所示。

步骤02 右击，在弹出的快捷菜单中选择“转换为智能对象”选项，如图8-9所示。

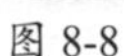

图 8-8

图 8-9

步骤03 执行“滤镜” | “滤镜库”命令，选择“干画笔”滤镜设置参数，如图8-10所示。

图 8-10

步骤04 效果如图8-11所示。

步骤05 更改图层的混合模式为“点光”，如图8-12所示。

图 8-11

图 8-12

步骤06 执行“滤镜”|“模糊”|“特殊模糊”命令，在弹出的“特殊模糊”对话框中设置参数，如图8-13所示。

步骤07 效果如图8-14所示。

图 8-13

图 8-14

步骤08 在“图层”面板中右击，在弹出的快捷菜单中选择“编辑智能滤镜混合选项”，再在“混合选项（特殊模糊）”对话框中设置参数，如图8-15所示。

步骤09 效果如图8-16所示。

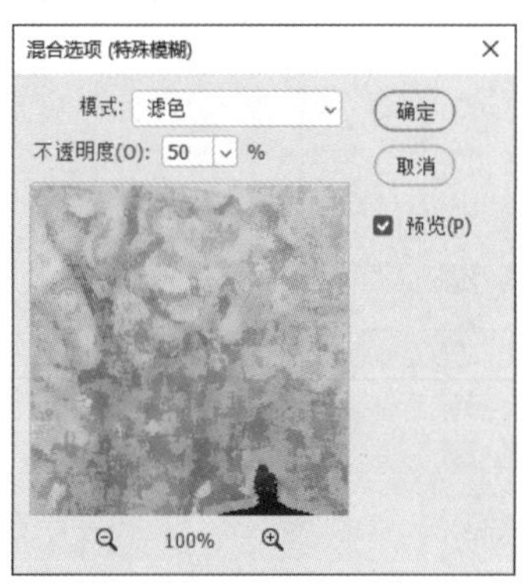

图 8-15

图 8-16

步骤10 执行“滤镜”|“风格化”|“查找边缘”命令，效果如图8-17所示。

步骤11 在“图层”面板中右击，在弹出的快捷菜单中选择“编辑智能滤镜混合选项”，再在“混合选项（查找边缘）”对话框中设置参数，如图8-18所示。

图 8-17

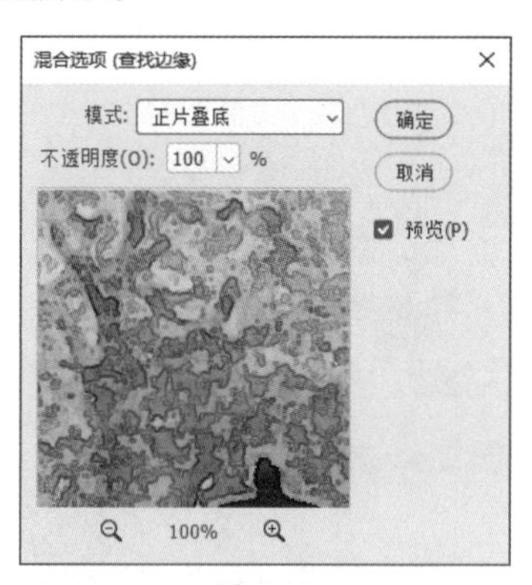

图 8-18

步骤12 最终效果如图8-19所示。

图 8-19

8.3 常用内置滤镜效果

Photoshop中常用的内置滤镜效果主要包括风格化、模糊、扭曲、锐化、像素化、渲染、杂色和其他等滤镜组，每个滤镜组中又包含多种滤镜效果，用户可根据需要自行选择图像效果。

8.3.1 “风格化”滤镜组

“风格化”滤镜组中的滤镜主要通过置换像素和查找并增加图像的对比度，创建绘画式或印象派艺术效果。执行“滤镜”|“风格化”命令，打开如图8-20所示的子菜单。该滤镜组中各滤镜的作用如表8-1所示。

查找边缘
等高线...
风...
浮雕效果...
扩散...
拼贴...
曝光过度
凸出...
油画...

图 8-20

表8-1

名称	功能
查找边缘	该滤镜可以查找图像对比度强烈的边界并对其描边，突出边缘
等高线	该滤镜可以查找图像的主要亮度区域，并为每个颜色通道勾勒主要亮度区域的转换，以获得与等高线图中线条类似的效果
风	该滤镜可以通过添加细小水平线的方式模拟风吹的效果
浮雕效果	该滤镜可以通过勾勒图像轮廓、降低周围色值的方式使选区凸起或压低
扩散	该滤镜可以通过移动像素模拟通过磨砂玻璃观察物体的效果
拼贴	该滤镜可以将图像分解为小块，并使其偏离原来的位置
曝光过度	该滤镜可以混合正片和负片图像，模拟显影过程中短暂曝光照片的效果
凸出	该滤镜可以通过将图像分解为多个大小相同且重叠排列的立方体，创建特殊的3D纹理效果
油画	该滤镜可以创建具有油画效果的图像
照亮边缘	该功能位于滤镜库中的“风格”选项栏中，用于让图像产生比较明亮的轮廓线

8.3.2 “模糊”滤镜组

“模糊”滤镜组中的滤镜可以减少相邻像素间颜色的差异，使图像产生柔和、模糊的效果。执行“滤镜”|“模糊”命令，打开如图8-21所示的子菜单。该滤镜组中各滤镜的功能如表8-2所示。

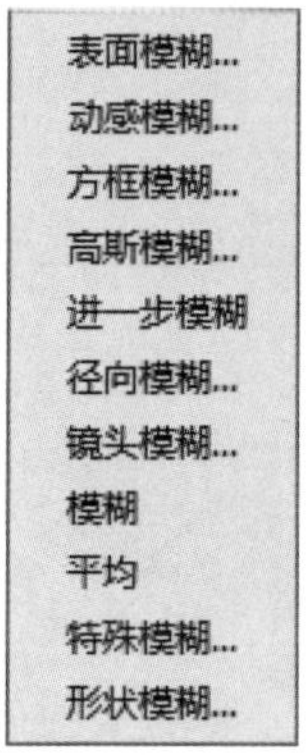

表面模糊...
动感模糊...
方框模糊...
高斯模糊...
进一步模糊
径向模糊...
镜头模糊...
模糊
平均
特殊模糊...
形状模糊...

图 8-21

表8-2

名称	功　能
表面模糊	该滤镜可以在保留边缘的同时模糊图像，常用于创建特殊效果，并消除杂色或颗粒
动感模糊	该滤镜可以沿指定方向进行强速模糊
方框模糊	该滤镜基于相邻像素的平均颜色值模糊图像，生成类似方块状的特殊模糊效果
高斯模糊	该滤镜可以快速模糊图像，添加低频细节，产生一种朦胧效果
进一步模糊	该滤镜可以平衡已定义的线条和遮蔽区域清晰边缘旁边的像素，使变化显得柔和。效果比“模糊”滤镜高3～4倍
径向模糊	该滤镜可以模拟相机缩放或旋转产生的模糊效果
镜头模糊	该滤镜可以模拟镜头景深效果，模糊图像区域
模糊	该滤镜可以在图像中颜色出现显著变化的地方消除杂色。通过平衡已定义的线条和遮蔽区域清晰边缘旁边的像素，使变化显得柔和
平均	该滤镜可以找出图像或选区的平均颜色，然后用该颜色填充图像或选区，以创建平滑的外观
特殊模糊	该滤镜可以精确地模糊图像，在模糊图像的同时仍具有清晰的边界
形状模糊	该滤镜可以以指定的形状为模糊中心创建特殊的模糊

8.3.3 “扭曲”滤镜组

“扭曲”滤镜组中的滤镜用于对平面图像进行扭曲，使其产生旋转、挤压、水波和三维等变形效果。执行“滤镜”|“扭曲”命令，打开如图8-22所示的子菜单。该滤镜组中各滤镜的功能如表8-3所示。

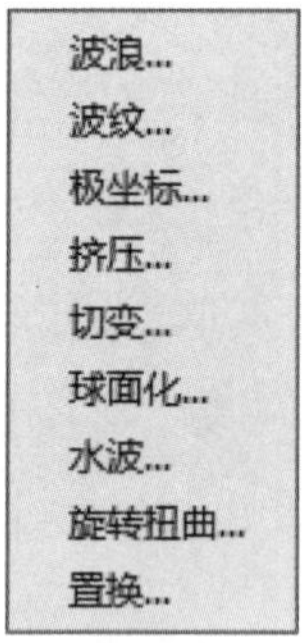

波浪...
波纹...
极坐标...
挤压...
切变...
球面化...
水波...
旋转扭曲...
置换...

图 8-22

表8-3

名称	功　能
波浪	该滤镜可以根据设定的波长和波幅产生波浪效果
波纹	该滤镜可以根据参数设定产生不同的波纹效果
极坐标	该滤镜可以将图像由直角坐标系转化为极坐标系，或由极坐标系转化为直角坐标系，产生极端变形效果
挤压	该滤镜可以使全部图像或选区图像产生向外或向内挤压的变形效果

（续表）

名称	功　　能
切变	该滤镜可根据用户在对话框中设置的垂直曲线使图像发生扭曲变形
球面化	该滤镜可使图像区域膨胀实现球形化，形成类似将图像贴在球体或圆柱体表面的效果
水波	该滤镜可以模仿水面上产生的起伏状波纹和旋转效果，用于制作同心圆类的波纹
旋转扭曲	该滤镜可以使图像发生旋转扭曲，中心的旋转程度大于边缘的旋转程度
置换	该滤镜可以使用另一个PSD文件确定如何扭曲选区
玻璃	该功能位于滤镜库中的“扭曲”选项栏中，用于模拟透过玻璃观看图像的效果
海洋波纹	该功能位于滤镜库中的“扭曲”选项栏中，该滤镜收录于滤镜库中，使用该滤镜可为图像表面增加随机间隔的波纹，使图像产生类似海洋表面的波纹效果，包括“波纹大小”和“波纹幅度”两个参数
扩散亮光	该功能位于滤镜库中的“扭曲”选项栏中，该滤镜收录于滤镜库中，使用该滤镜可使图像产生光热弥漫的效果，用于体现强烈光线和烟雾效果

8.3.4 “锐化”滤镜组

“锐化”滤镜组效果与“模糊”滤镜组相反，该滤镜组中的滤镜主要通过增强图像相邻像素间的对比度，使图像轮廓分明、纹理清晰，以减弱图像的模糊程度。执行“滤镜”|“锐化”命令，打开如图8-23所示的子菜单。该滤镜组中各滤镜作用如表8-4所示。

USM 锐化...
进一步锐化
锐化
锐化边缘
智能锐化...

图 8-23

表8-4

名称	功　　能
USM锐化	该滤镜可以通过增加图像像素的对比度，达到锐化图像的目的。与其他锐化滤镜不同的是，该滤镜有参数设置对话框，可设定锐化程度
进一步锐化	该滤镜可以通过增加图像像素间的对比度使图像清晰。锐化效果较“锐化”滤镜更强烈
锐化	该滤镜可以通过增加图像像素间的对比度使图像清晰化，锐化效果轻微
锐化边缘	该滤镜可以对图像中具有明显反差的边缘进行锐化处理
智能锐化	该滤镜可以设置锐化算法或控制阴影和高光区域的锐化量，以获得更好的边缘检测，并减少锐化晕圈

8.3.5 “像素化”滤镜组

“像素化”滤镜组中的滤镜可将图像中相似颜色值的像素转化为单元格，使图像分块或平面化，将图像分解为肉眼可见的像素颗粒，如方形、不规则多边形和点状等，视觉上看就是图像

被转换为不同色块组成的图像。执行“滤镜”|“像素化”命令，打开如图8-24所示的子菜单。该滤镜组中各滤镜功能如表8-5所示。

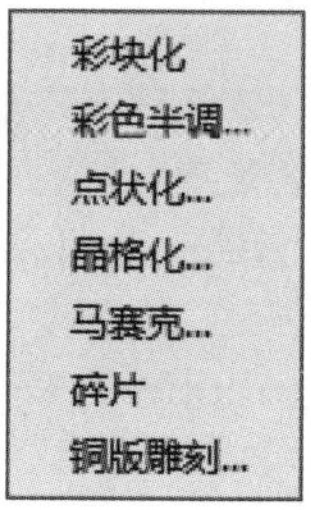

彩块化
彩色半调...
点状化...
晶格化...
马赛克...
碎片
铜版雕刻...

图 8-24

表8-5

名称	功　　能
彩块化	该滤镜可以使纯色或相近颜色的像素结成颜色相近的像素块
彩色半调	该滤镜可以分离图像中的颜色，模拟在图像每个通道上使用放大的半调网屏的效果
点状化	该滤镜可将图像中的颜色分解为随机分布的网点
晶格化	该滤镜可将图像中颜色相近的像素集中到一个多边形网格中，产生晶格化效果
马赛克	该滤镜可以将图像分解为许多规则排列的小方块，模拟马赛克效果
碎片	该滤镜可以将图像中的像素复制4遍，然后将它们平均移位并降低不透明度，从而形成一种不聚焦的“四重视”效果
铜板雕刻	该滤镜可以将图像转换为黑白区域的随机图案，或彩色图像中完全饱和颜色的随机图案

8.3.6 “渲染”滤镜组

“渲染”滤镜组中的滤镜用于在图像中产生光线照明的效果，还可以制作云彩效果。执行“滤镜”|“渲染”命令，弹出如图8-25所示的子菜单。该滤镜组中各滤镜功能如表8-6所示。

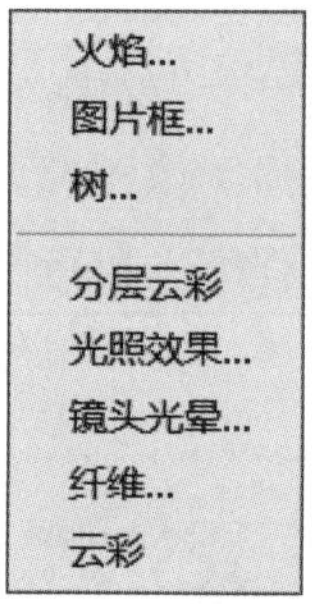

火焰...
图片框...
树...
分层云彩
光照效果...
镜头光晕...
纤维...
云彩

图 8-25

表8-6

名称	功　　能
火焰	该滤镜可以为图像中的路径添加火焰效果
图片框	该滤镜可以为图像添加各种样式的边框
树	该滤镜可以为图像添加各种各样的树
分层云彩	该滤镜可应用前景色和背景色，对图像中的原有像素进行差异运算，产生图像与云彩背景混合并反白的效果
光照效果	该滤镜可在RGB图像上制作出各种光照效果
镜头光晕	该滤镜可为图像添加不同类型的镜头，模拟镜头产生的眩光效果，这是摄影技术中一种典型的光晕效果处理方法
纤维	该滤镜可将前景色和背景色混合填充图像，从而生成类似纤维的效果
云彩	该滤镜可使用介于前景色与背景色之间的随机值生成柔和的云彩图案。通常用于制作天空、云彩、烟雾等效果

8.3.7 “杂色”滤镜组

“杂色”滤镜组中的滤镜用于为图像添加一些随机产生的干扰颗粒，创建不同寻常的纹理，去掉图像中有缺陷的区域。执行“滤镜”|“杂色”命令，打开如图8-26所示的子菜单。该滤镜组中各滤镜功能如表8-7所示。

减少杂色...
蒙尘与划痕...
去斑
添加杂色...
中间值...

图 8-26

表8-7

名称	功　能
减少杂色	该滤镜主要用于去除图像中的杂色
蒙尘和划痕	该滤镜可以通过将图像中有缺陷的像素融入周围的像素，达到除尘和涂抹的效果，减少杂色
去斑	该滤镜用于检测图像的边缘（发生显著颜色变化的区域）并模糊除边缘外的所有选区。“去斑”滤镜可以在去除杂色的同时保留细节
添加杂色	该滤镜主要用于向图像中添加像素颗粒来添加杂色，常用于添加纹理效果
中间值	该滤镜通过混合选区中像素的亮度来平滑图像中的区域，减少图像的杂色

8.3.8 “其他”滤镜组

“其他”滤镜组可以自定义滤镜，也可以修饰图像的某些细节部分。执行“滤镜”|“其他”命令，打开如图8-27所示的子菜单。该滤镜组中各滤镜功能如表8-8所示。

HSB/HSL
高反差保留...
位移...
自定...
最大值...
最小值...

图 8-27

表8-8

名称	功　能
HSB/HSL	该滤镜用于将图像由RGB模式转换为HSB模式或HSL模式
高反差保留	该滤镜用于删除图像中亮度具有一定过度变化的部分图像，保留色彩变化最大的部分，使图像中的阴影消失而突出亮点，与浮雕效果类似
位移	该滤镜可通过调整参数、设置对话框中的参数值来控制图像的偏移
自定	用户可以自定义滤镜，控制所有筛选像素的亮度值。每个被计算的像素由编辑框组中心的编辑框表示
最大值	具有收缩的效果，向外扩展白色区域，并收缩黑色区域
最小值	具有扩展的效果，向外扩展黑色区域，并收缩白色区域

动手练 塑料薄膜效果

素材位置：**本书实例\第8章\塑料薄膜效果\水果.jpg**

本练习制作塑料薄膜效果，主要运用的知识包括液化滤镜、素材库滤镜的使用，以及图层混合模式的设置等。具体操作过程如下。

步骤01 将素材文件拖曳至Photoshop界面中，如图8-28所示。

步骤02 在“图层”面板中新建透明图层，如图8-29所示。

图 8-28

图 8-29

步骤03 执行“滤镜”|“渲染”|“云彩”命令，效果如图8-30所示。

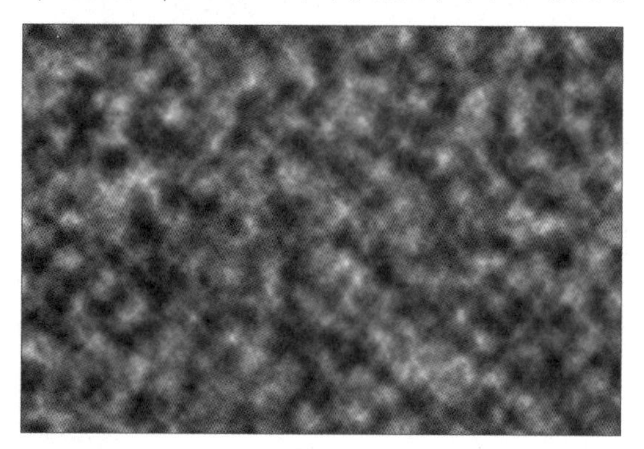

图 8-30

步骤04 执行“滤镜”|“液化”命令，在“液化”对话框中使用“向前变形工具”涂抹图像，如图8-31所示。

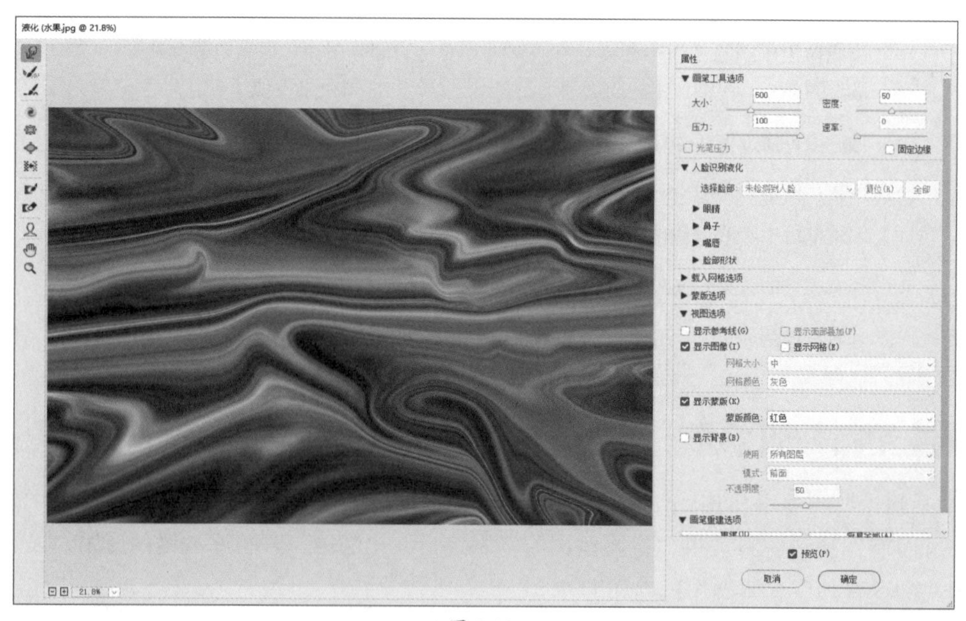

图 8-31

步骤05 执行“滤镜”|“滤镜库”命令，选择“绘画涂抹”滤镜，设置参数，如图8-32所示。

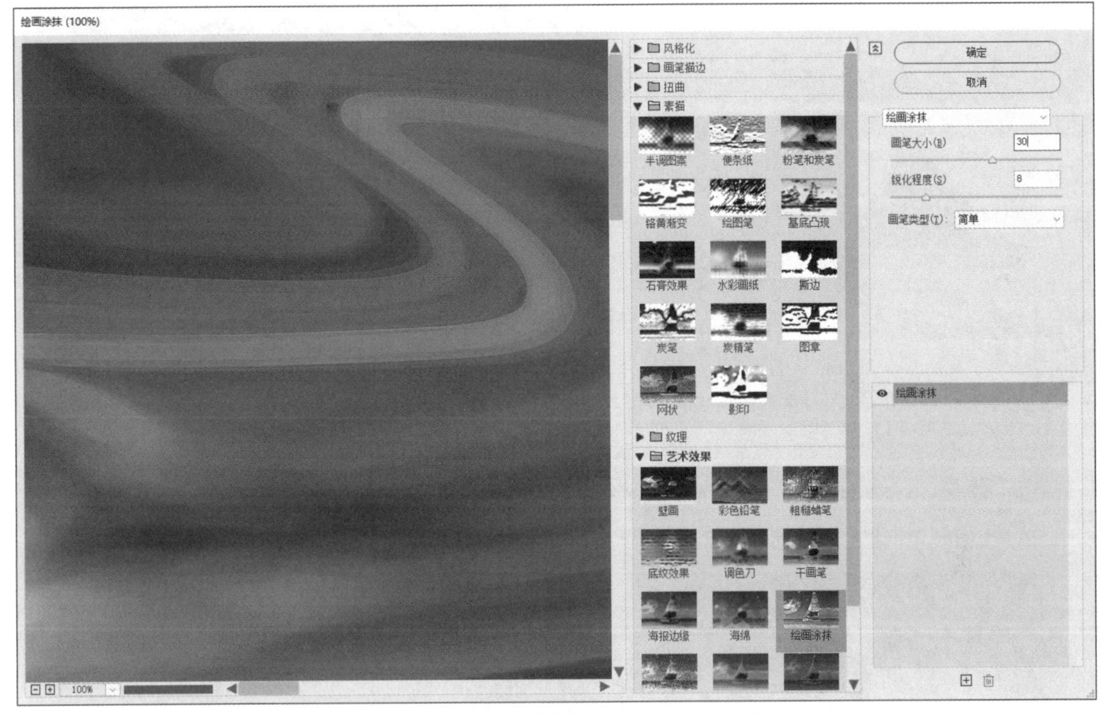

图 8-32

步骤06 添加“铬黄渐变”效果图层，设置参数，如图8-33所示。

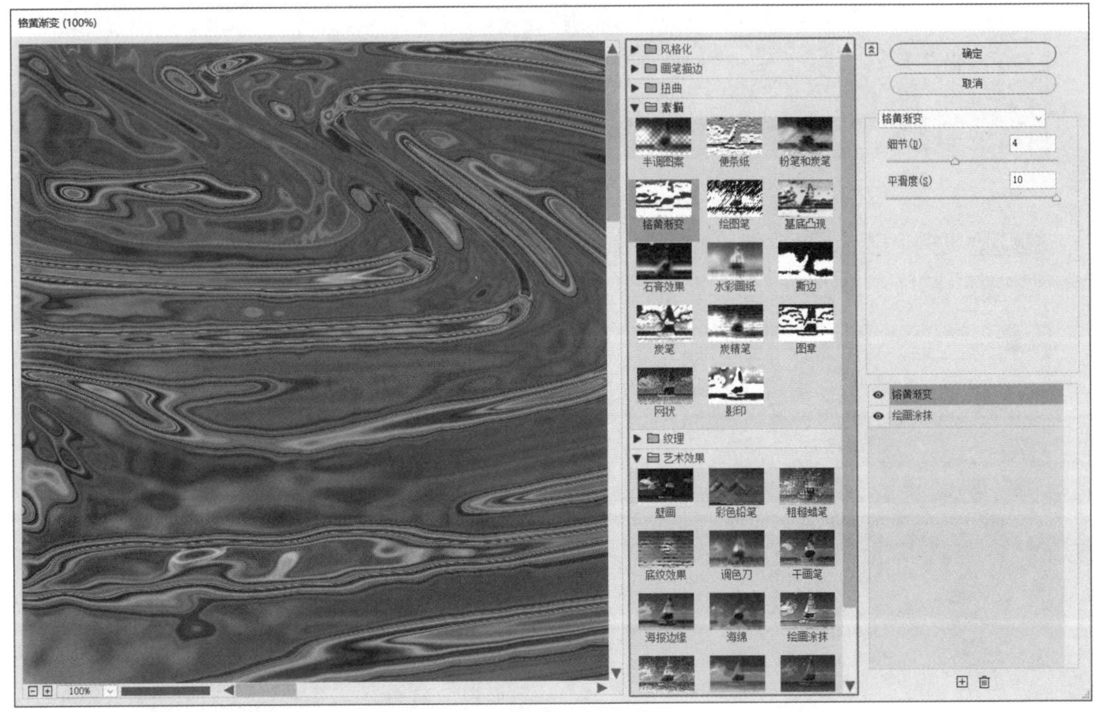

图 8-33

步骤07 按Ctrl+L组合键，在弹出的“色阶”对话框中设置参数，如图8-34所示。

步骤08 效果如图8-35所示。

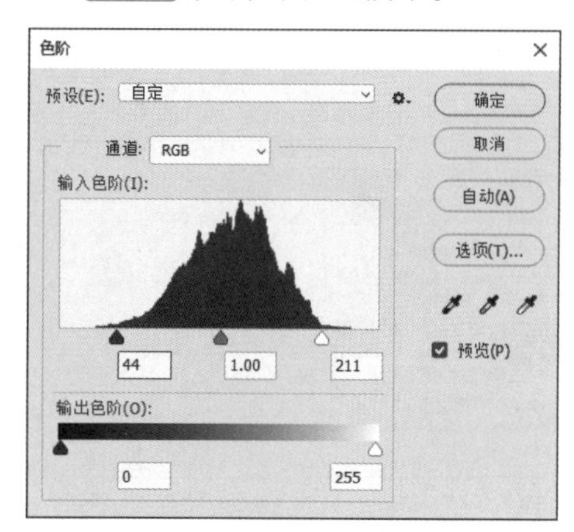

图 8-34

图 8-35

步骤09 按Ctrl+Alt+2组合键，选中高光部分，如图8-36所示。

步骤10 按Ctrl+J组合键复制，如图8-37所示。

图 8-36

图 8-37

步骤11 删除图层1，更改图层2的混合模式为“强光”，如图8-38所示。

步骤12 效果如图8-39所示。

图 8-38

图 8-39

Ps+CDR

Photoshop+CorelDRAW

第9章 初识CorelDRAW

本章对CorelDRAW的基础知识进行讲解，包括CorelDRAW的工作界面和基本操作，绘制直线、曲线和几何图形。了解并掌握这些基础知识，可以让新手轻松入门，并高效地进行图形的绘制和编辑工作。

要点难点

- CorelDRAW的工作界面
- CorelDRAW的基本操作
- 绘制直线和曲线的方法
- 绘制几何图形的方法

9.1 CorelDRAW概述

CorelDRAW是一款专业级的矢量图形设计软件，以强大的矢量编辑功能著称，允许用户创建和编辑可无限缩放且不失真的图形。同时提供丰富的工具和功能来精确绘制线条、曲线、形状，并支持复杂路径操作、节点编辑、布尔运算等，特别适用于制作简洁的标志、复杂的插图以及精细的技术图纸。

9.1.1 CorelDRAW的工作界面

安装CorelDRAW软件后，在桌面上双击快捷方式图标，待程序进入欢迎界面后新建文档，可在工作界面中绘制和编辑图像，如图9-1所示。

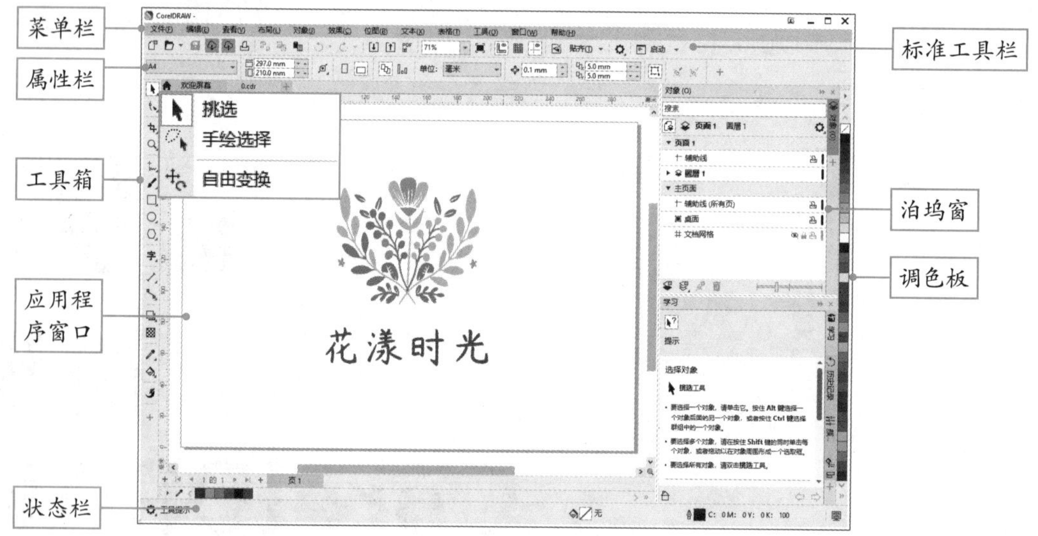

图 9-1

- **菜单栏**：菜单栏提供访问CorelDRAW所有功能的途径，包括文件、编辑、查看、布局、效果、文本、窗口等。
- **标准工具栏**：默认情况下显示是标准工具栏，其中包含许多菜单命令的快捷方式按钮和控件，例如新建、打开、导入、导出、缩放级别、全屏预览等。
- **属性栏**：属性栏显示与当前活动工具或所执行的任务相关的最常用的功能。尽管属性栏外观看起来像工具栏，但是其内容随使用的工具或任务而变化。
- **工具箱**：工具箱包含用于绘制和编辑图像的工具。一些工具默认可见，而其他工具则以展开工具栏的形式分组。工具箱按钮右下角的展开工具栏小箭头表示一个展开工具栏，单击展开工具栏箭头可访问展开工具栏中的工具。
- **应用程序窗口**：该窗口是CorelDRAW的核心部分，也是设计师进行创作的主要舞台，包括绘图页面与绘图窗口两个区域，设计师可以在绘图页面中绘制矢量图形、编辑对象、应用效果等。
- **状态栏**：状态栏显示关于选定对象的信息（例如颜色、填充类型、轮廓、光标位置和相关命令）。它还显示文档颜色信息，如文档颜色预置文件和颜色校样状态。

- **泊坞窗：** 泊坞窗显示与对话框类型相同的控件，如命令按钮、选项和列表框，可以更有效地管理和编辑图形。泊坞窗既可以停放，也可以浮动。停放的泊坞窗被附加到应用程序窗口、调色板的边缘。
- **调色板：** 调色板通常位于屏幕的右侧，提供快速访问不同的颜色和渐变填充选项。用户可以从调色板中选择颜色应用到图形对象上。

9.1.2 与人工智能的结合

CorelDRAW与人工智能的结合是一种强大且创新的设计趋势，将传统的矢量图形制作工具与人工智能生成的图形内容技术相结合，不仅能够提高设计质量和效率，还能够为客户提供更加个性化和创新的设计产品。

例如，AIGC（人工智能生成内容技术）可以帮助设计师们快速生成高质量的图像素材，减少手动绘制的烦琐过程，如图9-2所示。将生成的元素导入CorelDRAW中，进行精细调整，如修改颜色、调整布局等，如图9-3所示，可使作品更加符合设计要求。

图 9-2

图 9-3

9.2 CorelDRAW的基本操作

CorelDRAW的基本操作涵盖多个方面，包括设置页面属性、文件的导入和导出、网络输出以及打印选项设置等。

9.2.1 设置页面属性

用户可以根据设计需求灵活地设置页面属性，从而确保设计作品的质量和视觉效果达到最佳状态。设置页面属性，可分为在创建文档前或创建文档后两种方法。

1. 在创建文档前设置

在欢迎界面中单击“新文件”按钮，或执行“文件”|“新建”命令，或按Ctrl+N组合键，均可打开“创建新文档”对话框，在该对话框中可以对文档的常规、尺度、布局以及颜色参数进行设置，如图9-4所示。

2. 在创建文档后设置

新建文档后，可执行“布局”|“文档选项”命令，在打开的“选项”对话框中对页面尺寸、布局、背景、辅助线等选项进行设置，图9-5所示为页面尺寸选项界面。此外，也可以在属性栏中快速设置。

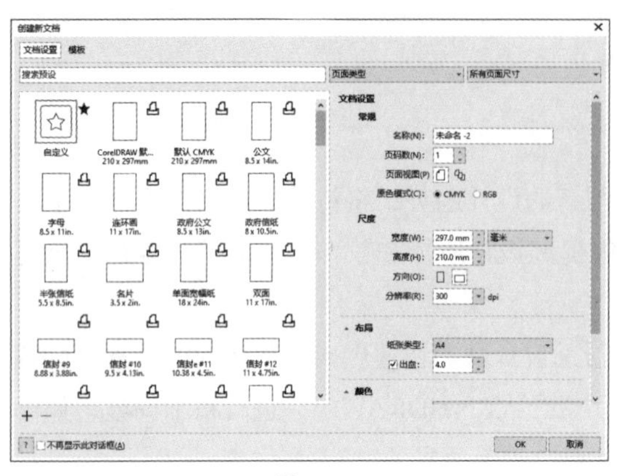

图 9-4

图 9-5

9.2.2 文件的导入和导出

图像文件的导入/导出可以对不同格式的图片进行操作，以满足不同情形的需要。执行“文件”|“导入”命令，或按Ctrl+I组合键，在打开的“导入”对话框中，选择需要导入的文件并单击“导入”按钮，此时光标转换为导入光标，单击可直接将位图以原大小和状态放置在该文档区域。单击“导入”按钮后，单击并拖动鼠标可以重新设置尺寸，如图9-6所示，释放鼠标后填充到该区域，如图9-7所示。

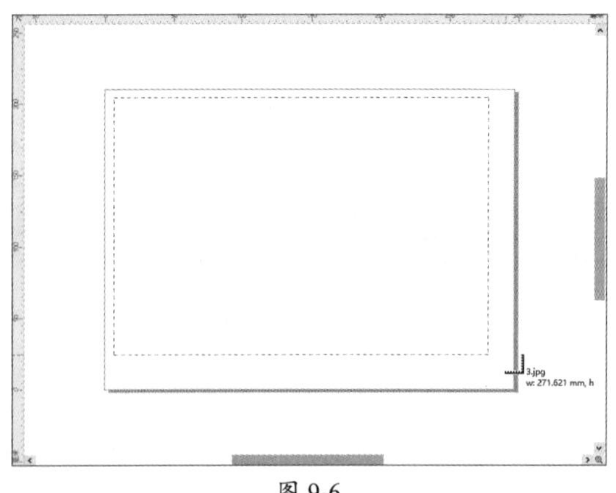

图 9-6

图 9-7

导出经过编辑处理后的图像时，执行“文件”|“导出”命令，或按Ctrl+E组合键，打开如图9-8所示的“导出”对话框，设置存储的位置和文件名后，可以单击“保存类型”，在下拉列表框中选择PDF、JPG、AI等格式，如图9-9所示。完成设置后单击“导出”按钮即可。

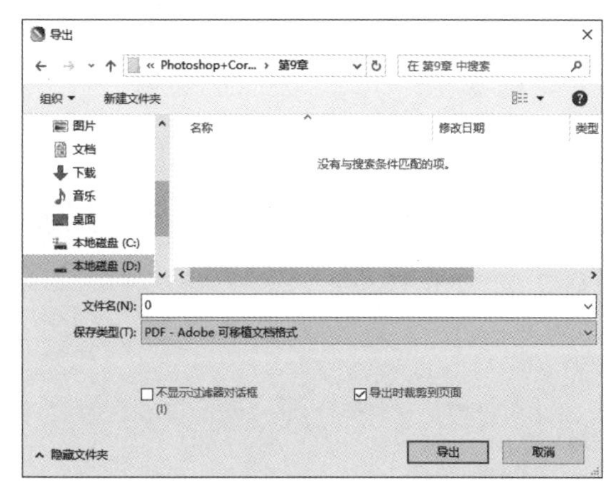

图 9-8

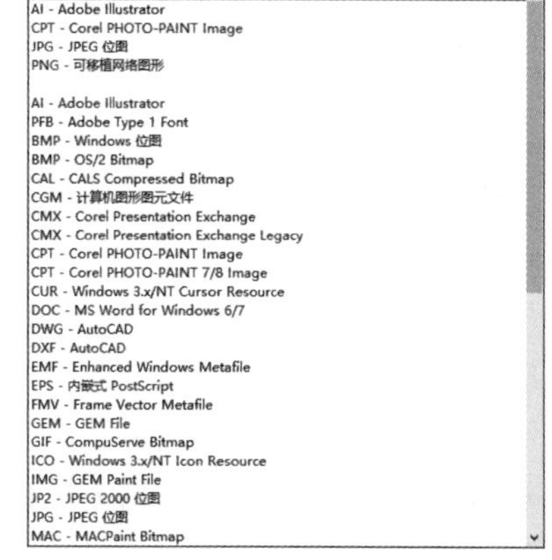

图 9-9

9.2.3　网络输出

使用网络输出文件，可以在一定程度上对图像的大小进行优化。执行“文件”|“导出为”|Web命令，在弹出的“导出到网页”对话框中，可以调整图像的大小、质量和其他参数，如图9-10所示。优化设置后，单击“另存为”按钮保存优化后的图像。

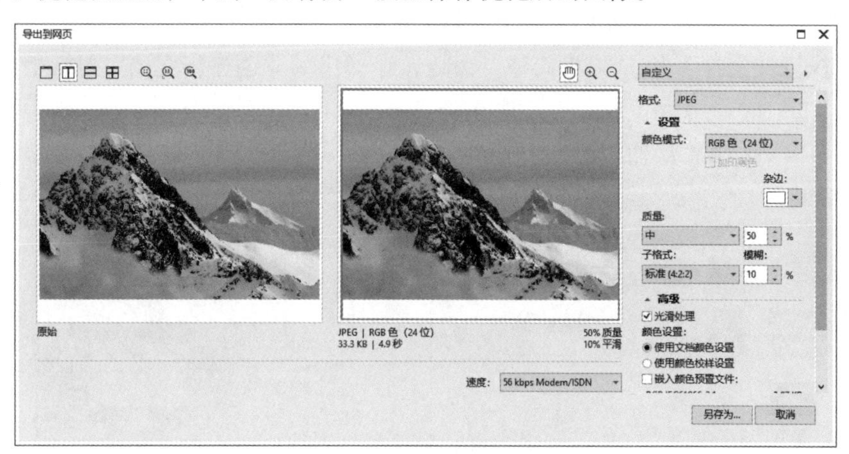

图 9-10

知识点拨 与Web兼容的文件格式：GIF、PNG、JPEG和WEBP。

- GIF：适用于导出线条图、文本、颜色很少的图像或具有锐利边缘的图像。
- PNG：适用于导出各种图像类型，包括照片和线条画。
- JPEG：适用于导出照片和扫描的图像。
- WEBP：适用于导出各种图像类型，包括照片、线条图、图标、带文本的图像。

当文件导出为以上格式时，可以将插图裁剪至绘图页面的边界，以删除不需要的对象并减小文件大小。对象中不在页面上的任意部分在导出的文件中都将被裁剪掉。

9.2.4　打印选项的设置

打印选项的设置是相对重要的一个步骤，相关的设置直接决定打印后图像最直观的视觉效果。执行“文件”|“打印”命令或按Ctrl+P组合键，打开“打印”对话框，默认显示“常规”选项面板，如图9-11所示。

- **打印机**：在下拉列表框中选择已连接和安装的打印机。
- **方向**：从下拉列表框中选择页面大小和方向选项。
- **打印范围**：设置打印当前页面、选定的页面、整个文档、还是文档中的特定页面范围。
- **份数**：设置需要打印的份数。
- **打印预览**：单击该按钮，在打开的“打印预览”对话框中，可进行放大预览页面、预览分色等操作。

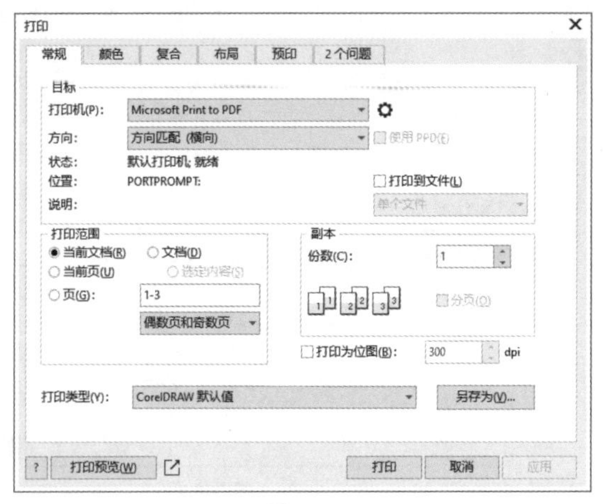

图 9-11

动手练 调整模板页面

素材位置：本书实例\第9章\调整模板页面\模板.cdr

本练习介绍模板页面的尺寸调整，主要运用的知识包括文档的打开、保存，绘图页面的调整，以及辅助工具的使用。下面进行操作步骤的介绍。

步骤01 执行“文件”|“从模板新建”命令，在弹出的“创建新文档”对话框中选择模板“Freelance Design Services Brochure”，如图9-12所示。

步骤02 单击“打开”按钮，效果如图9-13所示。

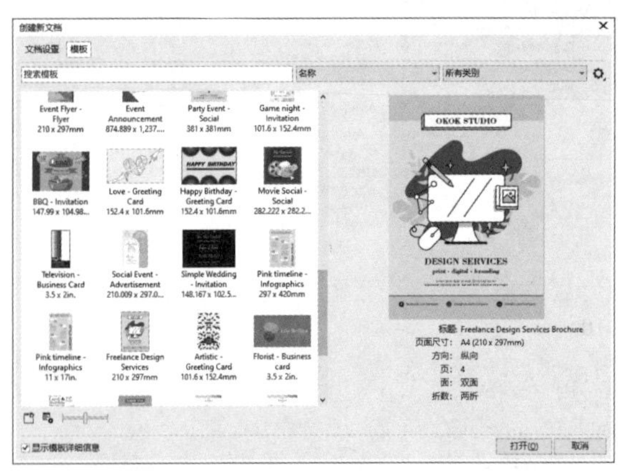

图 9-12

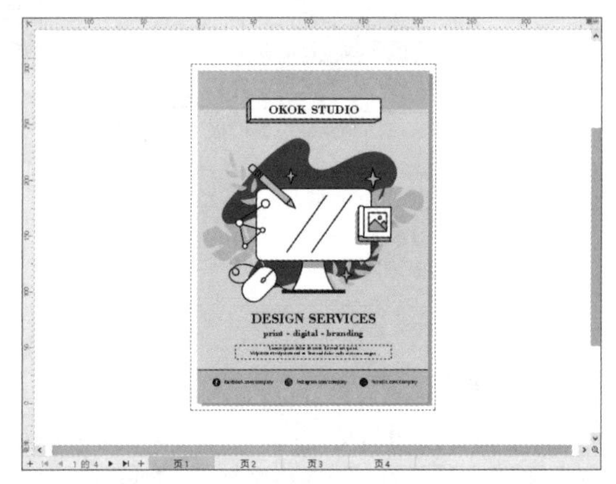

图 9-13

步骤03 分别选择“页2”至“页4”，右击，在弹出的快捷菜单中选择“删除页面”选项，仅保留“页1”，如图9-14所示。

步骤04 在属性栏中单击“横向”按钮▢，如图9-15所示。

步骤05 选择整体，调整和文档等高，居中放置，如图9-16所示。

步骤06 使用“挑选工具”更改调整画面显示，使其填充整个界面，效果如图9-17所示。

步骤07 按Ctrl+Shift+S组合键保存文档，并导出为JPG格式图像。

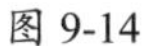
图 9-14

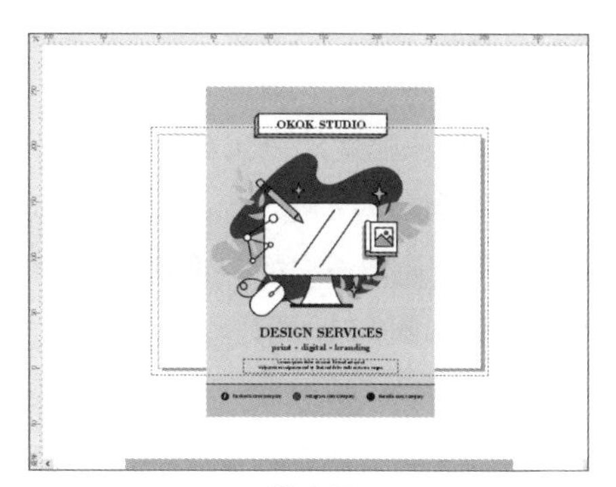

图 9-15

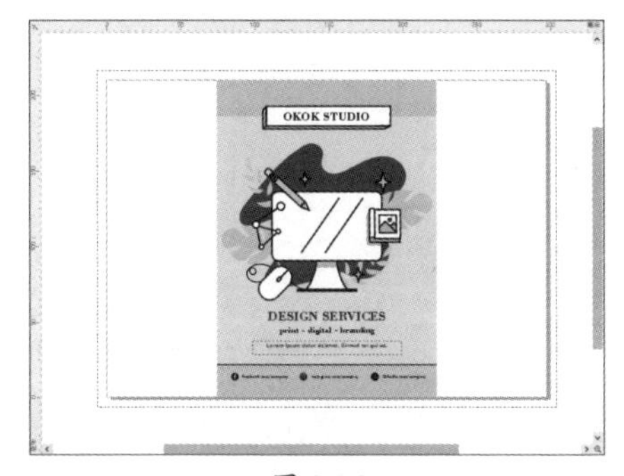

图 9-16

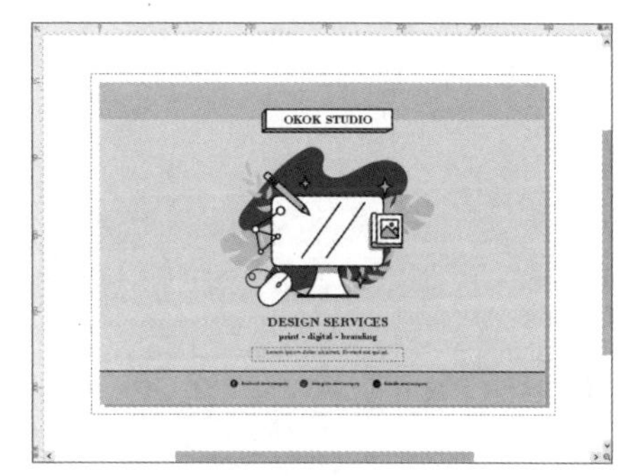

图 9-17

9.3 绘制直线和曲线

CorelDRAW提供各种绘图工具，通过这些工具可以绘制曲线和直线，以及同时包含曲线段和直线段的线条。

9.3.1 手绘工具

使用手绘工具可以像使用铅笔在纸上画图一样地绘制直线与曲线。选择“手绘工具”或按F5功能键，光标变为形状，单击并拖动鼠标绘制曲线，释放鼠标后软件会自动去掉绘制过程中的不光滑曲线，将其替换为光滑的曲线效果，如图9-18所示。在起点处单击后拖曳，光标变为形状，将光标移动到下一个目标点处单击，即可绘制出直线，如图9-19所示。按住Ctrl键可画水平、垂直及15° 倍数的直线。

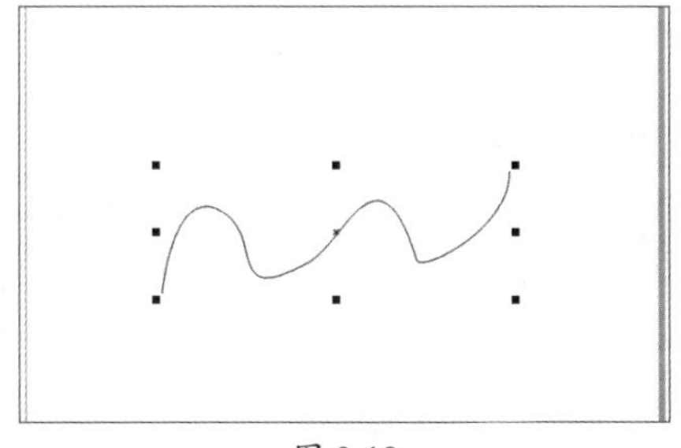

图 9-18

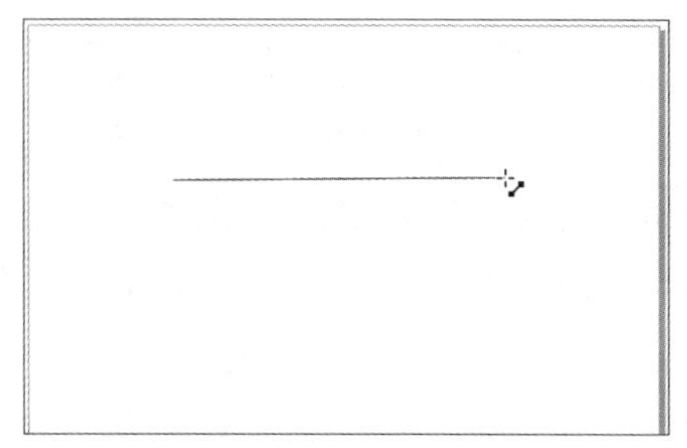

图 9-19

知识点拨 在绘制过程中，按住Shift键反向绘制可进行擦除，释放鼠标后可应用擦除效果。

9.3.2 2点线工具

2点线工具可以快速地绘制出相切的直线和相互垂直的直线，选择“2点线工具”，光标变为形状，按住鼠标左键拖曳，将光标移动到下一个目标点处单击，即可绘制出水平直线，如图9-20所示。单击属性栏中的“垂直2点线”按钮，光标变成 形状，按住鼠标左键拖动即可绘制出垂直直线，如图9-21所示。

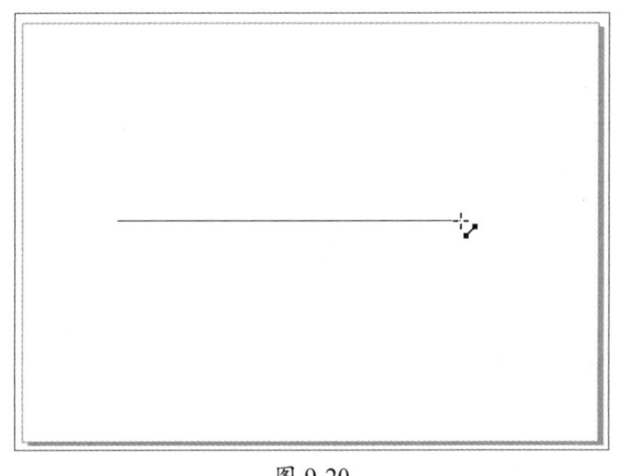
图 9-20

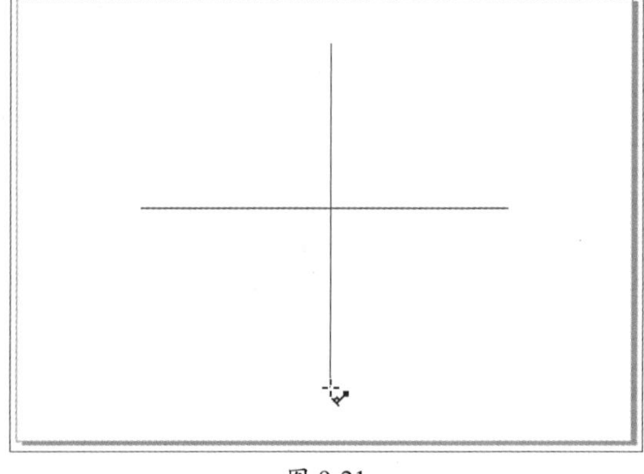
图 9-21

选择“椭圆形工具”，绘制一个圆形，如图9-22所示。选择“2点线工具”，单击属性栏中的“相切的2点线”按钮，光标变成形状，将光标移动到对象边缘处，按住鼠标左键拖动，绘制的2点线始终与现有的对象相切，如图9-23所示。

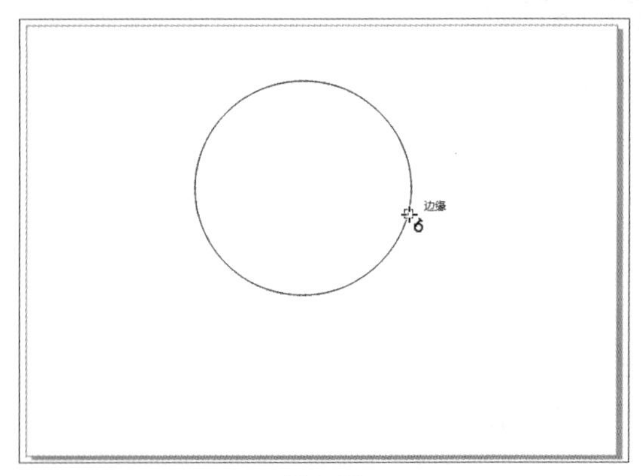

图 9-22

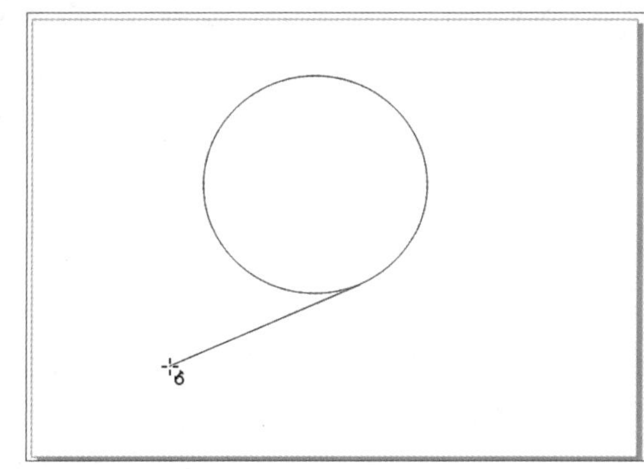
图 9-23

9.3.3 贝塞尔工具

贝塞尔工具可以相对精确地绘制直线，同时还能对曲线上的节点进行拖动，实现一边绘制曲线一边调整曲线圆滑度的操作。选择“贝塞尔工具”，光标变为形状，在起始点和结束点单击即可绘制直线，如图9-24所示。若要绘制曲线，需要在起始位置单击并按住鼠标左键不放，拖动控制手柄调整曲线的弧度，从而绘制圆滑曲线，如图9-25所示。若要停止绘制，可以按空格键，使用“形状工具”可以调整节点，以更改直线或曲线的形状。

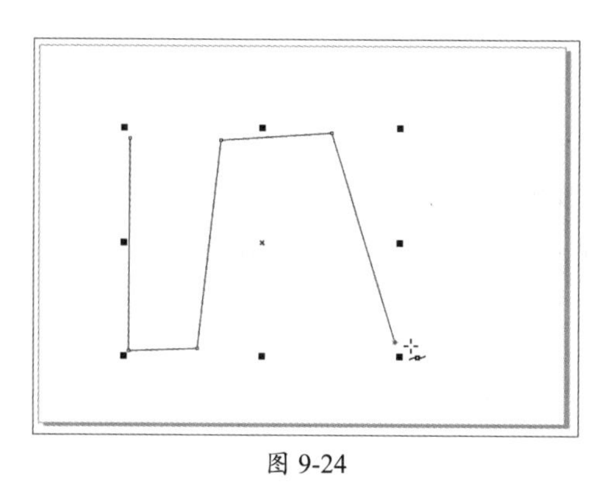
图 9-24

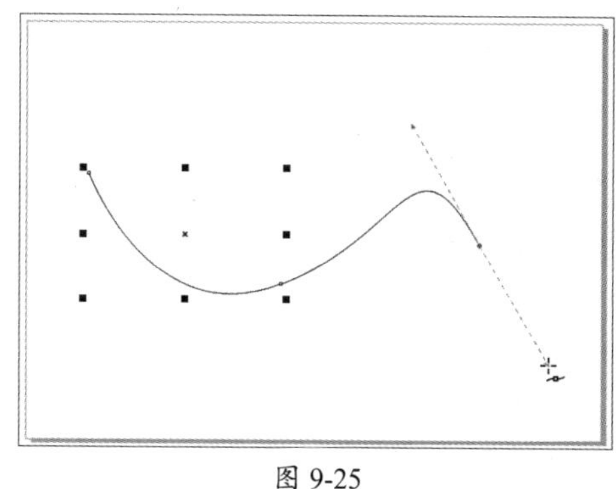
图 9-25

9.3.4 钢笔工具

钢笔工具可以更加精准、灵活地绘制直线和曲线，在绘制时可以预览正在绘制的线段。选择“钢笔工具”，当光标变为形状时，在起始点和结束点单击即可绘制直线，如图9-26所示。若要绘制曲线，在第一个节点的位置单击，按住鼠标左键将控制手柄拖曳至要放置下一个节点的位置，释放鼠标左键，拖动手柄以创建所需的曲线，如图9-27所示，双击节点完成绘制。

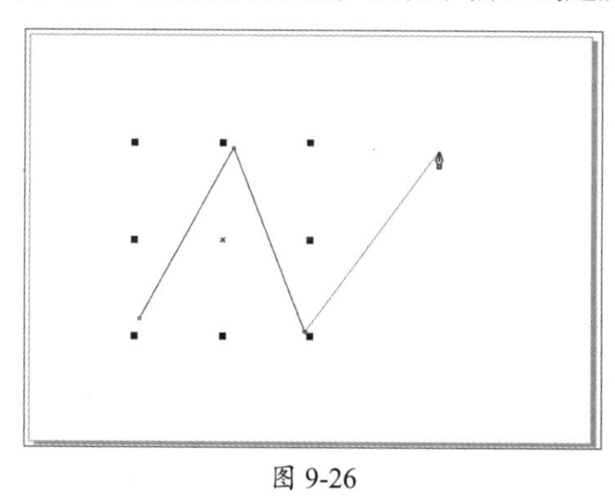
图 9-26

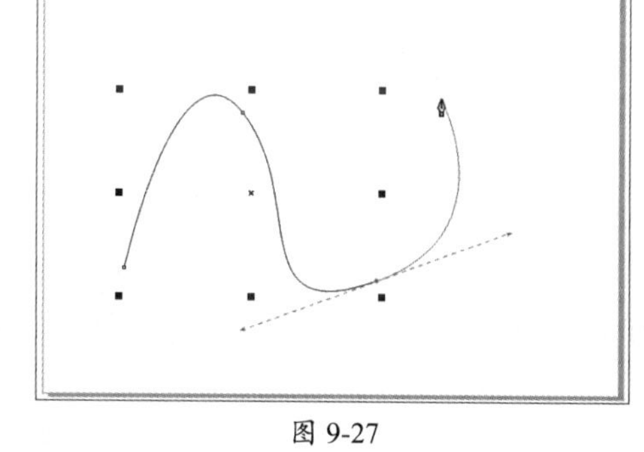
图 9-27

9.3.5 B样条

B样条工具可通过调整“控制点”的方式绘制平滑曲线。控制点与控制点之间形成的夹角度数会影响曲线的弧度。选择“B样条工具”，单击并拖动鼠标绘制出曲线轨迹，此时可看到线条外的控制框，对曲线进行了相应的限制，如图9-28所示，双击节点或按回车键结束绘制，控制框自动隐蔽。使用“形状工具”可更改路径形状，沿控制线双击可以添加控制点，如图9-29所示。在已有控制点处双击即可删除控制点。

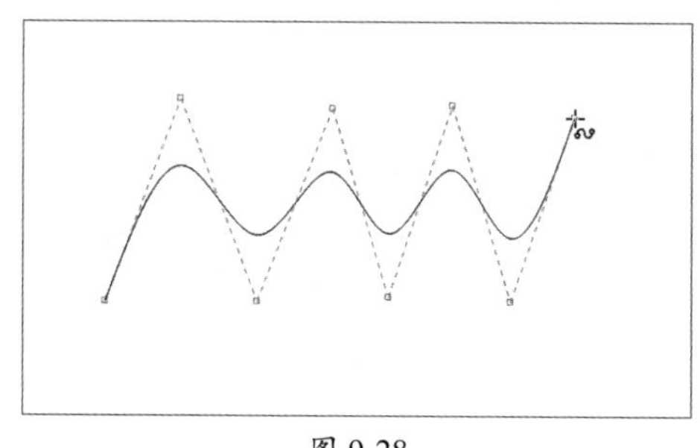
图 9-28

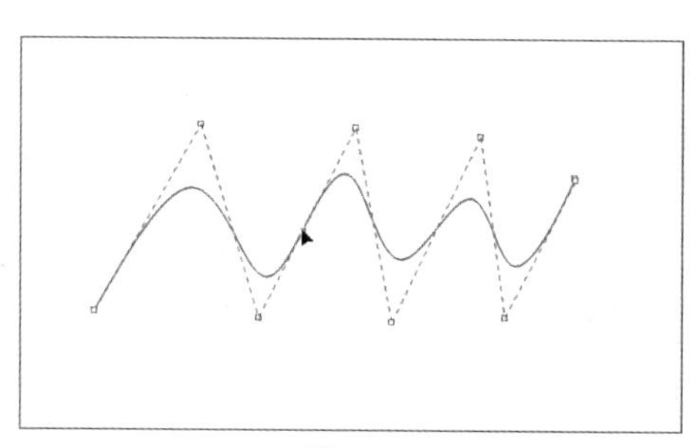
图 9-29

9.3.6 折线工具

折线工具可以绘制折线、弧线以及曲线。选择“折线工具”，在起始点和结束点单击即可绘制折线，在绘制过程中，按住Alt键并移动光标可绘制弧线，如图9-30所示。此时，松开Alt键可返回手绘模式，若继续按住Alt键，可绘制另一个方向的弧线。按住鼠标左键拖曳可绘制手绘曲线的效果，如图9-31所示。

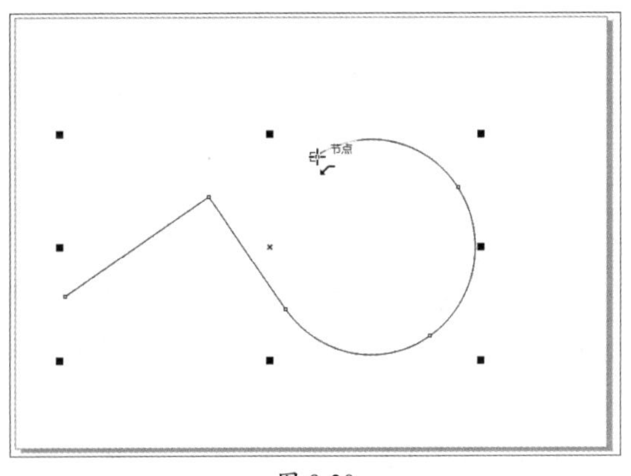

图 9-30

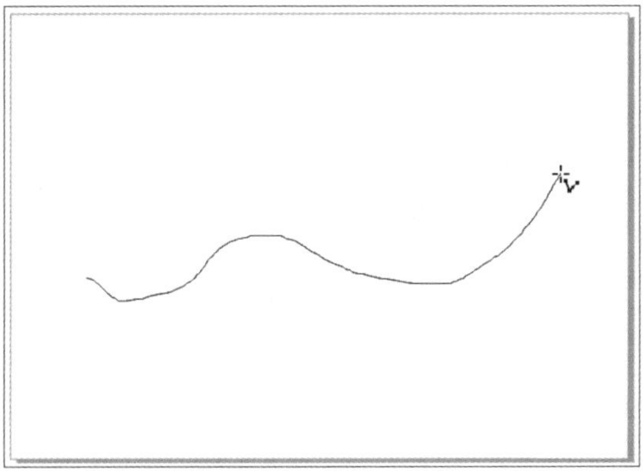

图 9-31

9.3.7 3点曲线工具

3点曲线工具通过指定曲线的宽度和高度来绘制简单曲线。使用此工具可以快速创建弧形，而无须使用控制节点。选择“3点曲线工具”，在要开始绘制曲线的位置单击，然后按住鼠标左键拖曳至要结束的位置，如图9-32所示。释放鼠标，拖曳可调整曲线的弧度，如图9-33所示。拖曳时按住Ctrl键可绘制圆形曲线，按住Shift键可绘制对称曲线。

图 9-32

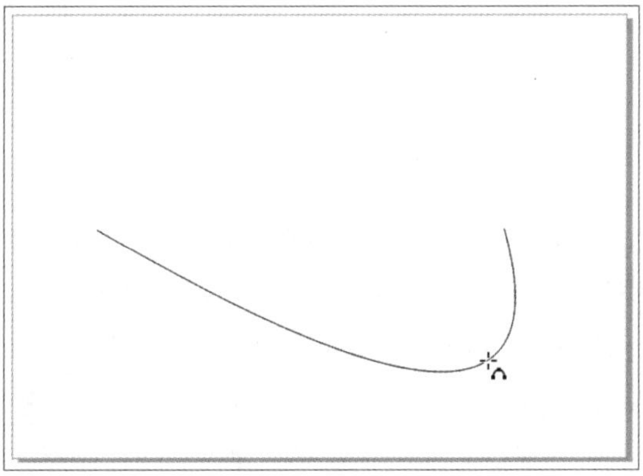

图 9-33

9.3.8 画笔工具

画笔工具提供基本的线条绘制功能，可以根据需要调整线条的粗细、颜色和样式，为艺术轮廓的创作提供基础支持。选择“画笔工具”，在属性栏中选择画笔笔刷样式，如图9-34所示。图9-35所示为使用默认笔刷大小和笔刷为30mm、透明度为75的效果对比。

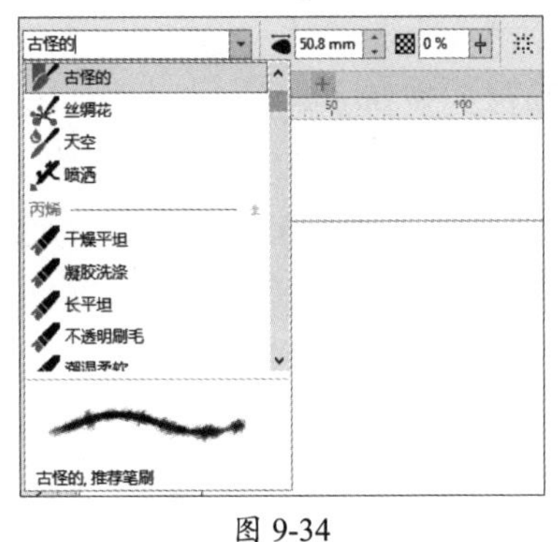

图 9-34

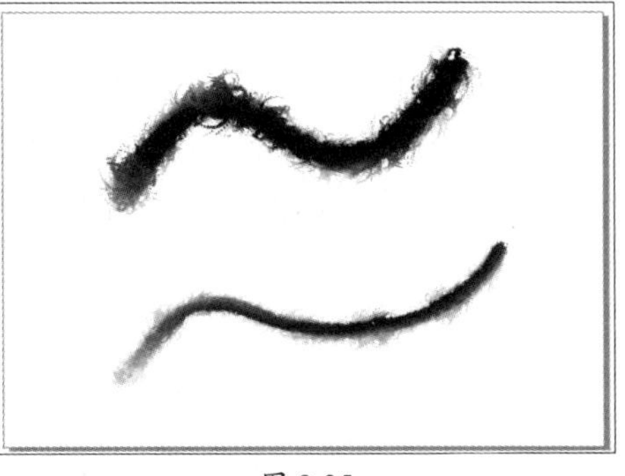

图 9-35

9.3.9 艺术笔工具

艺术笔工具是一种具有固定或可变宽度及形状的画笔，可以绘制出具有不同线条或图案效果的图形。选择“艺术笔工具”，在属性栏中可选择不同的绘制模式。

1. 预设

在“预设”模式中，可以沿曲线应用预设线条。单击“预设”按钮，在属性栏中的“预设笔触”下拉列表框中选择一个画笔的预设样式，当光标变为画笔形状时，单击并拖曳鼠标，释放鼠标即可应用预设画笔样式，如图9-36所示。若要更改画笔样式，在“预设笔触”下拉列表框中更换即可，如图9-37所示。

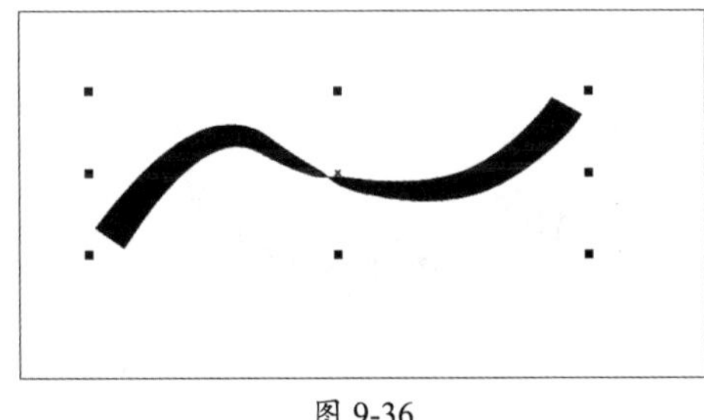

图 9-36

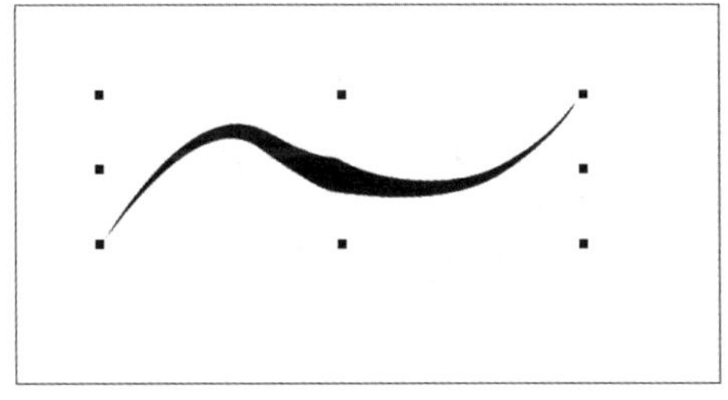

图 9-37

2. 矢量画笔

在矢量画笔模式中，可以沿曲线应用矢量画笔。单击“矢量画笔”按钮，在属性栏中选择笔刷类别、笔刷笔触等参数，如图9-38、图9-39所示。在绘图页面中，当光标变为画笔形状时，单击并拖曳鼠标进行绘制，释放鼠标即可应用画笔样式，如图9-40所示。

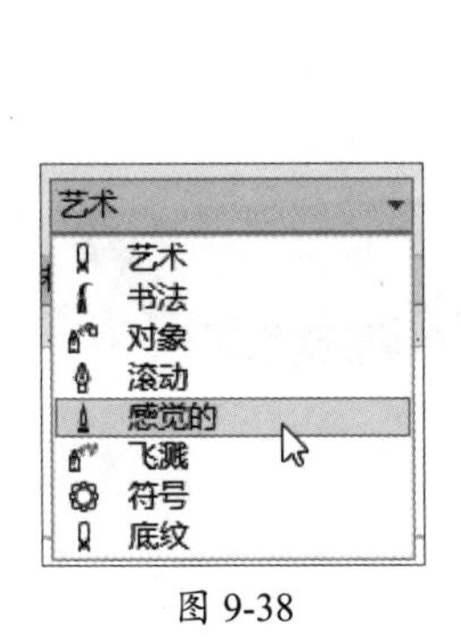

图 9-38

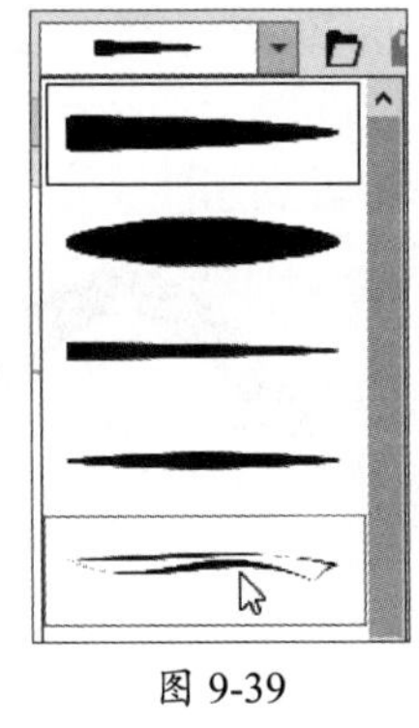

图 9-39

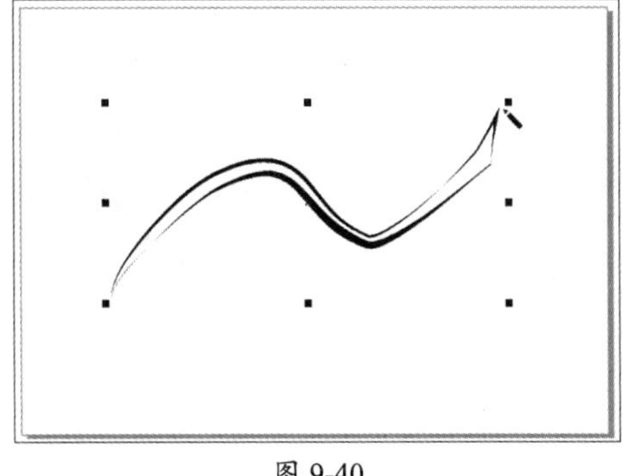

图 9-40

3. 喷涂

在喷涂模式中，可以沿曲线喷涂对象。单击“喷涂”按钮，在属性栏中可选择喷涂图样，如图9-41所示，设置其大小、顺序、间距等参数，图9-42所示为调整图样顺序。在绘图页面中，当光标变为画笔形状时，单击并拖曳鼠标进行绘制，释放鼠标即可应用喷涂效果，如图9-43所示。

图 9-41

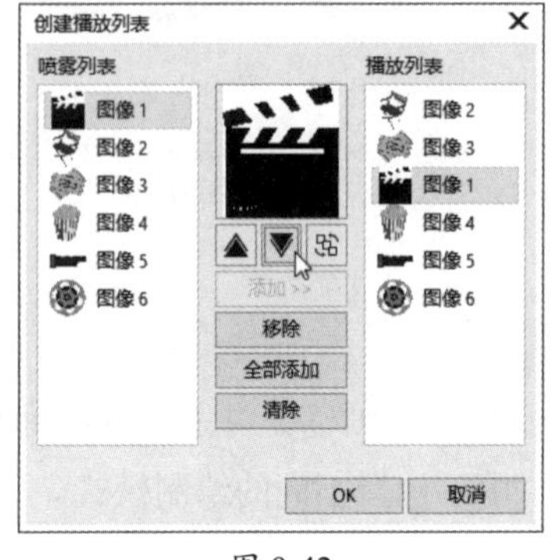

图 9-42

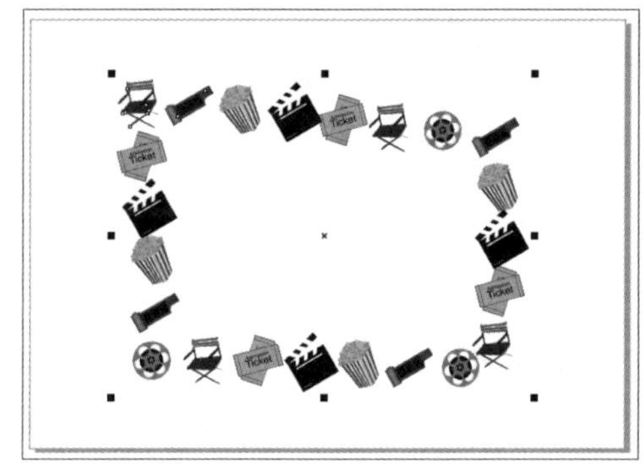
图 9-43

4. 书法

在书法模式中，可以沿曲线应用书法笔触。单击“书法”按钮，在属性栏中设置参数后，在绘图页面中，当光标变为画笔形状时，单击并拖曳鼠标进行绘制，释放鼠标即可应用效果，如图9-44所示。更改角度为90°，效果如图9-45所示。

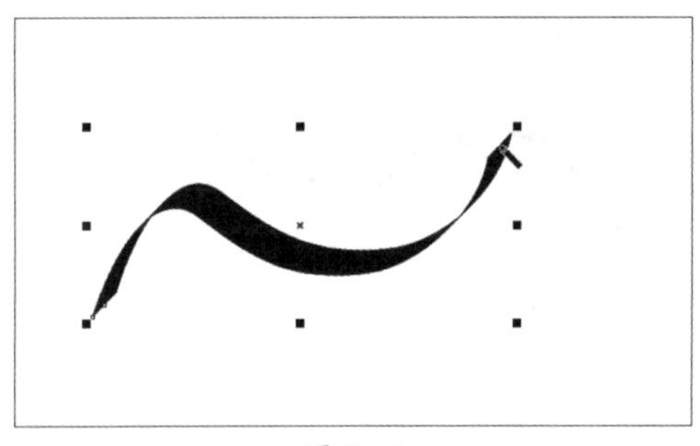
图 9-44

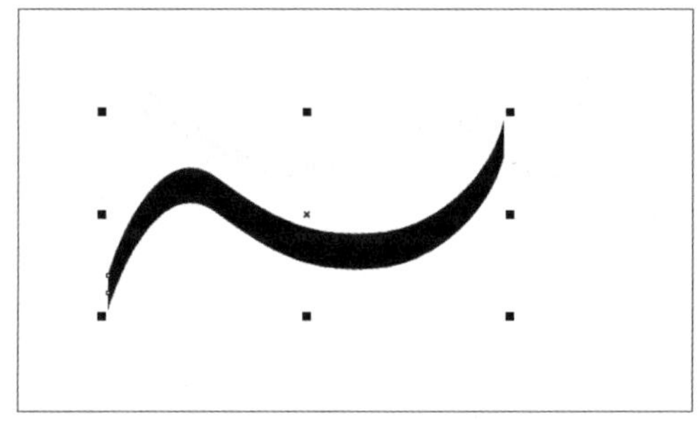
图 9-45

5. 表达式

在表达式模式中，可以通过笔触的压力、倾斜和方位来改变笔刷笔触。在属性栏中设置参数后，在绘图页面中，当光标变为画笔形状时，单击并拖曳鼠标进行绘制，释放鼠标即可应用效果，如图9-46所示。更改宽度为15mm，效果如图9-47所示。

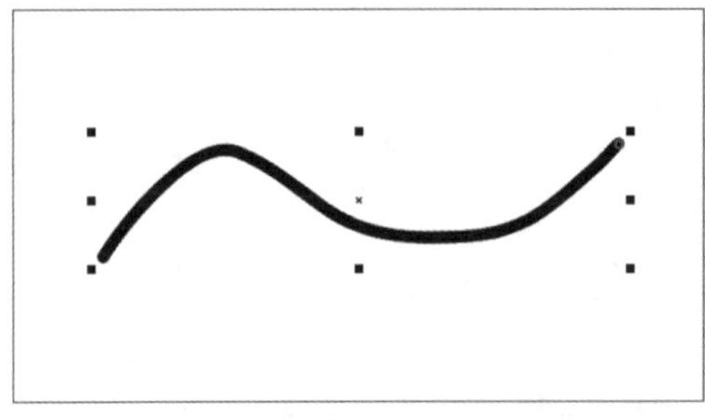
图 9-46

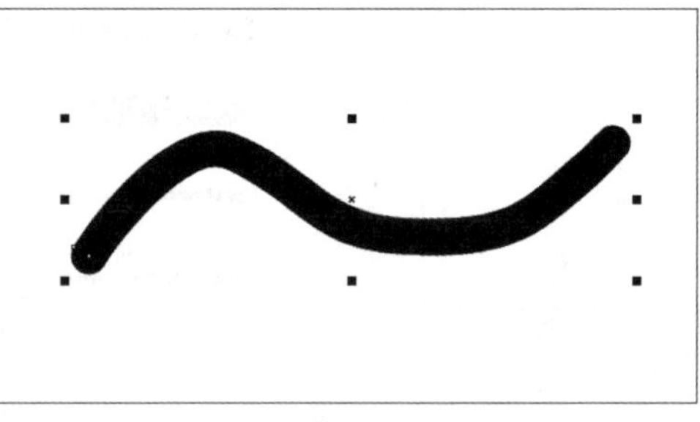
图 9-47

9.3.10 LiveSketch

LiveSketch工具是一种快速捕捉创意和想法的工具。其允许用户以更自由、更直观的方式绘制艺术轮廓，无须担心线条的精细度。选择“LiveSketch工具”，在属性栏中设置参数后，在绘图页面中，当光标变为时，单击并拖曳鼠标进行绘制，如图9-48所示。释放鼠标即可应用效果。沿边缘涂抹可调整曲线，如图9-49所示。

图 9-48

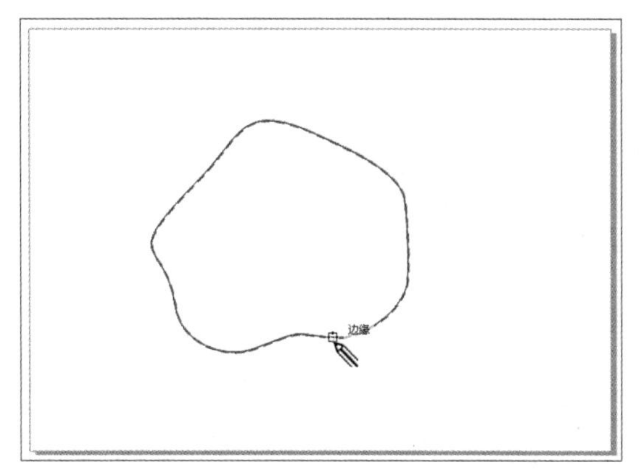

图 9-49

动手练 平行线条文字

素材位置：**本书实例\第9章\平行线条文字\线条文字.cdr**

本练习介绍平行线条文字的制作。主要运用的知识包括折线工具、平行绘图以及轮廓设计等。具体操作方法如下。

步骤01 选择“折线工具”，在属性栏中单击“平行绘图”按钮，在弹出的“平行绘图”属性栏中设置参数，如图9-50所示。

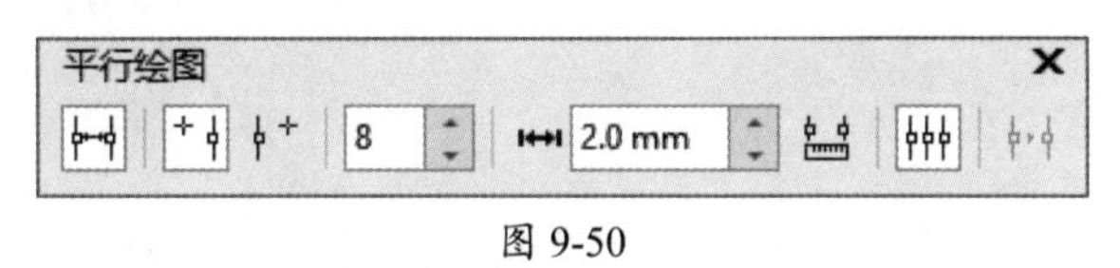

图 9-50

步骤02 在绘图页面单击，按住Alt键绘制半圆效果，如图9-51所示。

步骤03 依次向左下、下、右绘制直线效果，如图9-52所示。

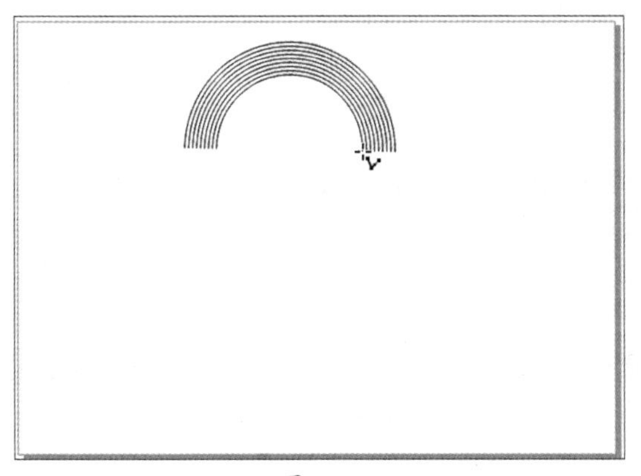

图 9-51

图 9-52

步骤04 按Ctrl+A组合键，在“属性”面板中设置描边为0.75mm，效果如图9-53所示。

步骤05 单击…按钮，在弹出的“编辑线条样式”对话框中设置线条样式，如图9-54所示。

图 9-53

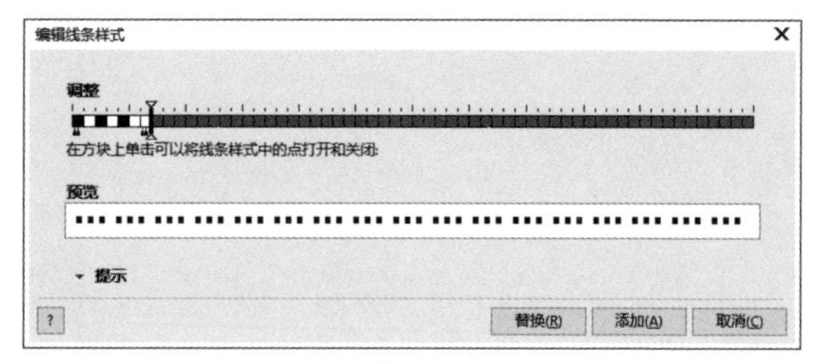

图 9-54

步骤06 单击“对齐虚线”按钮，效果如图9-55所示。

步骤07 更改轮廓颜色（#0061AD），效果如图9-56所示。

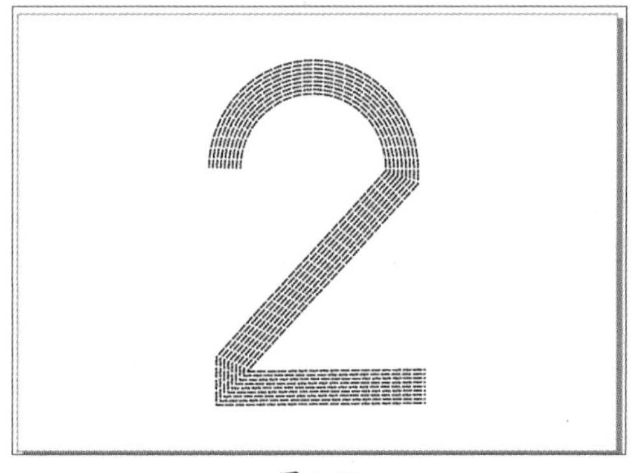

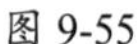

图 9-55

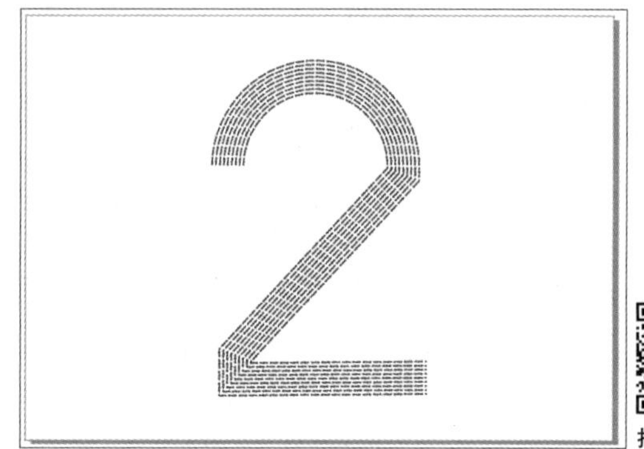

图 9-56

扫码看彩图

9.4 绘制几何图形

在CorelDRAW中，可以使用矩形、椭圆、多边形等基础工具画简单的几何形状，而3点矩形、星形、螺纹以及图纸等高级工具则用于绘制更复杂的几何图形。

9.4.1 绘制矩形和3点矩形

矩形工具组包括矩形工具和3点矩形工具两种。使用这两种工具可以绘制出矩形、正方形、圆角矩形和倒菱角矩形。

1. 矩形工具

选择“矩形工具”，单击并拖曳鼠标可绘制任意大小的矩形，如图9-57所示。按住Shift+Ctrl键的同时拖曳鼠标，可绘制以起始点为中心的正方形，如图9-58所示。双击矩形工具，可以绘制覆盖绘图页面的矩形。

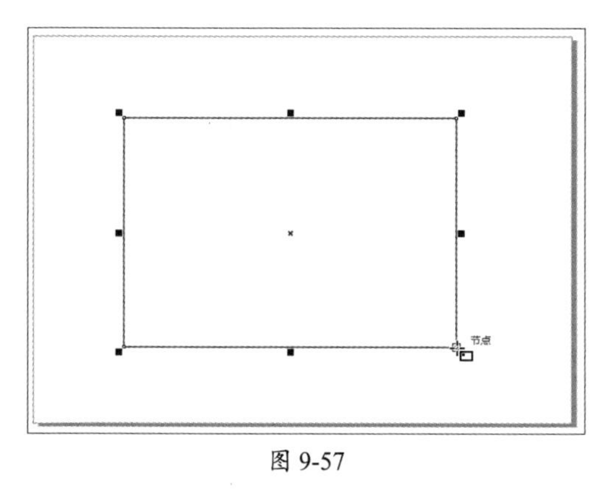

图 9-57

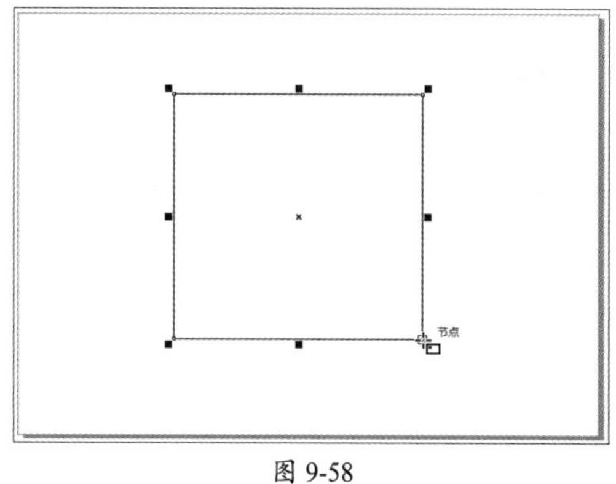

图 9-58

若要绘制带有角度的矩形，可以在属性栏中设置角的类型为圆角、扇形角以及倒棱角。在将角变为圆角或扇形角时，圆角半径值越大，所得到的圆角越圆，扇形角越深，倒棱角的值越大，倒棱边缘越长，如图9-59所示。

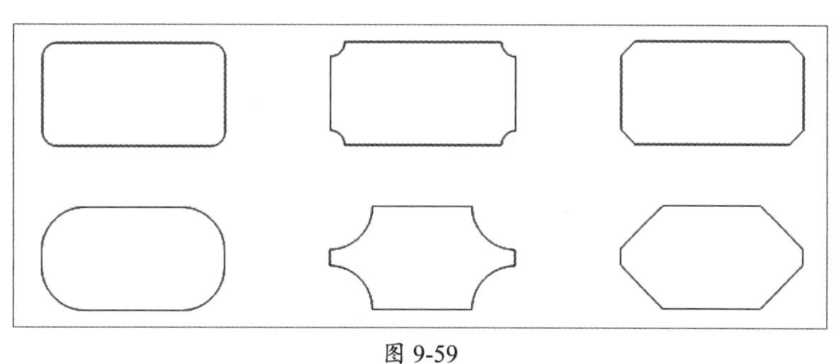

图 9-59

2. 3点矩形工具

3点矩形工具可以通过指定宽度和高度的方式绘制矩形。选择“3点矩形工具”，需要先定义矩形的基线，拖动绘制矩形的宽度，如图9-60所示，释放鼠标后，通过拖动确定矩形的高度，单击即可生成矩形，如图9-61所示。

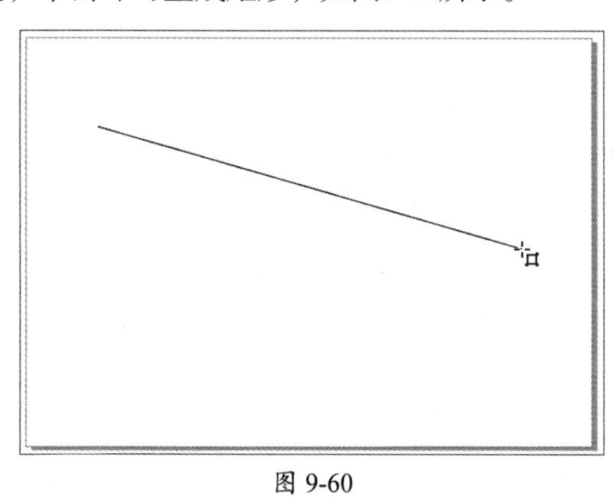

图 9-60

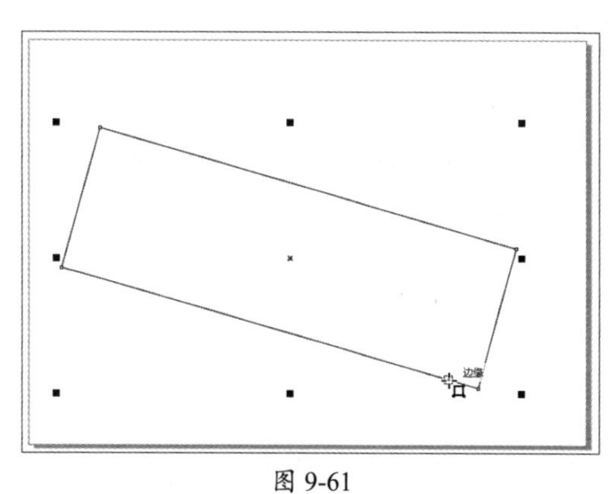

图 9-61

9.4.2 绘制椭圆形和饼图

椭圆形工具组包括椭圆形工具和3点椭圆形工具两种。使用这两种工具可以绘制椭圆形、正圆形、饼形和弧形。

1. 椭圆形工具

选择“椭圆形工具”◎，单击并拖曳鼠标可绘制任意大小的椭圆形，如图9-62所示，按住Shift键的同时单击并拖曳鼠标，可绘制以起始点为圆心的椭圆形。按住Ctrl+Shift键的同时拖曳鼠标，可绘制以起始点为圆心的正圆形，如图9-63所示。

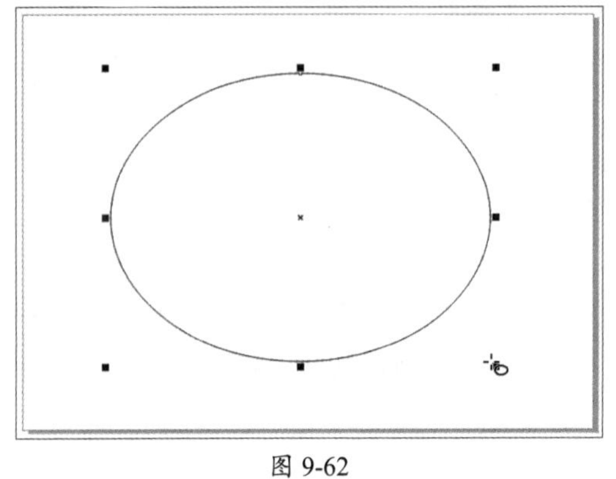

图 9-62

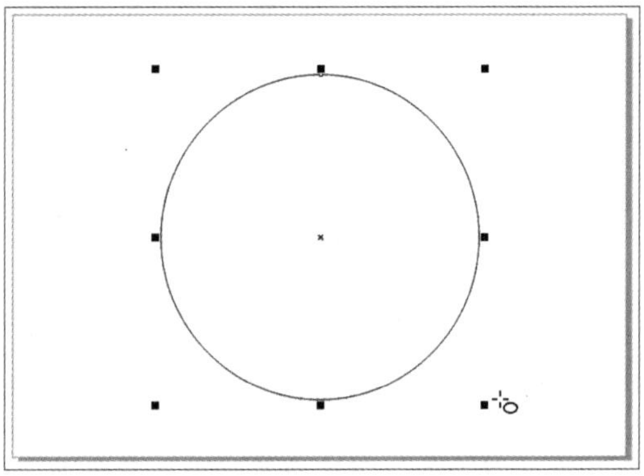

图 9-63

绘制椭圆形后，在属性栏中单击“饼形”按钮，正圆形变为饼形，在“起始和结束角度”框中设置角度，如图9-64所示。单击“更改方向”按钮，可切换至缺失部分的饼形，如图9-65所示。

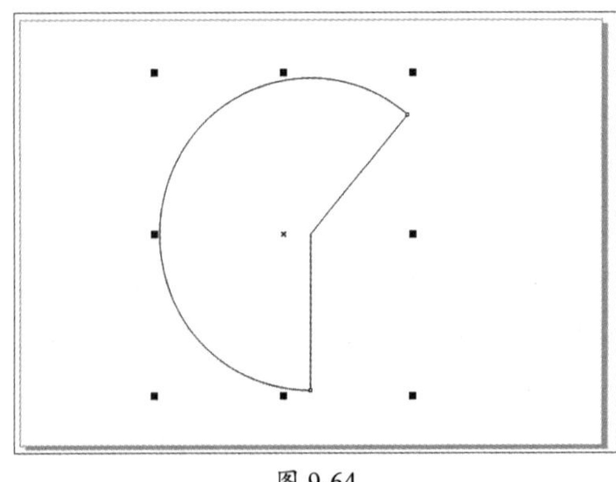

图 9-64

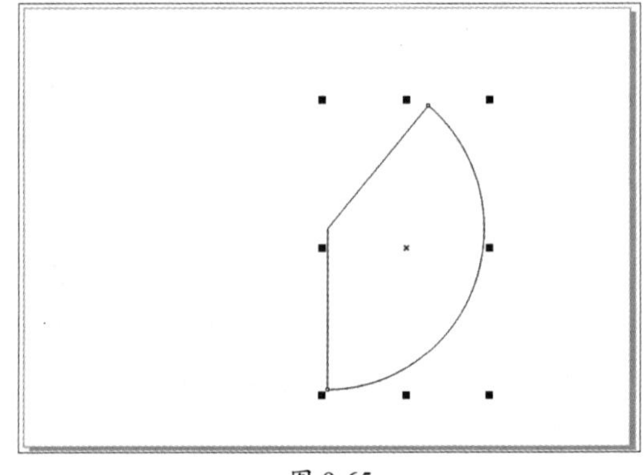

图 9-65

单击“弧形”按钮，将饼形切换至弧形效果，如图9-66所示。设置轮廓宽（2.0mm）与线条样式，效果如图9-67所示。

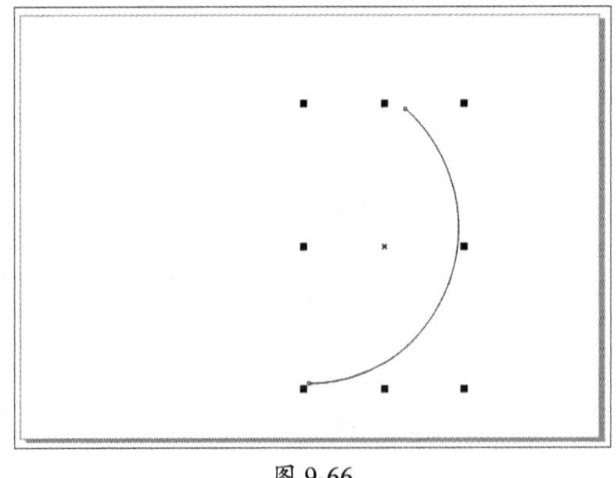

图 9-66

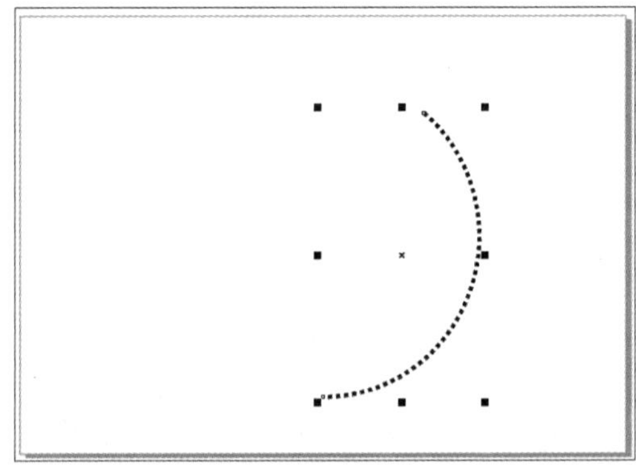

图 9-67

2. 3点椭圆工具

3点椭圆工具可以通过指定宽度和高度的方式绘制椭圆。选择“3点椭圆形工具”，拖动鼠标以所需角度绘制椭圆形的中心线，如图9-68所示，中心线横穿椭圆形中心，并且决定椭圆的宽度。释放鼠标后，拖动鼠标确定椭圆的高度，单击即可生成椭圆，如图9-69所示。

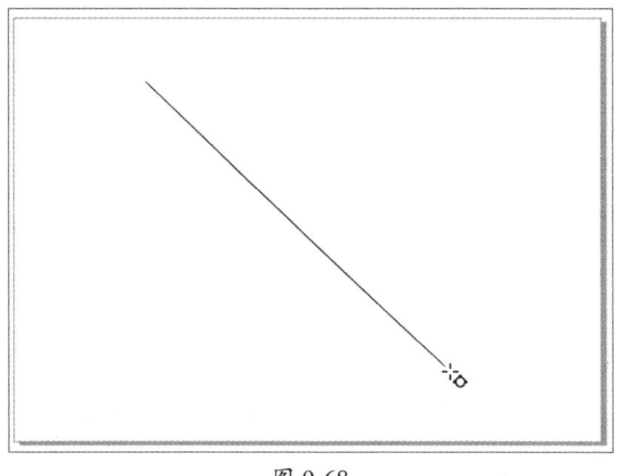

图 9-68

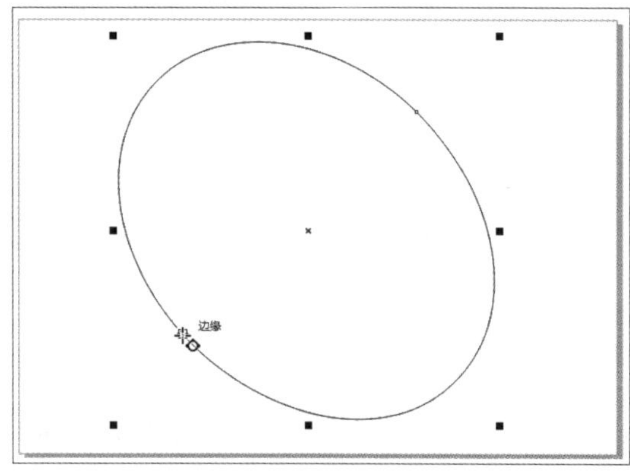

图 9-69

9.4.3 智能绘图工具

智能绘图工具具有智能识别和转换功能，可以自动将手绘的艺术轮廓线条转换成更精确的矢量图形。选择“智能绘图工具”，在属性栏中可设置形状识别等级、智能平滑等级、轮廓宽度以及线条样式。设置完参数后，在绘图页面中，当光标变为时，单击并拖曳鼠标绘制轮廓线，如图9-70所示，释放鼠标即可转换为基本形状或平滑曲线，如图9-71所示。

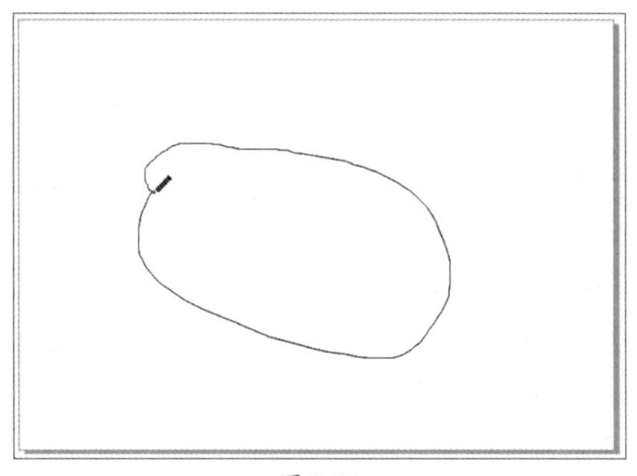

图 9-70

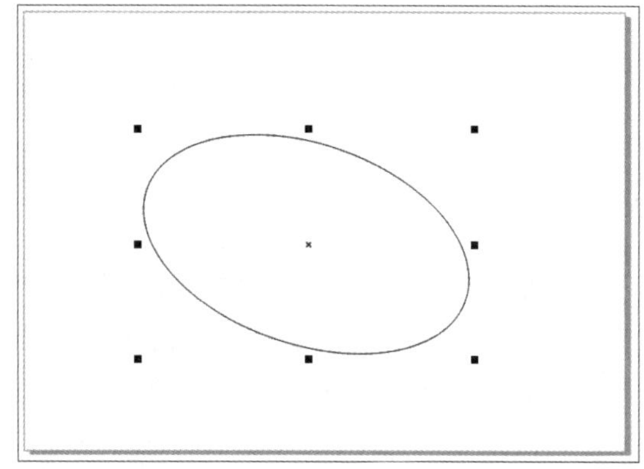

图 9-71

9.4.4 多边形工具

多边形工具可以绘制三个及以上的不同边数的多边形。选择“多边形工具”，按住Shift键，从中心绘制多边形，按住Ctrl键绘制对称多边形，如图9-72所示。在属性栏上的“点数或边数”框中可更改多边形的边数，图9-73所示为八边形效果。

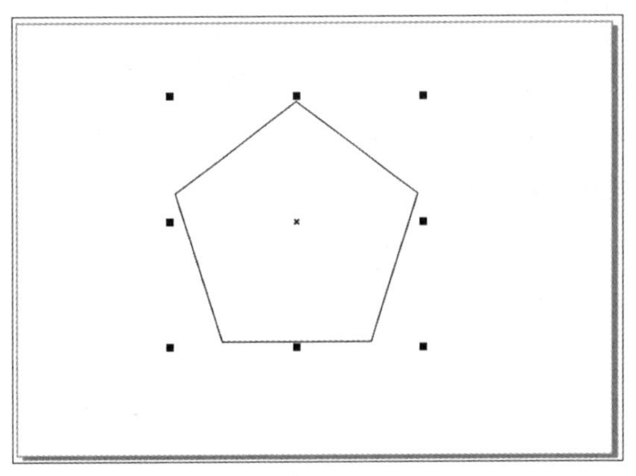

图 9-72

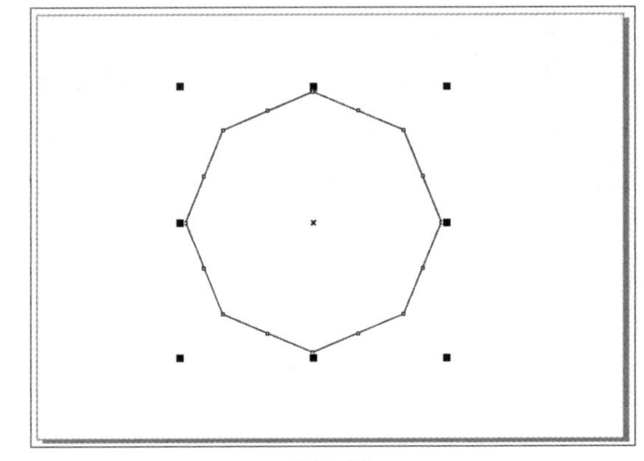

图 9-73

9.4.5 星形工具和复杂星形工具

星形工具可以绘制完美星形和复杂星形。选择“星形工具”☆，在绘图窗口中单击并拖曳鼠标，直至星形达到所需大小。按住Ctrl键可绘制等边对称的完美星形，如图9-74所示。在属性栏中可更改星形的点数和锐化星形的点数，图9-75所示为锐化50° 的四边形效果。

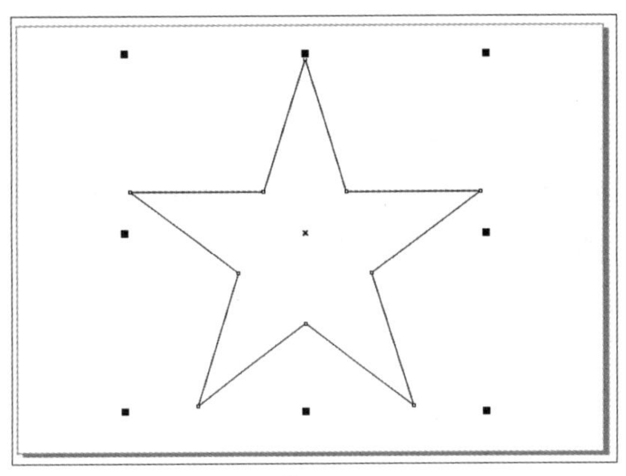

图 9-74

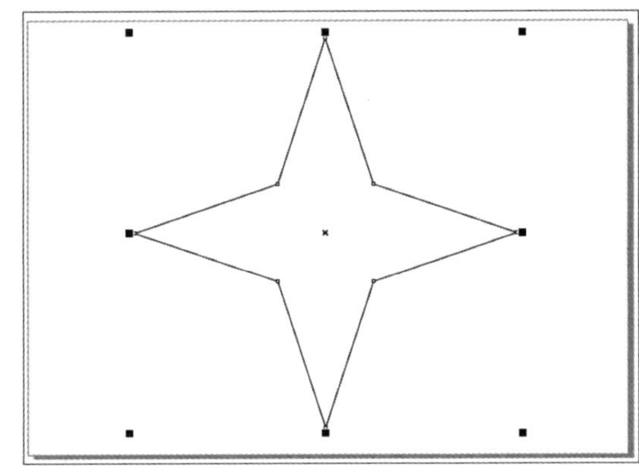

图 9-75

在属性栏中单击“复杂星形”切换至复杂星形模式。复杂星形是带有交叉的星形。按住Shift+Ctrl键的同时拖曳鼠标，可绘制以起始点为中心的复杂星形，如图9-76所示。更改复杂星形的点数与锐化复杂星形的点数，效果如图9-77所示（锐化7°，点数18）。

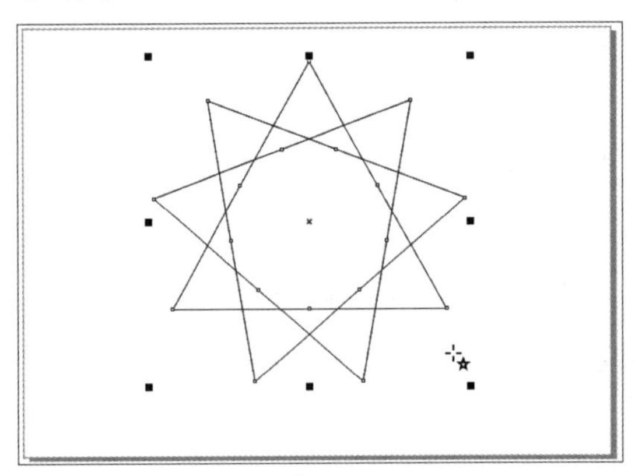

图 9-76

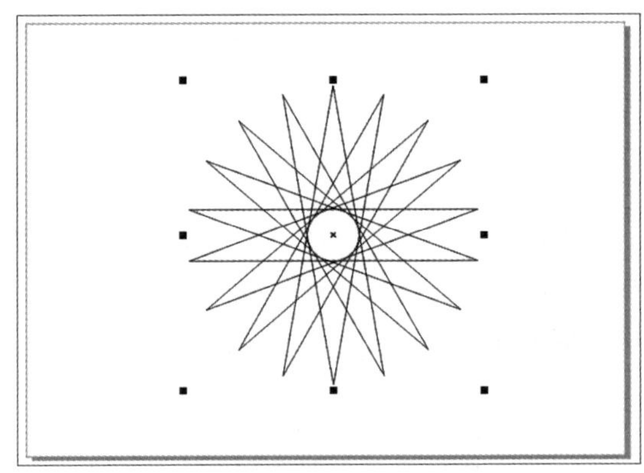

图 9-77

9.4.6 螺纹工具

螺纹工具可以绘制螺旋线。选择“螺纹工具”，在属性栏设置螺纹圈数，选择螺纹类型等参数。单击“对称式螺纹”按钮，可以为新的螺纹对象应用均匀回圈间距，如图9-78所示。单击“对数式螺纹”按钮，可以对数螺纹为新的螺纹对象应用更紧凑的回圈间距，如图9-79所示。

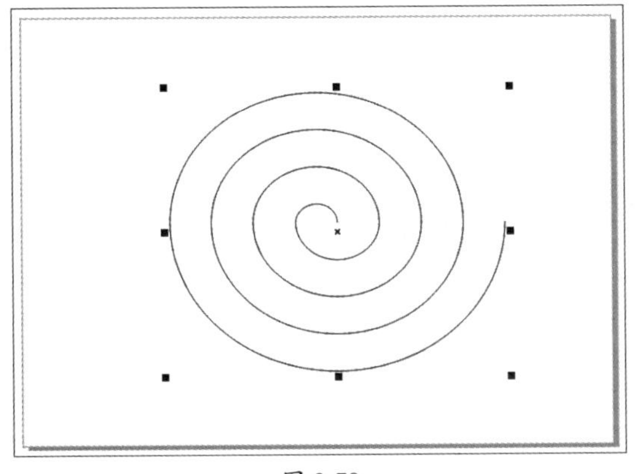

图 9-78

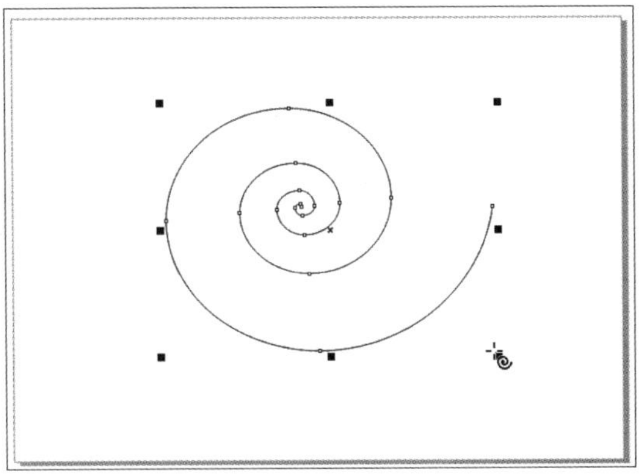

图 9-79

9.4.7 图纸工具

图纸工具可以绘制网格并设置行数和列数。网格由一组矩形组合而成，这些矩形可以拆分。选择“图纸工具”，在属性栏的“列数和行数”数值框中设置参数，单击并拖曳鼠标绘制网格，如图9-80所示。绘制网格后，按Ctrl+U组合键可取消组合对象，此时网格中的每个格子成为一个独立的图形，可分别对其填充颜色，同时也可使用“选择工具”调整格子的位置，如图9-81所示。

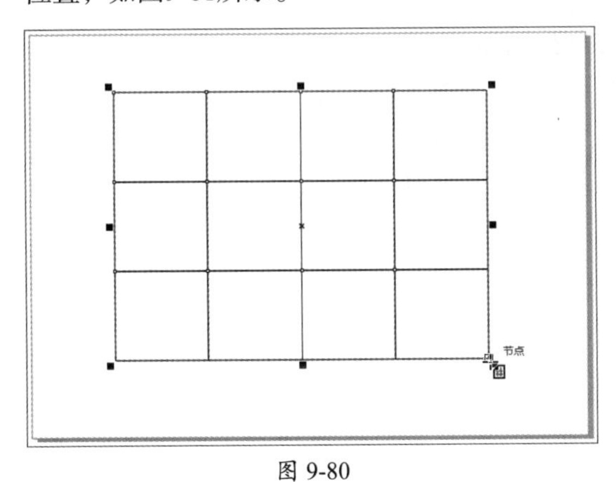

图 9-80

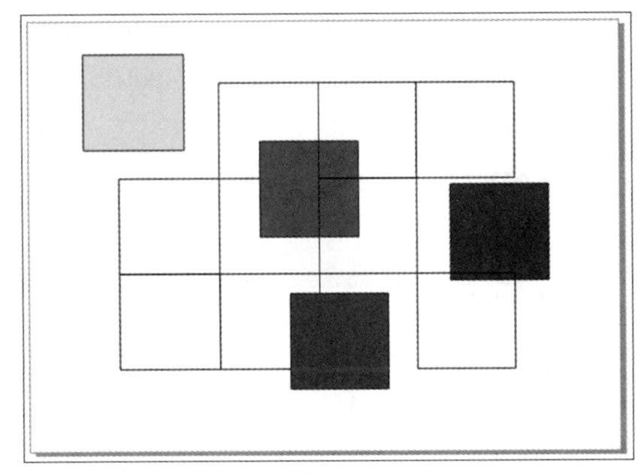

图 9-81

9.4.8 常用形状工具

常用形状工具可以快速绘制预设形状，如基本形状、箭头形状、流程图形状、条幅形状以及标注形状。选择“常用形状工具”，在如图9-82所示的属性栏中单击“常用形状”按钮，从中选择一个形状即可进行绘制，如图9-83所示。

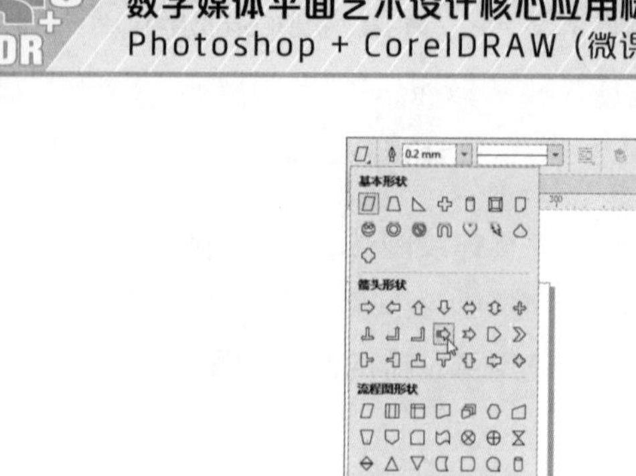
图 9-82

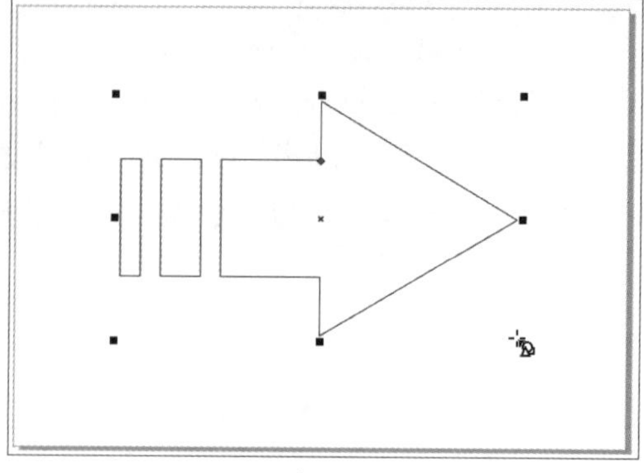
图 9-83

绘制的形状中有一个轮廓沟槽的菱形手柄，拖动轮廓沟槽可以对当前形状进行调整，如图9-84、图9-85所示。

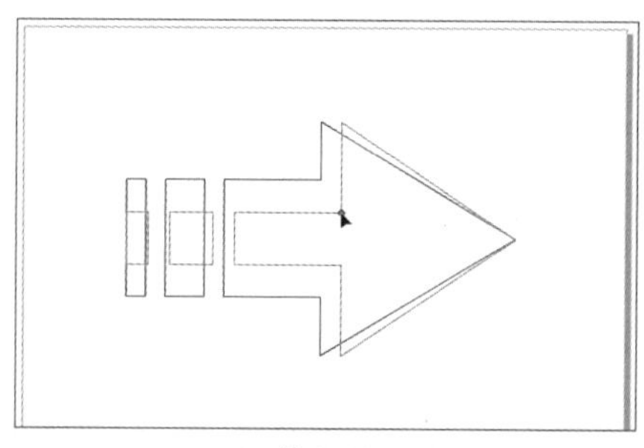
图 9-84

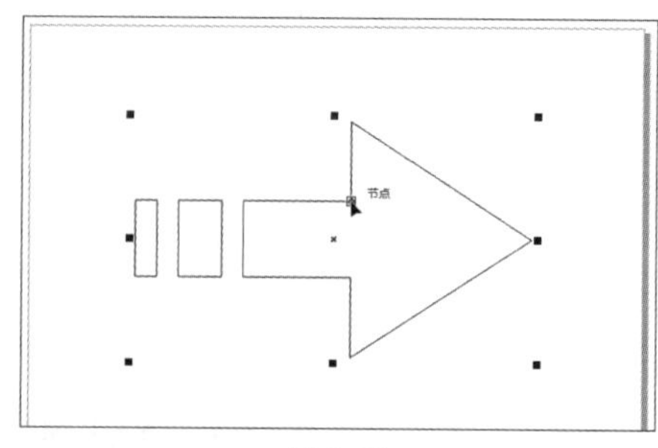
图 9-85

知识点拨 直角形、心形、闪电形状、爆炸形状和流程图形状均不包含轮廓沟槽。

动手练 心形图像效果

素材位置：**本书实例\第9章\心形图像效果\背景.jpg**

本练习介绍心形方格图像效果的制作。主要运用的知识包括图纸工具、取消群组、PowerClip等。具体操作方法如下。

步骤01 创建A4文档，选择“图纸工具”，在属性栏中设置7行6列，拖曳鼠标进行绘制，如图9-86所示。

步骤02 按Ctrl+U组合键取消组合对象，如图9-87所示。

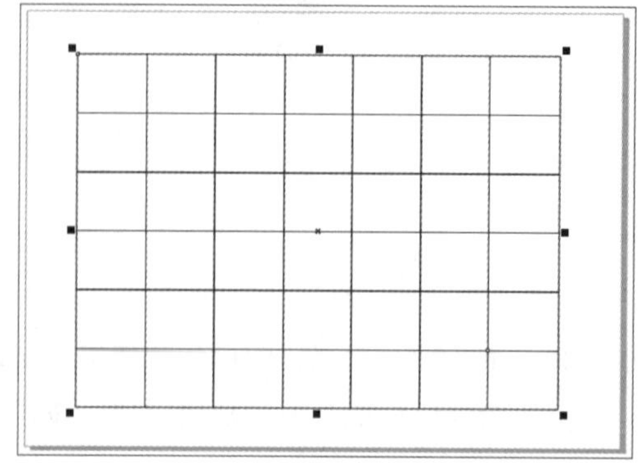
图 9-86

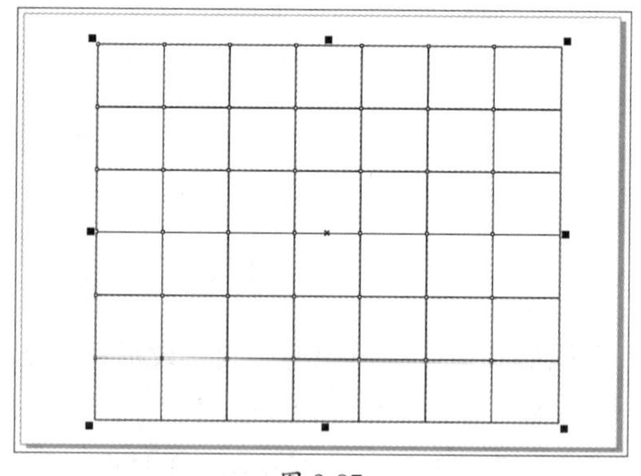
图 9-87

步骤03 按Delete键删除部分表格，如图9-88所示。

步骤04 在属性栏中设置“微调距离”选项 3.0 mm，框选第一排网格，按↑键一次即调整3.00mm，如图9-89所示。

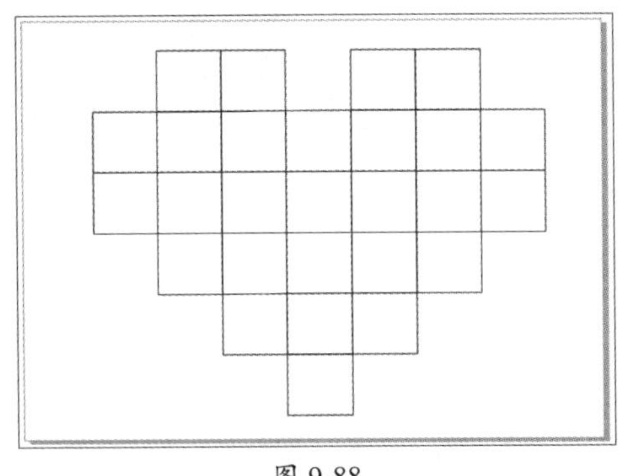

图 9-88

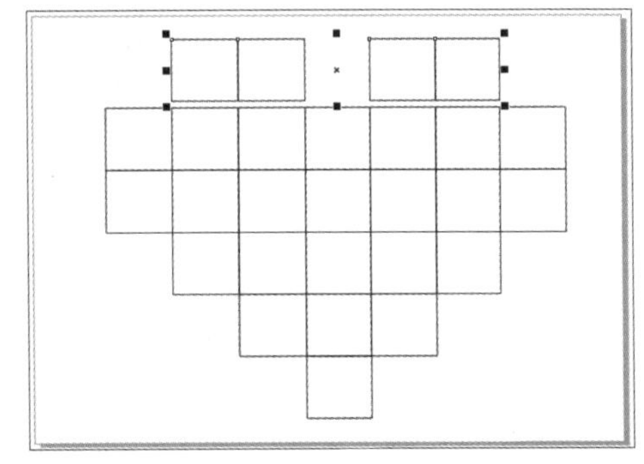

图 9-89

步骤05 使用同样的方法调整全部网格的间距，按Ctrl+A组合键全选，在属性栏中单击“焊接”按钮，等比例缩小后水平、垂直居中对齐，如图9-90所示。

步骤06 选中矩形，执行“对象”| PowerClip |“创建空PowerClip图文框”命令，如图9-91所示。

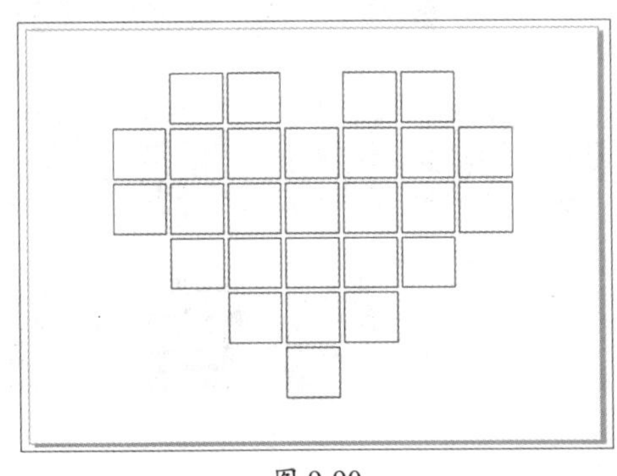

图 9-90

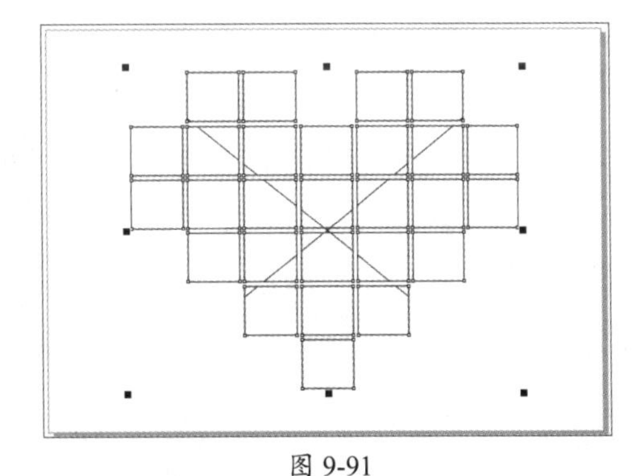

图 9-91

步骤07 执行“文件”|“导入”命令，选择素材，单击并拖曳鼠标，重新定义尺寸，如图9-92所示。

步骤08 按住鼠标左键拖曳至PowerClip图文框中，在属性栏中设置“轮廓宽度”为无，效果如图9-93所示。

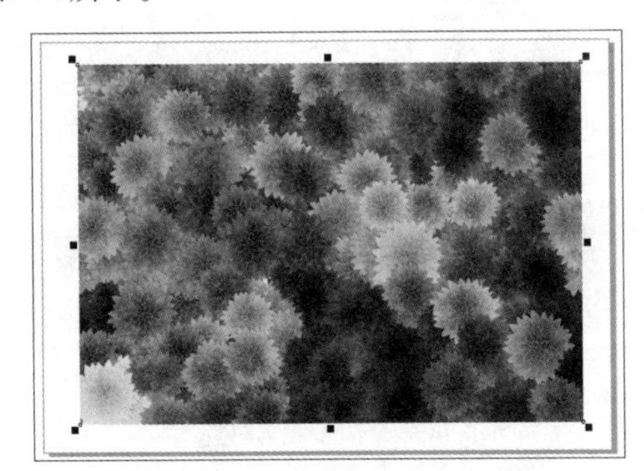

图 9-92

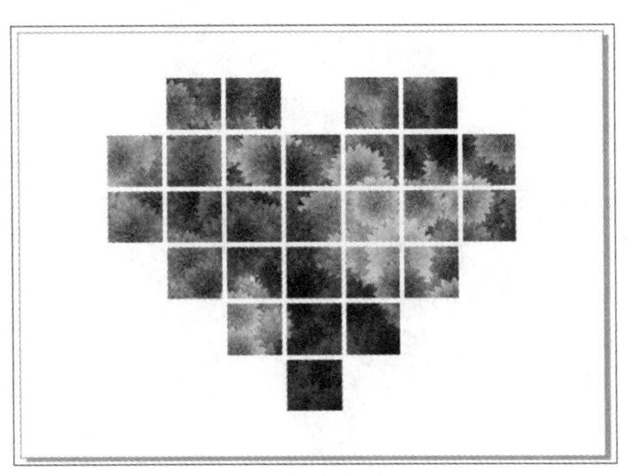

图 9-93

Ps+CDR

Photoshop+CorelDRAW

第10章 对象的编辑与管理

本章对对象的编辑与管理进行讲解，包括对象的基本操作，变换对象、编辑对象以及组织管理对象。了解并掌握这些基础知识，可以更有效地在CorelDRAW中编辑和管理对象，提高图形设计的效率和质量。

要点难点

- 对象的基本操作
- 对象的变换方法
- 对象的编辑方法
- 组织管理对象的方法

10.1 对象的基本操作

在使用CorelDRAW处理对象时，熟练掌握如何选择、移动、复制和管理图形对象是非常重要的。下面对对象的选择、移动、复制、再制等操作进行讲解。

10.1.1 选择和移动对象

选择对象是实现后续编辑的前提。单一对象的选择相对简单，只需单击图形即可完成选取。而对于多个对象的选择，则可以使用“挑选工具”，通过框选或按住Shift键的同时结合单击来实现灵活的多对象选取，如图10-1、图10-2所示。

图 10-1

图 10-2

选中对象后，可以通过拖动来移动位置。在移动过程中，按住Ctrl键可以将移动约束到水平轴或垂直轴。在属性栏中设置“微调距离”选项，选择对象，单击键盘上的方向键，即可对对象执行相应的微调操作。

10.1.2 复制对象

复制对象就是复制出一个与之前的图案一模一样的图形对象。选中对象，按Ctrl+C组合键复制，按Ctrl+V组合键粘贴，即可在图形原有位置上复制出一个完全相同的图形对象。按住鼠标左键不放，拖曳对象，释放鼠标后即显示复制的对象。除此之外，还可以选择图形对象后按住鼠标右键拖曳图形，到达合适的位置后释放鼠标，然后在弹出的对话框中选择“复制”选项即可，如图10-3、图10-4所示。

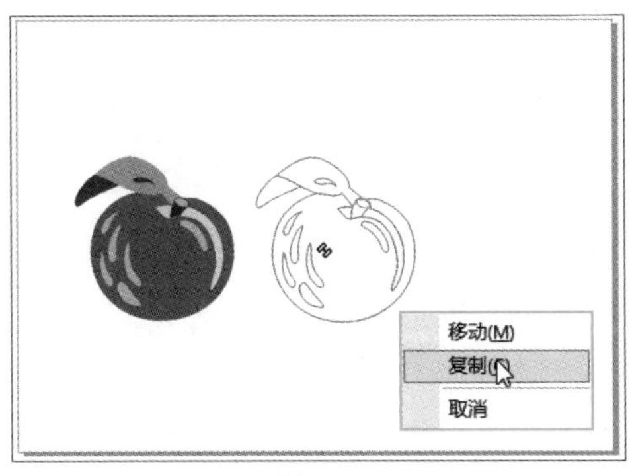

图 10-3

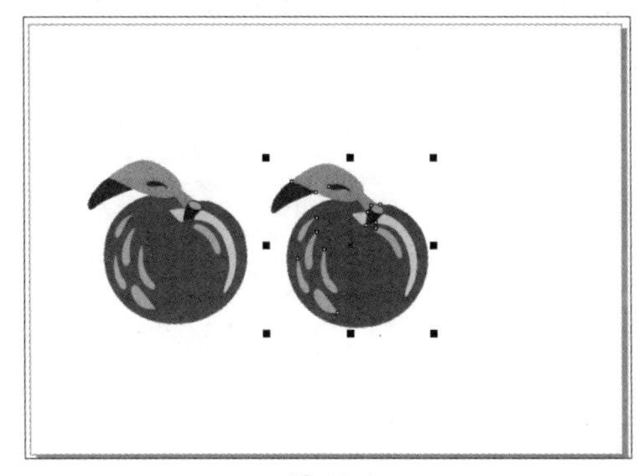

图 10-4

10.1.3 再制对象

再制对象可以在绘图窗口中直接放置一个副本，而不使用剪贴板。再制对象时，副本与原始对象之间沿x轴和y轴保持一定的距离，此距离称为再制偏移，执行“布局”|“文档选项”命令，在“常规”对话框中可设置水平和垂直偏移参数。

选择对象，执行“编辑”|“生成副本”命令，或按Ctrl+D组合键再制选定的对象，如图10-5所示。如果需要创建更多相同的副本，可以继续按Ctrl+D组合键，每次再制的对象都会相对于最后创建的对象复制并移动到新的默认位置，如图10-6所示。

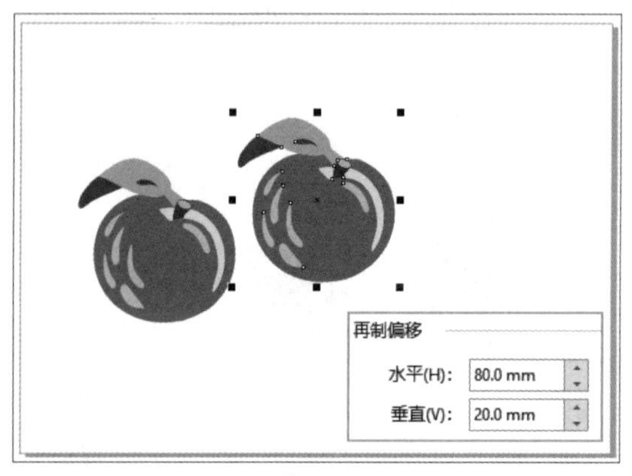

图 10-5

图 10-6

10.1.4 “步长和重复”泊坞窗

若需精准地掌控复制对象的位置和数量，可以使用“步长和重复”泊坞窗来设置具体参数。执行“编辑”|“步长和重复”命令，或按Ctrl+Shift+D组合键，显示“步长和重复”泊坞窗。在水平设置和垂直设置区域中，可以选择无偏移、偏移以及对象之间的间距三种模式，如图10-7所示。当选择“对象之间的间距”模式时，指定对象副本之间的间距后，可以在“方向”列表框中指定在原始对象水平方向的左右，或者垂直方向的上下放置对象副本，如图10-8所示。

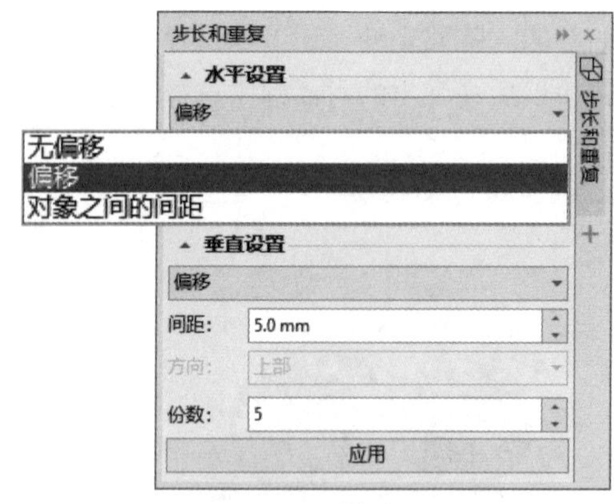

图 10-7

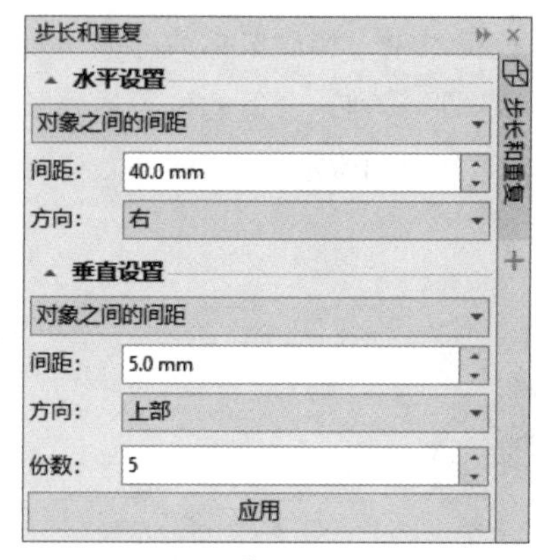

图 10-8

选择对象，在“步长和重复”泊坞窗中设置参数后，单击“应用”按钮即可，图10-9、图10-10所示分别为应用前后的效果。

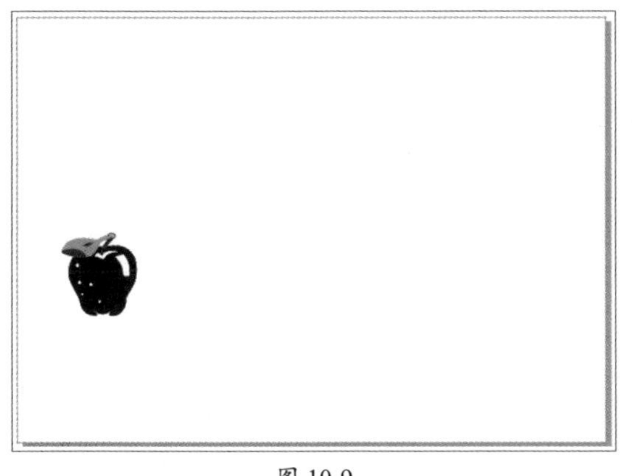

图 10-9

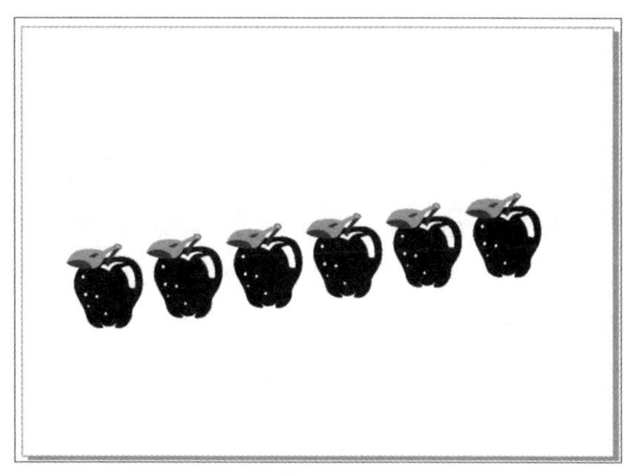

图 10-10

10.1.5 撤销与重做

撤销与重做功能对于纠正错误和恢复之前的操作非常重要。按Ctrl+Z组合键，或执行“编辑”|“撤销[上一个操作]”命令，每执行一次都会回到上一步的操作状态。重做操作是撤销的逆过程，用于恢复之前撤销的操作，可以按Ctrl+R组合键实现。或执行“编辑”|“重复[上一个操作]”命令，如图10-11所示。

图 10-11

知识点拨 撤销操作可以直接单击标准工具栏上的“撤销”按钮，重做操作可以在标准工具栏中单击“重做”按钮。

如果需要撤销到更早的步骤，可以执行“窗口”|“泊坞窗”|“历史记录”命令，显示“历史记录”泊坞窗，如图10-12所示。单击选择需要撤销到的步骤，将撤销该操作下面列出的所有操作，如图10-13所示。

图 10-12

图 10-13

知识点拨 执行“工具”|“选项”|CorelDRAW命令，在“撤销级别”区域中可以指定撤销命令用于矢量对象时可以撤销的操作数。

动手练 黑黄线条背景

素材位置：**本书实例\第10章\黑黄线条背景\猩猩.png**

本练习介绍黑黄线条背景效果的制作。主要运用的知识包括矩形工具、填色、步长与重复、PowerClip、交互式变换等。具体操作方法如下。

步骤01 双击“矩形工具”，绘制和文档等大的矩形并填充颜色（#332C2B），设置轮廓为无，如图10-14所示。

步骤02 选择“矩形工具”，绘制高度为15mm的矩形，填充颜色（#FFF000），设置轮廓为无，如图10-15所示。

图 10-14

图 10-15

步骤03 在“步长和重复”泊坞窗中设置参数，如图10-16所示。

步骤04 单击“应用”按钮，效果如图10-17所示。

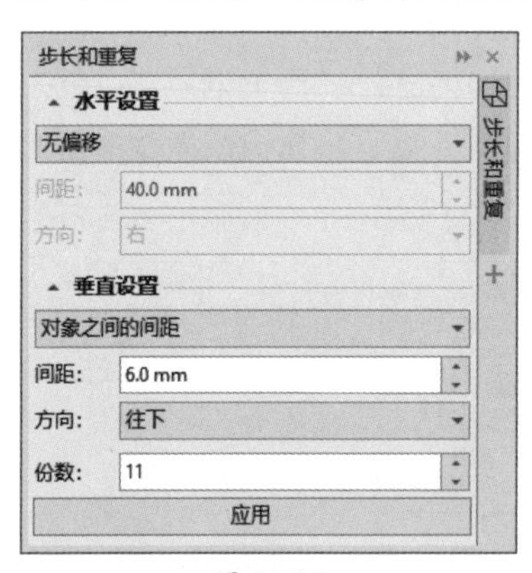

图 10-16

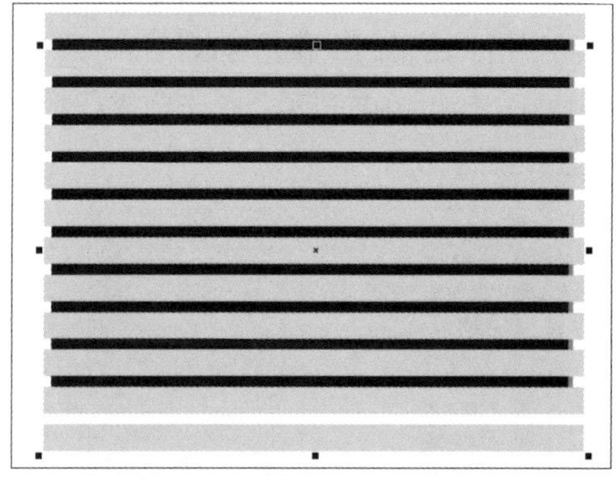

图 10-17

步骤05 选择底部的矩形，右击，在弹出的快捷菜单中选择“框类型”|“创建空PowerClip图文框”选项，如图10-18所示。

图 10-18

步骤06 在“对象”泊坞窗中选择所有黄色的矩形，按Ctrl+G组合键组合。选择对象群组，移动置入PowerClip图文框内，效果如图10-19所示。

步骤07 双击进入到聚焦模式，单击群组显示旋转手柄，旋转对象，左右拉伸，调整长度，如图10-20所示。

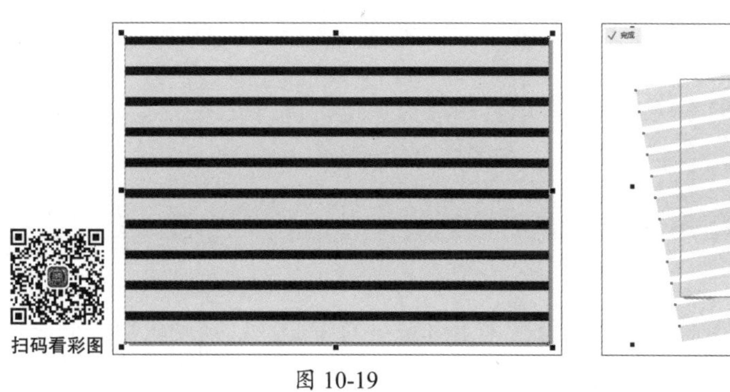

图 10-19

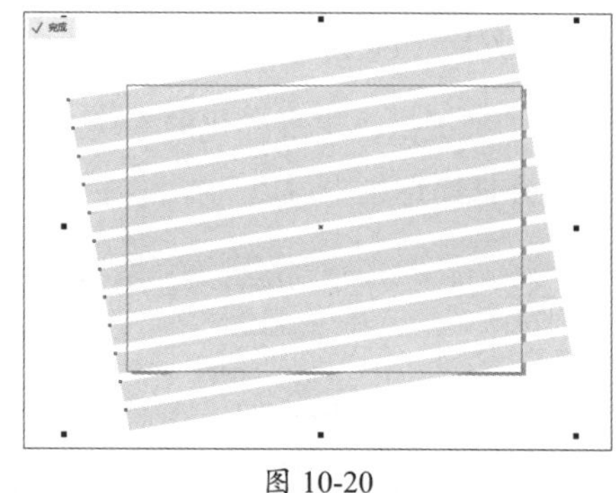
图 10-20

步骤08 单击“完成”✓完成按钮，效果如图10-21所示。

步骤09 执行“文件”|“导入”命令，拖动调整素材大小，如图10-22所示。

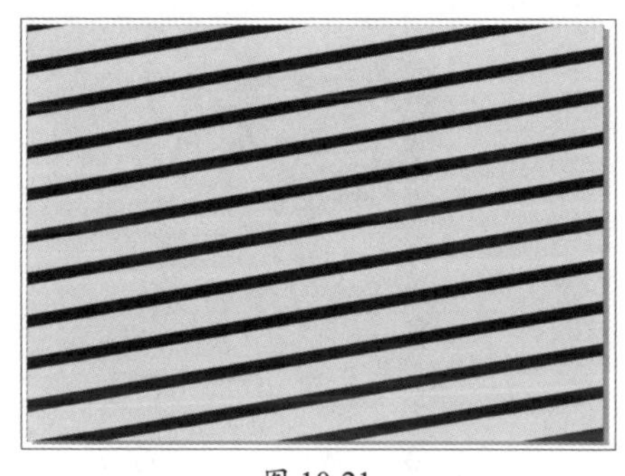
图 10-21

图 10-22

10.2 变换对象

在CorelDRAW中，变换对象是指更改对象的位置、大小、旋转角度或倾斜（倾角）等属性。这些变换可以通过多种方式实现，下面将做具体的介绍。

10.2.1 交互式变换

挑选工具不仅可以选择对象，还可以进行交互式变换。使用“挑选工具”可以直接拖动移动、复制、对象，也可以通过拖动对象四周的方形手柄来调整大小。若双击对象，则显示旋转手柄，沿顺时针方向或逆时针方向拖动旋转手柄，如图10-23所示。在对象的上下左右控制点为倾斜控制点。按住左键并拖动，对象将产生一定的倾斜效果，如图10-24所示为左右倾斜变换。

图 10-23

图 10-24

10.2.2 对象的自由变换

自由变换工具提供了更多样化的变换选项，可以直接对对象进行自由变换。选择“自由变换工具”，在该属性栏中可以选择自由变换模式，如图10-25所示。

图 10-25

- **自由旋转**：单击该按钮，在对象的任意位置单击确认旋转中心点，拖动鼠标，此时显示出灰色线框图形和旋转柄，如图10-26所示，旋转到合适的位置后释放鼠标即可，如图10-27所示。

图 10-26

图 10-27

- **自由角度反射**：单击该按钮，选择对象确定反射轴的位置，按住鼠标左键拖曳反射轴做圆周运动来反射对象。
- **自由缩放**：单击该按钮，选择对象确定缩放中心点和位置，按住鼠标左键拖曳来改变对象尺寸。
- **自由倾斜**：单击该按钮，选择对象确定倾斜轴的位置，拖动倾斜轴来倾斜对象。
- **应用到再制**：单击该按钮，对对象执行旋转等相关操作的同时会自动生成一个新的图形，原对象保持不动。设置对象参考，选择“自由角度反射”，按住鼠标左键拖曳确定反射轴，如图10-28所示，释放鼠标即可应用，效果如图10-29所示。

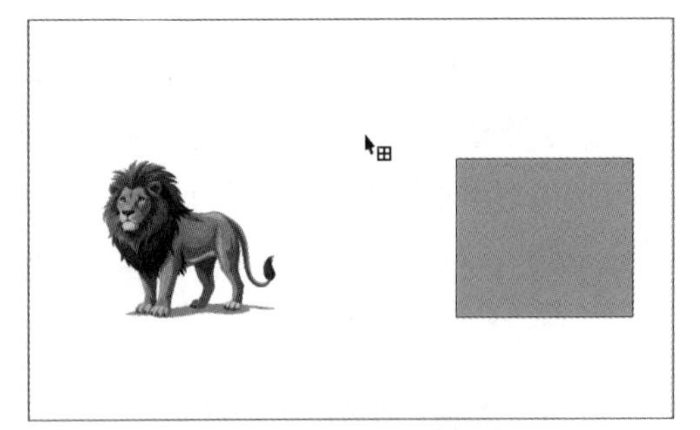

图 10-28

图 10-29

10.2.3 精确变换对象

“变换”泊坞窗可用于精确变换对象，并将变换应用于对象的副本，该副本是自动创建的。执行“窗口”|“泊坞窗”|“变换”命令，或按Alt+F7组合键，打开“变换”泊坞窗，如图10-30

所示。在该泊坞窗中可以对选中对象的位置、旋转角度、缩放、镜像、大小比例、倾斜角度，以及生成的副本数进行设置。图10-31所示为水平移动90mm并生成2个副本。

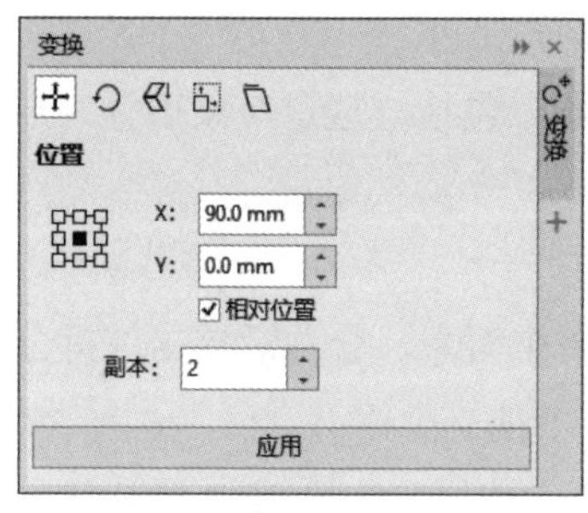

图 10-30

图 10-31

10.2.4 对象的坐标

使用“坐标”泊坞窗可以精确地控制和调整图形对象的位置、尺寸、旋转和倾斜。执行“窗口”|“泊坞窗”|“坐标”命令，打开“坐标”泊坞窗。在该泊坞窗中，可以通过输入坐标值指定对象的位置、尺度和旋转角度等，单击“创建对象”按钮生成对象，如图10-32所示。更改数值，激活底部的“替换对象”按钮，如图10-33所示，在修改过程中，绘图页面将实时预览修改的样式，图10-34所示蓝色为修改后的效果。

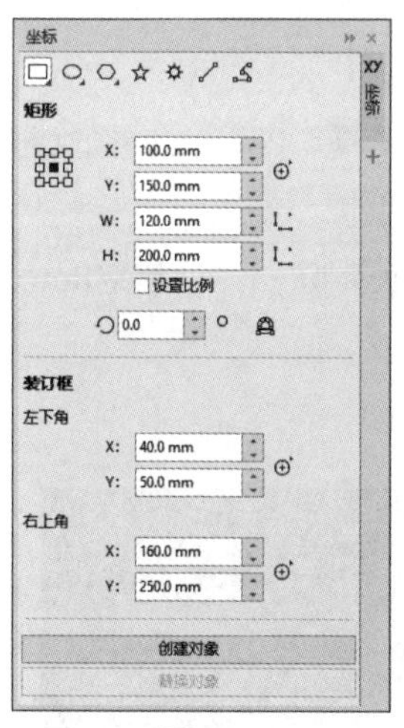

图 10-32

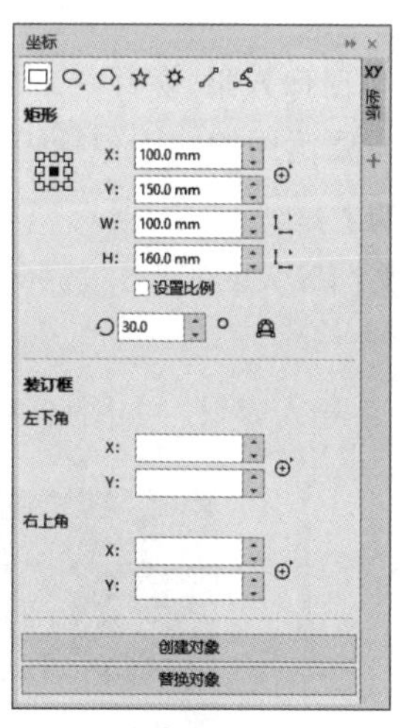

图 10-33

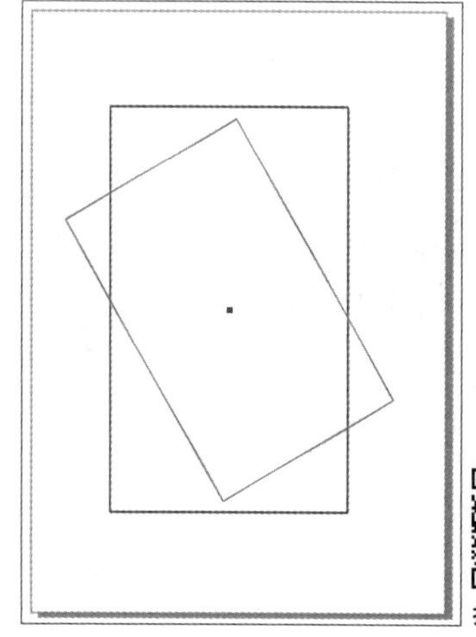

扫码看彩图

图 10-34

10.2.5 对象的造型

在“形状”泊坞窗中可以选择一种造型，对选定的对象进行二次编辑合成。执行“窗口”|“泊坞窗”|“形状”命令，打开“形状”泊坞窗，如图10-35所示。选中两个以及以上对象时，在属性栏中会激活形状的快捷方式按钮组，如图10-36所示，单击即可应用。

- **焊接**：可以将选中的对象合并成一个单独的对象。
- **修剪**：使用一个对象的形状去修剪另一个形状，在修剪过程中仅删除两个对象重叠的部分，但不改变对象的填充和轮廓属性。
- **相交**：可以将两个或更多选中对象的重叠相交区域，创建成一个单独的对象图形。

- 简化：可以移除两个对象重叠的部分，保留非重叠的部分。
- 移除后面对象：删除选定对象后面的所有对象，包括与选定对象重叠的部分，只保留最上层对象中剩余的部分。
- 移除前面对象：删除选定对象前面的所有对象，包括与选定对象重叠的部分，只保留最下层对象中剩余的部分。
- 边界：快速将图形对象转换为闭合的形状路径。
- 合并：合并创建带有共同填充和轮廓属性的单个对象。合并后单击“拆分”按钮，或按Ctrl+K组合键，可以将合并的图形拆分为多个独立个体。

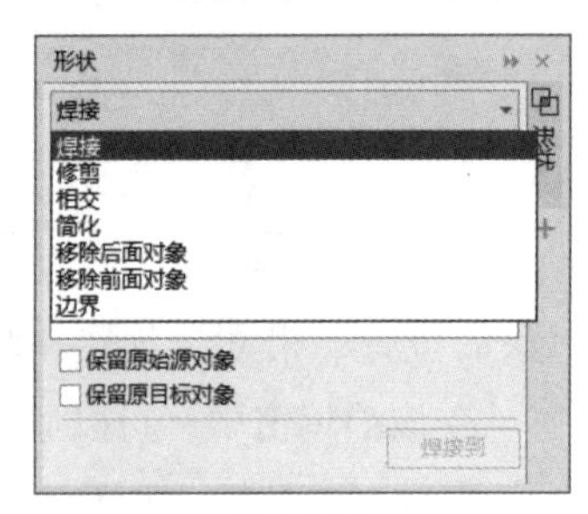

图 10-35

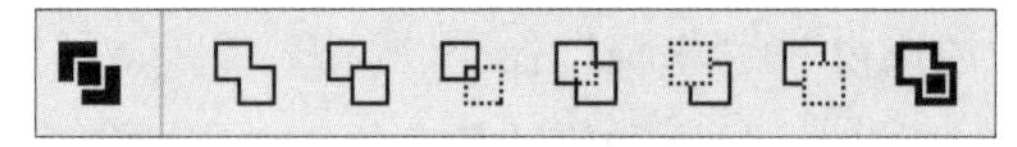

图 10-36

动手练 镂空图像效果

素材位置：**本书实例\第10章\镂空图像效果\素材**

本练习介绍镂空图像效果的制作，主要运用的知识包括矩形工具、PowerClip图文框、描摹位图、移除前面对象等。具体操作方法如下。

步骤01 双击“矩形工具”，创建和文档等大的矩形，选择“框类型”|“创建空PowerClip图文框”选项，如图10-37所示。

步骤02 执行“文件”|“导入”命令，导入素材，如图10-38所示。

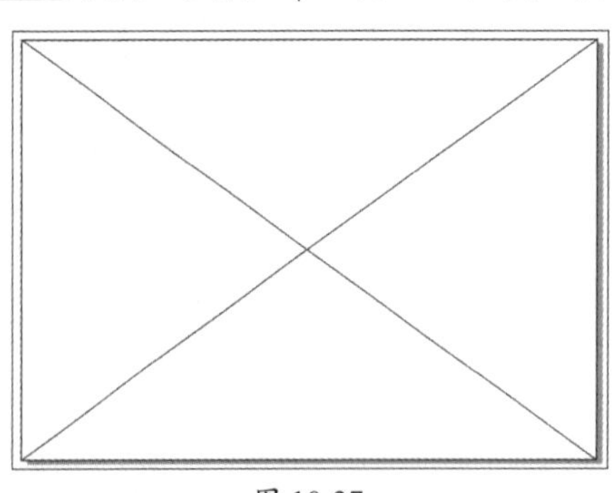

图 10-37

图 10-38

步骤03 将素材置入PowerClip图文框内，如图10-39所示。

步骤04 执行“文件”|“导入”命令，导入素材后调整缩放和旋转角度，如图10-40所示。

步骤05 继续导入素材，调整缩放和旋转角度，如图10-41所示。

步骤06 在属性栏中单击“描摹位图”按钮，删除原图层，保留曲线图层，如图10-42所示。

步骤07 选中图层“曲线”和“纸.png”，单击属性栏中的“移除前面对象”按钮，如图10-43所示。双击背景图层进入聚焦模式，调整显示后退出聚焦模式，整体移动效果如图10-44所示。

图 10-39

图 10-40

图 10-41

图 10-42

图 10-43

图 10-44

10.3 编辑对象

在CorelDRAW中，可以使用形状、平滑、涂抹、排斥、粗糙、裁剪、刻刀、橡皮擦等工具对曲线形状进行编辑。

10.3.1　形状工具

形状工具是用于移动节点的标准工具。可以选择单个、多个或所有对象的节点。选择多个节点时，可同时为对象的不同部分造形。使用“形状工具”，在曲线线段上选择节点时，将显示蓝色控制手柄，如图10-45所示。通过移动节点和控制手柄，可以调整曲线线段的形状，如图10-46所示。

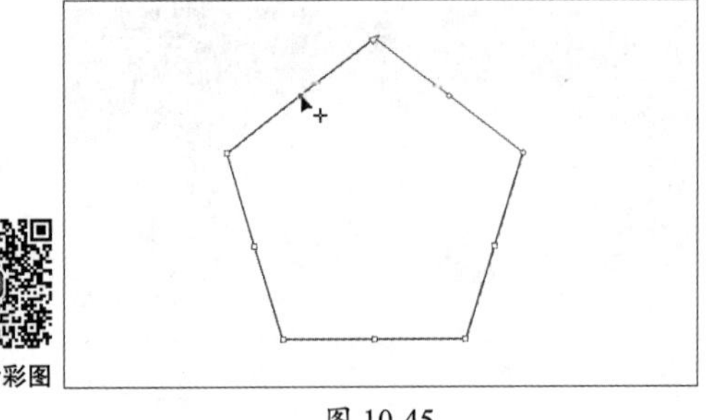
图 10-45

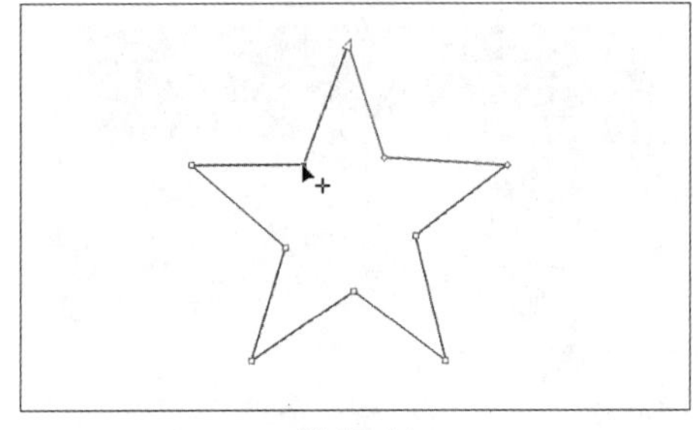
图 10-46

若要添加节点，在需要添加的位置双击即可，如图10-47所示。选择节点，按Delete键可删除节点。选择目标节点，在属性栏中单击“转换为曲线”按钮，可通过拖动控制板调整曲线形状，如图10-48所示。

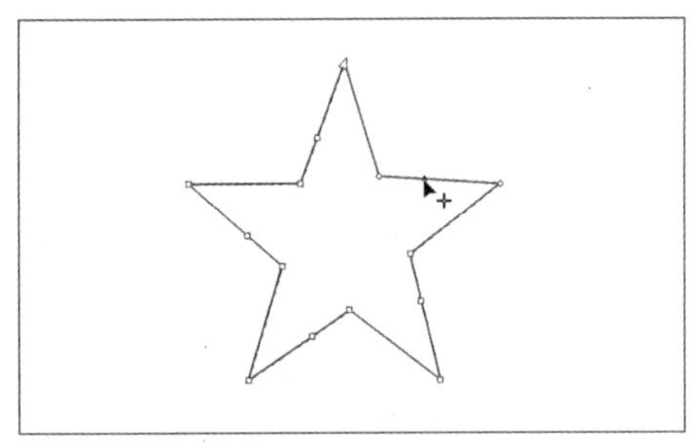
图 10-47

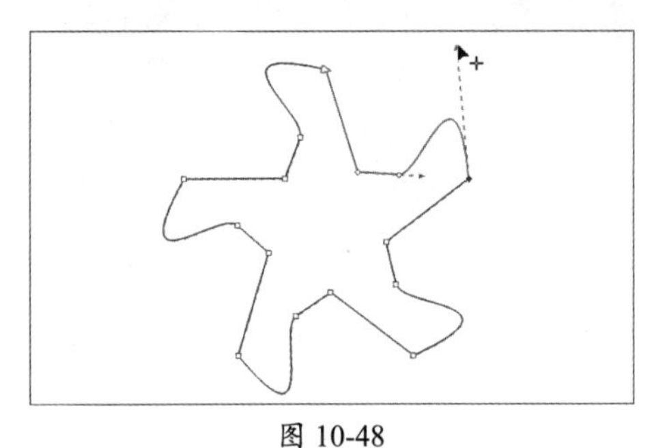
图 10-48

10.3.2 涂抹工具

可以沿对象轮廓拖动涂抹工具来改变其边缘。选择“涂抹工具”，在属性栏中可以设置笔刷大小、压力强度、平滑涂抹或尖状涂抹等。若要擦拭对象内部，可以单击对象内部靠近其边缘处，然后向内拖动，图10-49所示为平滑涂抹内部对象。擦拭对象外部，则可单击对象外部靠近边缘处，然后向外拖曳，图10-50所示为尖状涂抹外部对象。

图 10-49

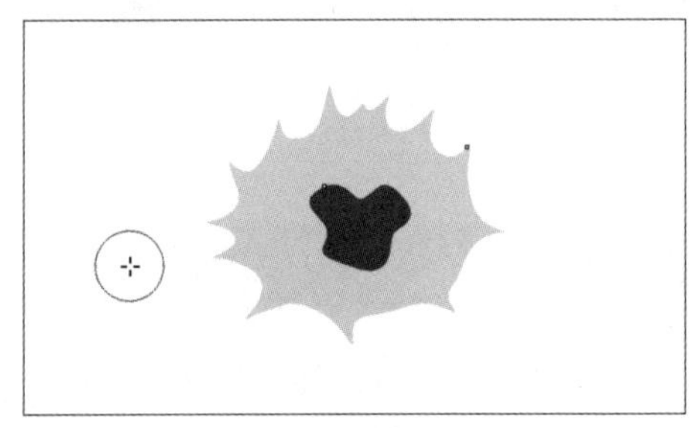
图 10-50

10.3.3 转动工具

转动工具通过沿对象轮廓拖动工具来添加转动效果。选择“转动工具”，在属性栏中可以设置笔刷大小、转动的速度以及选择转动的方向等。单击对象的边缘，按住鼠标左键即可发生转动效果，时间越长，转动效果越强烈。逆时针转动效果如图10-51所示，顺时针转动效果如图10-52所示。

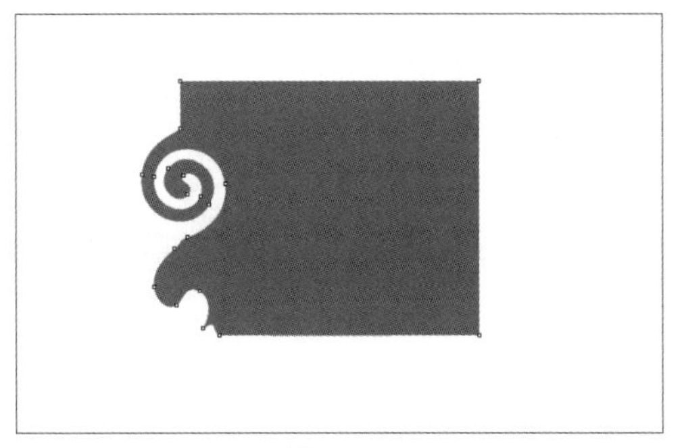

图 10-51

图 10-52

10.3.4 粗糙工具

粗糙工具可以将锯齿或尖突的边缘应用于对象，包括线条、曲线和文本。选择“粗糙工具”，在属性栏中设置笔刷大小、改变粗糙区域中的尖突数量、尖突方向等数值。设置完参数后，指向要变粗糙的轮廓上的区域，拖动轮廓使其变形，变形前后效果如图10-53、图10-54所示。

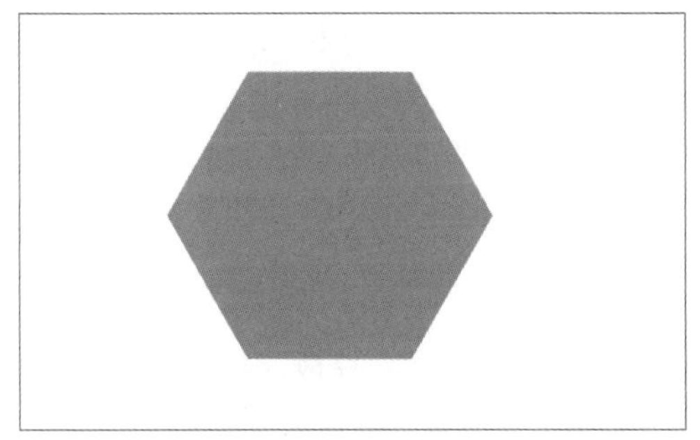

图 10-53

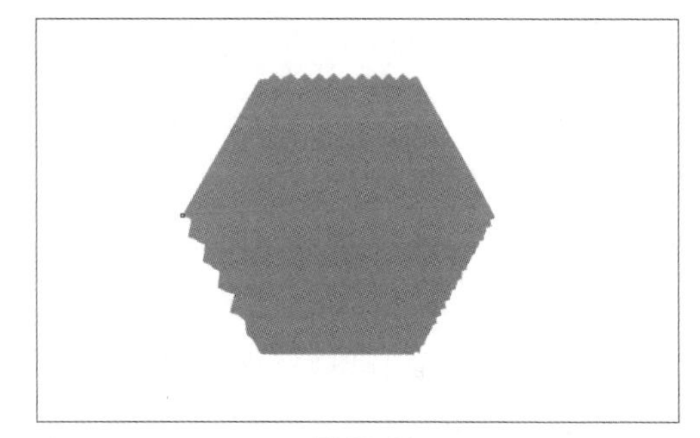

图 10-54

10.3.5 裁剪工具

裁剪工具可以将图片中不需要的部分删除，同时保留需要的图像区域。选择“裁剪工具”，当光标变为形状时，在图像中单击并拖曳鼠标裁剪控制框。此时框选部分为保留区域，裁剪区域外部的对象将被移除，如图10-55所示。在裁剪控制框内双击或按回车键确认裁剪，裁剪后的效果如图10-56所示。

图 10-55

图 10-56

10.3.6 刻刀工具

刻刀工具可以将矢量图形或位图图像拆分为多个独立对象。选择“刻刀工具”，在属性栏中可选择2点线、手绘、贝塞尔模式，以及剪切式自动闭合等选项。

以2点线为例，当光标变为形状时，在图像对象的边缘位置单击并拖曳鼠标至图形的另一个边缘位置，如图10-57所示。释放鼠标即可将图形分为两部分，使用“选择工具”可移动图形，如图10-58所示。

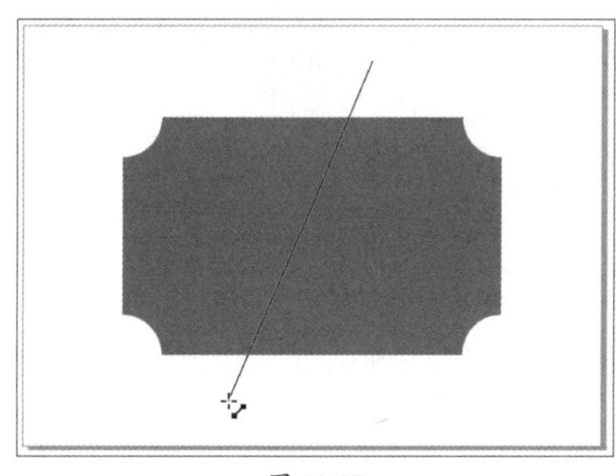

图 10-57

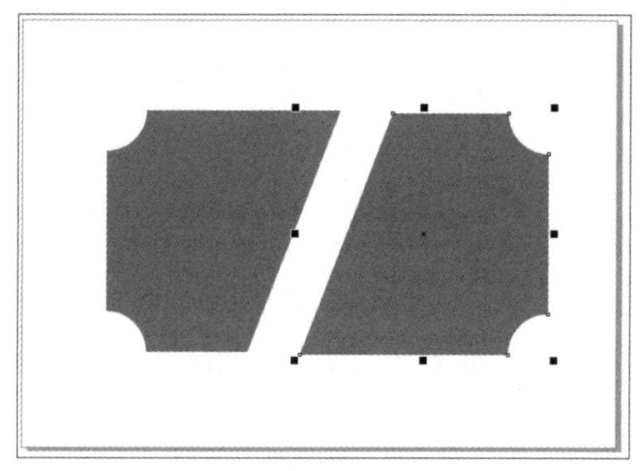

图 10-58

10.3.7 虚拟段擦除工具

虚拟段擦除工具可以擦除对象中重叠的部分。例如，可以删除线条自身的结，或线段中两个或更多对象重叠的结。选择“虚拟段擦除工具”，在需要删除的线段处单击即删除，若要删除多个线段，可以按住鼠标左键拖曳创建选取框，如图10-59所示。释放鼠标可以删除选框内的线段，如图10-60所示。

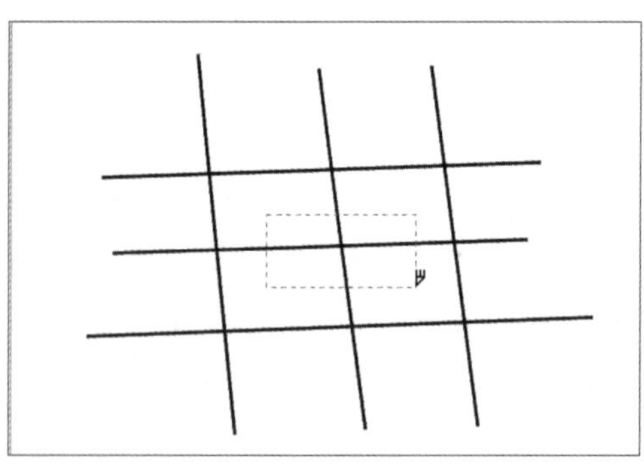

图 10-59

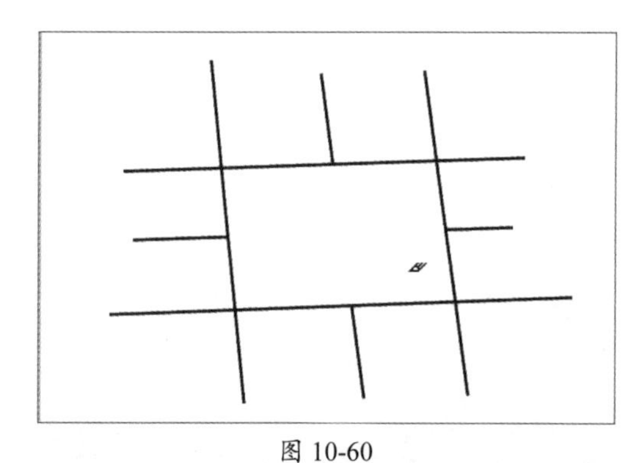

图 10-60

10.3.8 橡皮擦工具

橡皮擦工具可以快速对矢量图形或位图图像进行擦除，从而让图像达到更令人满意的效果。选择“橡皮擦工具”，在属性栏中可以选择擦除笔尖的形状，圆形或方形，同时还可以调整橡皮擦擦头的大小、平滑度、旋转角度等。设置完参数后，在要擦除的位置拖动鼠标即可擦除选定对象的部分，使用圆形笔尖的擦除效果如图10-61所示，使用方形笔尖擦除效果如图10-62所示。

图 10-61

图 10-62

动手练 月光倒影图形

素材位置：**本书实例\第10章\月光倒影图形\月光倒影.cdr**

本练习介绍月光倒影图形的制作，主要运用的知识包括矩形工具、椭圆工具、刻刀工具以及涂抹工具的使用。具体操作方法如下。

步骤01 双击“矩形工具”，创建和文档等大的矩形，更改填充颜色（#566892），描边为无，右击，在弹出的快捷菜单中选择“锁定”选项，如图10-63所示。

步骤02 选择“椭圆工具”，按住Shift+Ctrl组合键绘制正圆，更改填充颜色（#FFF000），描边为无，如图10-64所示。

图 10-63

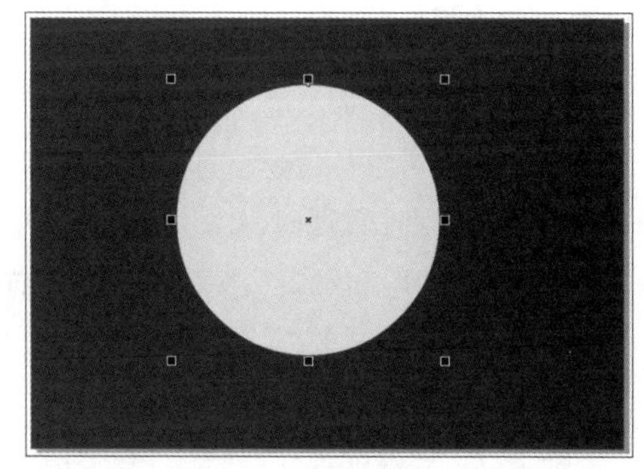
图 10-64

步骤03 选择“刻刀工具”，使用“2点线模式”沿直线拆分对象，效果如图10-65所示。

步骤04 使用“涂抹工具”，选择下半部分半圆，涂抹效果如图10-66所示。

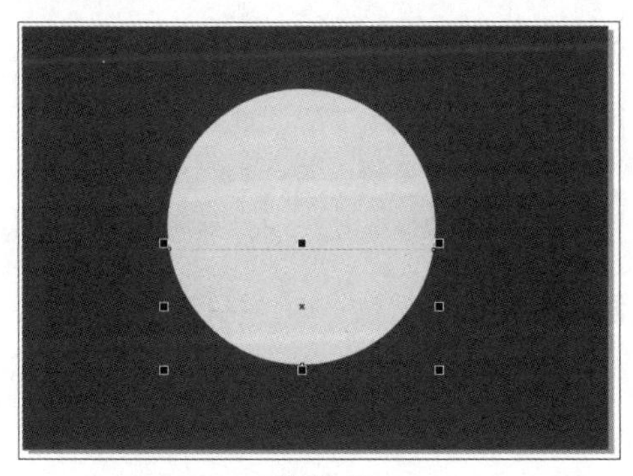
图 10-65

图 10-66

步骤05 更改下半部分圆的颜色（#FFF582），如图10-67所示。

步骤06 解锁背景后调整其高度，按Ctrl+C组合键复制矩形，调整位置和高度后更改填充颜色（#466592），如图10-68所示。

图 10-67

图 10-68

10.4 组织管理对象

“对象”泊坞窗、锁定与解锁、组合与取消组合、调整对象顺序、对齐与分布、合并与拆分等功能可以帮助设计师有效地组织和操控图形对象。

10.4.1 “对象”泊坞窗

“对象”泊坞窗提供一个可视界面，可以看到文档中所有对象的层次结构。执行“窗口”|“泊坞窗”|“对象”命令，打开“对象”泊坞窗。在“对象”泊坞窗的上方可以设置显示文档的组件。单击“查看页面、图层和对象”按钮，显示页面的所有图层和对象，如图10-69所示。单击“查看图层和对象”按钮，在所有页面中显示所有图层和对象，如图10-70所示。

图 10-69

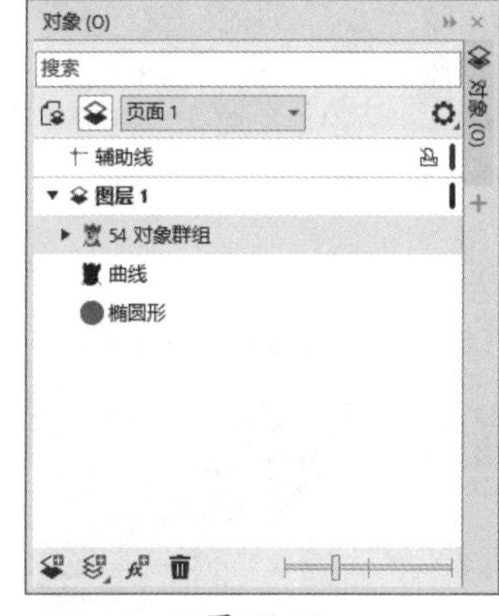

图 10-70

每个新文件都是使用默认页面（页面1）和主页面创建的。默认页面包括以下图层。

- **辅助线：** 存储特定页面（局部）的辅助线。在辅助线图层上放置的所有对象只显示为轮廓，而该轮廓可作为辅助线使用。
- **图层1：** 指的是默认的局部图层。在页面上绘制对象时，对象将添加到该图层。

主页面是包含应用于文档中所有页面信息的虚拟页面。可以将一个或多个图层添加到主页面，以保留页眉、页脚或静态背景等内容。默认情况下，主页面包含以下图层。

- **辅助线（所有页）**：包含用于文档中所有页面的辅助线。
- **桌面**：包含绘图页面边框外部的对象。
- **文档网格**：包含用于文档中所有页面的文档网格。文档网格始终为底部图层。

10.4.2 锁定与解除锁定

锁定对象可以防止不小心移动或修改对象。在“对象”泊坞窗中，通过单击对象旁边的锁定图标，可以轻松锁定对象，如图10-71所示，再次单击即可解锁，如图10-72所示。

图 10-71

图 10-72

除了在“对象”泊坞窗中锁定/解锁对象，还可以在绘图页面中选中需要锁定的对象，四周出现黑色的控制点，右击，在弹出的快捷菜单中选择“锁定”选项，被锁定的对象周围的控制点变成锁的图标，如图10-73所示。选中锁定的对象，右击，在弹出的快捷菜单中选择“解锁”选项，即可解除被锁定的对象的锁定状态，如图10-74所示。

图 10-73

图 10-74

10.4.3 组合与取消组合

组合是指将多个对象组合成一个整体。可以对群组内的所有对象同时应用相同的格式、属性以及其他更改。在“对象”泊坞窗中选中目标对象，右击，在弹出的快捷菜单中选择“组合”选项，或按Ctrl+G组合键将多个对象组成群组，单击按钮▶可查看群组内容，如图10-75所示。

如果想要取消群组，选中需要取消群组的对象，右击，在弹出的快捷菜单中选择“取消群组”选项，或按Ctrl+U组合键即可取消群组，如图10-76所示。若群组内含有多个分组，右击，在弹出的快捷菜单中选择“全部取消组合”选项，可以将群组内所有的组拆分为单个对象，如图10-77所示。

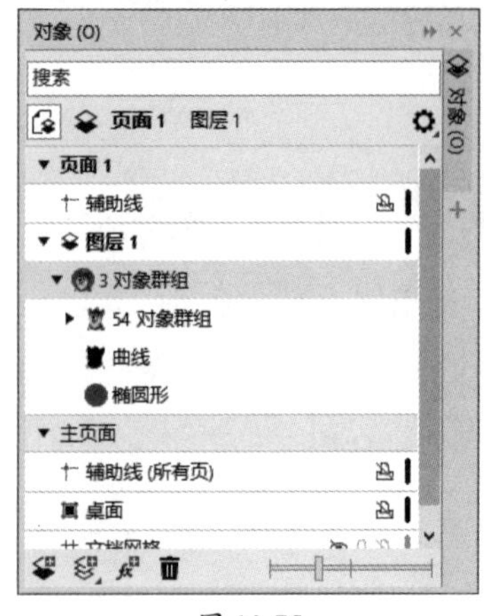

图 10-75

图 10-76

图 10-77

10.4.4 调整对象顺序

当文档存在多个对象时，对象的上下顺序影响着画面的最终呈现效果，执行“对象”|“顺序”命令，在弹出的子菜单中选择相应的命令，如图10-78所示。

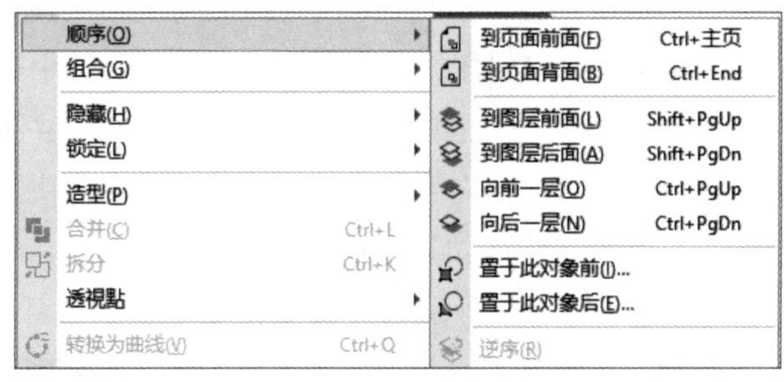

图 10-78

- **到页面前面**：将选定对象移到页面上所有其他对象的前面。
- **到页面后面**：将选定对象移到页面上所有其他对象的后面。
- **到图层前面**：将选定对象移到活动图层上所有其他对象的前面。
- **到图层后面**：将选定对象移到活动图层上所有其他对象的后面。
- **向前一层**：将选定对象向前移动一个位置。如果选定对象位于活动图层上所有其他对象的前面，则将移到图层的上方。
- **向后一层**：将选定对象向后移动一个位置。如果选定对象位于所选图层上所有其他对象的后面，则将移到图层的下方。
- **置于此对象前**：将选定对象移到选定的对象前面。
- **置于此对象后**：将选定对象移到选定的对象前面。
- **逆序**：反转对象的顺序。

10.4.5 对齐与分布

“对齐与分布”命令可以将两个及以上的对象均匀排列。选择多个图像对象，执行“对象”|“对齐和分布”命令，在弹出的“对齐与分布”泊坞窗中可以快速选择和应用各种对齐和分布命令，以精确地管理图形元素。

1. 对齐对象

对齐功能可以将对象按照特定的参照线或对象进行对齐。在“对齐与分布”泊坞窗的“对齐”区域中单击其中任意按钮，可使对象边缘或中心进行对齐，如图10-79所示。

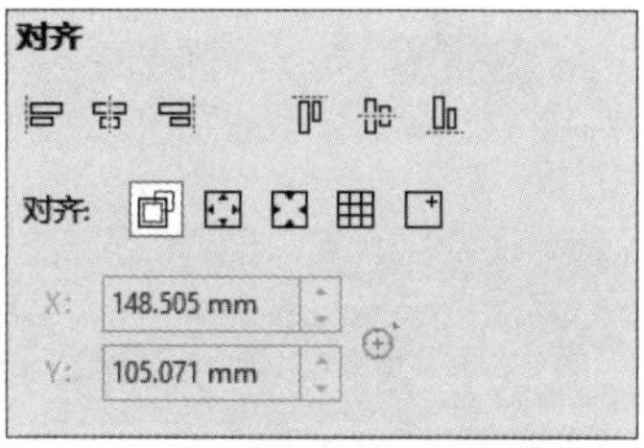

- 左对齐：与对象左边缘对齐。
- 居中水平对齐：使对象沿水平轴居中对齐。
- 右对齐：与对象右边缘对齐。
- 顶端对齐：与对象上边缘对齐。
- 居中垂直对齐：使对象沿垂直轴居中对齐。
- 底端对齐：与对象下边缘对齐。

图 10-79

在对齐区域中可选择参考点。

- 选定对象：使对象与特定对象对齐。
- 页面边缘：使对象与页边对齐。
- 页面中心：使对象与页面中心对齐。
- 网格：使对象与最接近的网格线对齐。
- 指定点：单击该按钮，可输入X、Y值，使对象与指定点对齐。也可以通过单击指定点按钮并单击文档窗口来交互地指定点。

2. 分布对象

分布功能用于控制对象之间的间距，确保它们按照特定的方式均匀分布。在“对齐与分布”泊坞窗的“分布”区域中单击其中任意按钮可分布排列对象，如图10-80所示。

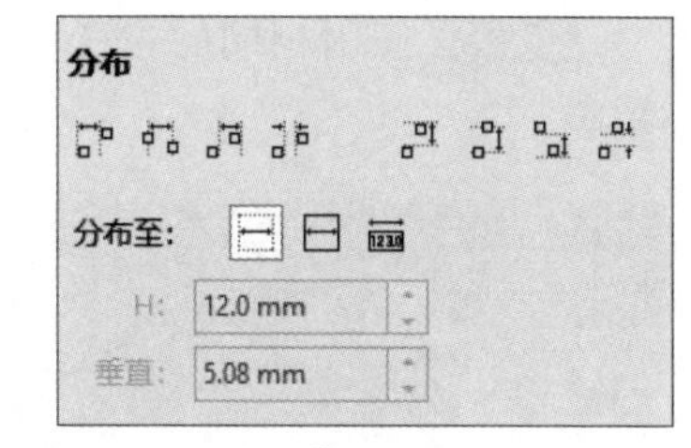

图 10-80

- 左分散排列：平均设定对象左边缘之间的间距。
- 水平分散排列中心：沿着水平轴，平均设定对象中心点之间的间距。
- 右分散排列：平均设定对象右边缘之间的间距。
- 水平分散排列间距：沿水平轴，将对象之间的间隔设为相同距离。
- 顶部分散排列：平均设定对象上边缘之间的间距。
- 垂直分散排列中心：沿着垂直轴，平均设定对象中心点之间的间距。
- 底部分散排列：平均设定对象下边缘之间的间距。
- 垂直分散排列间距：沿垂直轴，将对象之间的间隔设为相同距离。

在分布到区域中，还可单击以下按钮。

- 选择对象：将对象分布到周围的边框区域。
- 页面边缘：将对象分布到整个绘图页上。

● 对象间距：可以指定距离分散排列对象。

动手练 卡通彩虹插画

素材位置：**本书实例\第10章\卡通彩虹插画\彩虹.cdr**

本练习介绍彩虹效果插画的制作，主要运用的知识包括矩形、椭圆的绘制与填充，对齐与分布、裁剪工具的使用，以及交互式变换。具体操作方法如下。

步骤01 双击“矩形工具”，绘制和文档等大的矩形并填充颜色（#23CFFA），设置轮廓为无，如图10-81所示。锁定该图层。

步骤02 选择“椭圆工具”绘制椭圆，在调色板里选择红色填充（#FF0000），如图10-82所示。

扫码看彩图

图 10-81

图 10-82

步骤03 按住鼠标左键，拖曳复制对象，在属性栏中单击“缩放比率”，设置为95%，更改填充颜色（#FF6600）如图10-83所示。锁定该图层。

步骤04 使用相同的方法复制圆，调整缩放比率（5%递减），更改填充颜色，如图10-84所示。

扫码看彩图

扫码看彩图

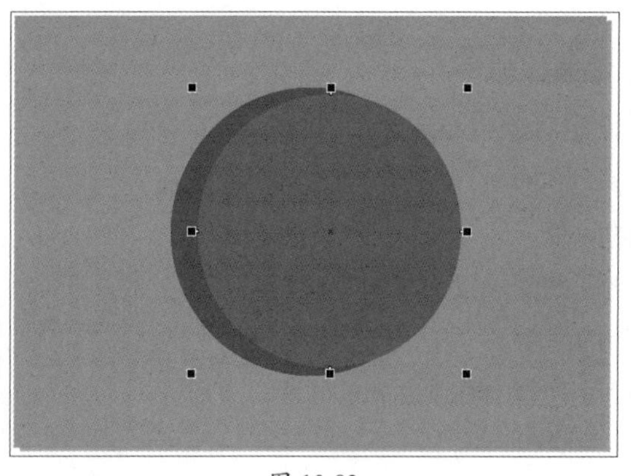

图 10-83

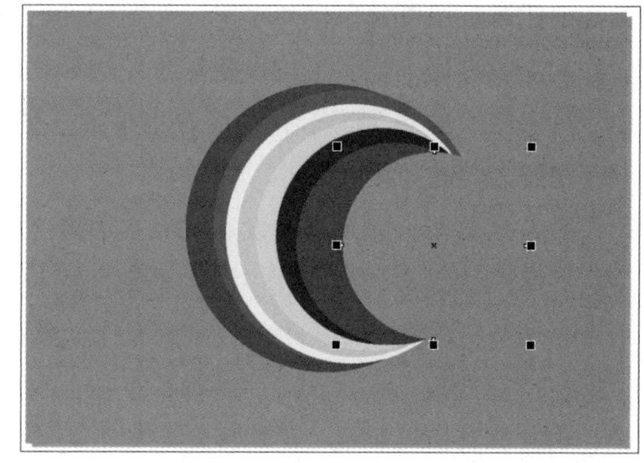

图 10-84

步骤05 选择全部圆形，在“对齐和分布”泊坞窗中分别单击“居中水平对齐”按钮和“居中垂直对齐”按钮，如图10-85、图10-86所示。

步骤06 选择“裁剪工具”，拖曳鼠标绘制裁剪框，如图10-87所示。

步骤07 单击“裁剪”按钮，应用效果，如图10-88所示。

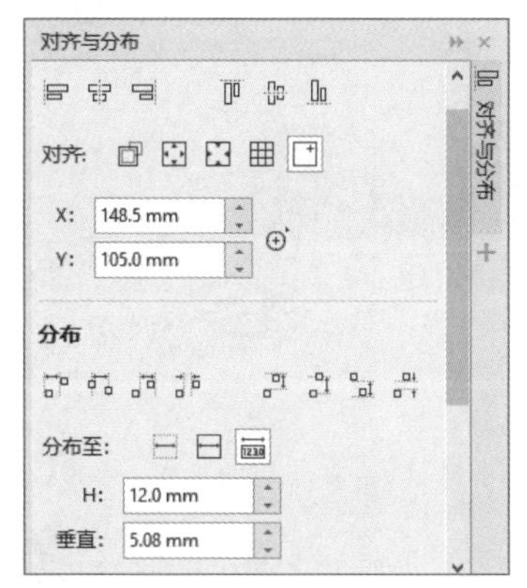

图 10-85

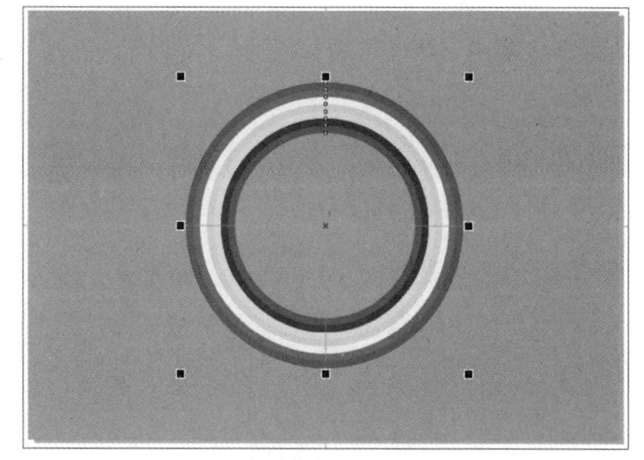
图 10-86

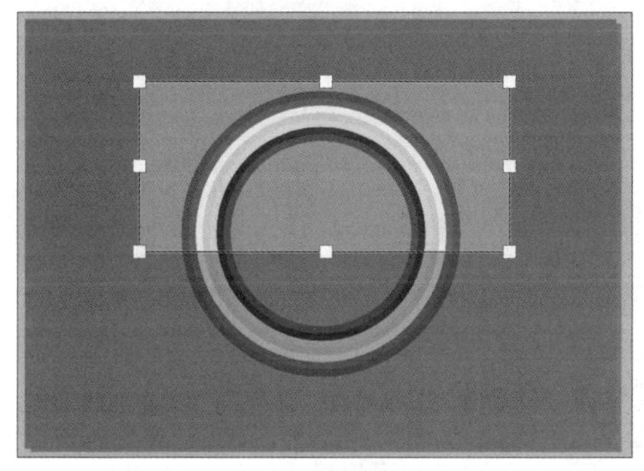
图 10-87

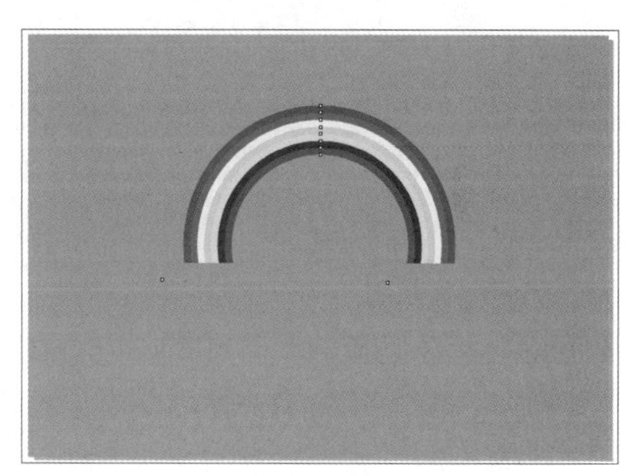
图 10-88

步骤08 选择“椭圆形工具”，绘制多个椭圆，选中全部椭圆，在属性栏中单击“焊接”按钮，如图10-89所示。

步骤09 移动复制对象，全选后，按Ctrl+G组合键创建组，使用垂直、水平矩形对齐，如图10-90所示。

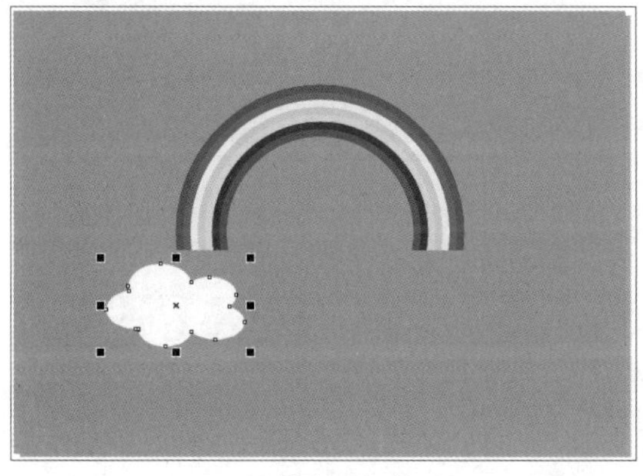
图 10-89

图 10-90

Photoshop+CorelDRAW

第11章 颜色的填充与调整

本章对颜色的填充与调整进行讲解，包括基本填充对象颜色、交互式填充工具、对象轮廓线颜色等。了解并掌握这些知识，可以更好地赋予图形视觉上的冲击感，实现丰富的平面效果。

要点难点

- 填充对象颜色工具的使用
- 交互式填充工具的应用
- 对象轮廓线的调整与设置

11.1 填充对象颜色

颜色是图形对象最具冲击力的视觉元素之一，可以影响图形对象的视觉效果。本节将介绍填充对象颜色的基本操作，如调色板、颜色泊坞窗等。

11.1.1 调色板

调色板是CorelDRAW中最基础的填充颜色的工具，默认调色板位于窗口右侧，包含多种常用颜色，如图11-1所示。执行“窗口”|“调色板”命令，在如图11-2所示的子菜单中可以对调色板进行相应的设置，其中文档调色板是创建新绘图时自动生成的一个空调色板，它可以将当前文档使用过的颜色保存起来并进行记录，以供将来使用。

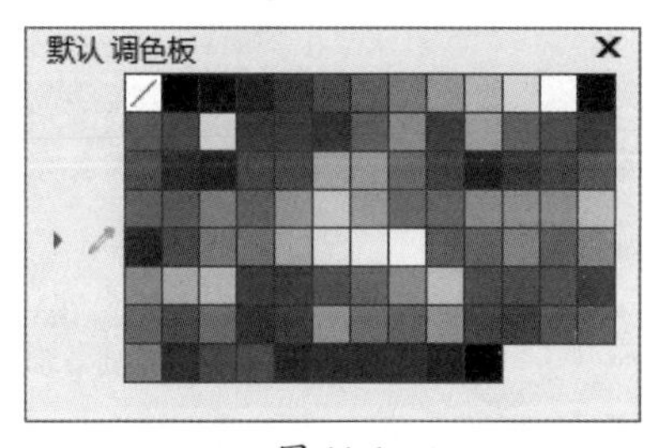

图 11-1

图 11-2

选中对象，单击调色板中的颜色，将为对象填充颜色，如图11-3所示。右击调色板中的颜色，将更改图像轮廓的颜色，如图11-4所示。

图 11-3

图 11-4

11.1.2 “颜色”泊坞窗

执行“窗口”|“泊坞窗”|“颜色”命令，将打开“颜色”泊坞窗，如图11-5所示。用户可以从中设置颜色，更改对象的填充色或轮廓色。“颜色”泊坞窗中部分常用选项作用如下。

- **显示颜色查看器**：单击该按钮，将使用颜色查看器选择颜色。
- **显示颜色滑块**：单击该按钮，将使用选定颜色模式中的颜色滑块选择颜色，如图11-6所示。
- **显示调色板**：单击该按钮，将从一组印刷色或专色调色板中选择颜色，如图11-7所示。
- **色彩模型**：默认为CMYK色彩模型，用户可以单击下拉按钮，在下拉列表中选择RGB、HSB、Lab等不同的色彩模型。
- **参考颜色和新颜色**：用于显示参考颜色和新选定的颜色，其中顶端颜色为参考颜色，底部颜色为新选定的颜色。
- **将新颜色应用于所选对象**：单击该按钮，按钮变为状态时，拖动颜色滑块将自动为选中的对象填充颜色或轮廓。
- **颜色滴管**：单击该按钮，光标变为状，此时可从屏幕中的任意对象中取样颜色。
- **填充**填充：单击该按钮，可使用“颜色”泊坞窗中的当前颜色填充选中对象。
- **轮廓**轮廓：单击该按钮，可使用“颜色”泊坞窗中的当前颜色更改选中对象的轮廓色。

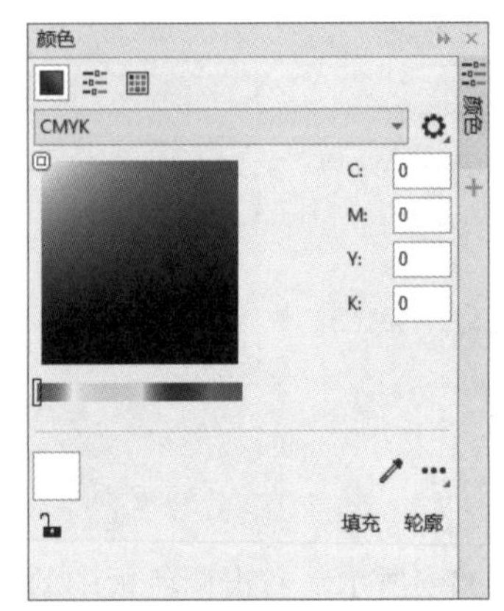

图 11-5

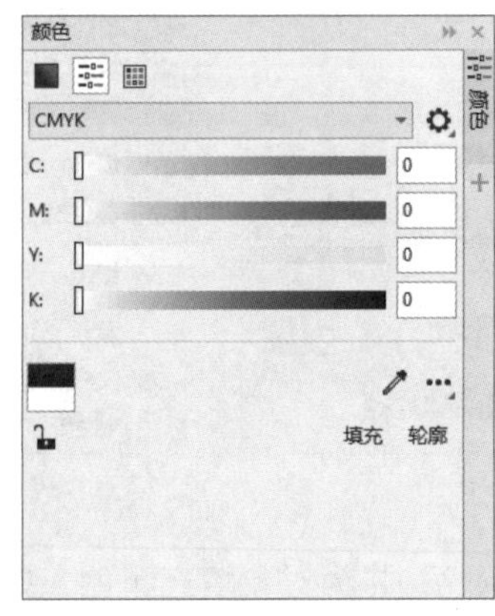

图 11-6

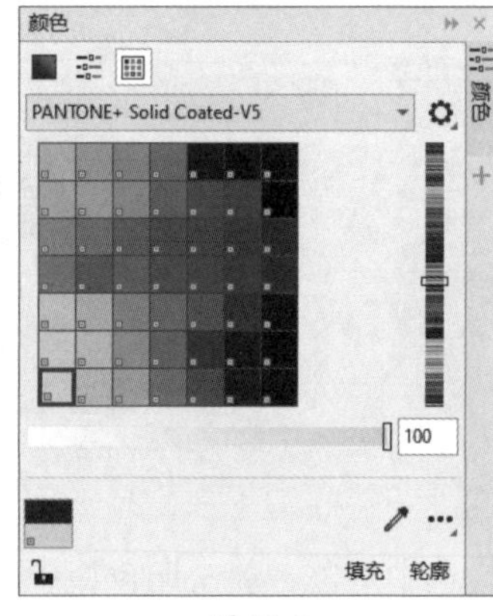

图 11-7

11.1.3 颜色滴管工具

颜色滴管工具可以吸取并识别颜色，选择“颜色滴管工具”，在要取样的颜色处单击取样，如图11-8所示。然后在对象或轮廓上单击，应用颜色，图11-9所示为在轮廓上应用颜色的效果。

图 11-8

图 11-9

扫码看彩图

11.1.4　属性滴管工具

属性滴管工具与颜色滴管工具都在滴管工具组中，与颜色滴管工具不同的是，属性滴管工具可以对对象的属性、变换效果、特殊效果等进行取样，并将其应用至目标对象。选择“属性滴管工具”，在属性栏中设置要取样的内容，在图形对象上单击进行取样，如图11-10所示。将光标移到至另一图形对象上单击，该对象将根据取样的属性变化，如图11-11所示。

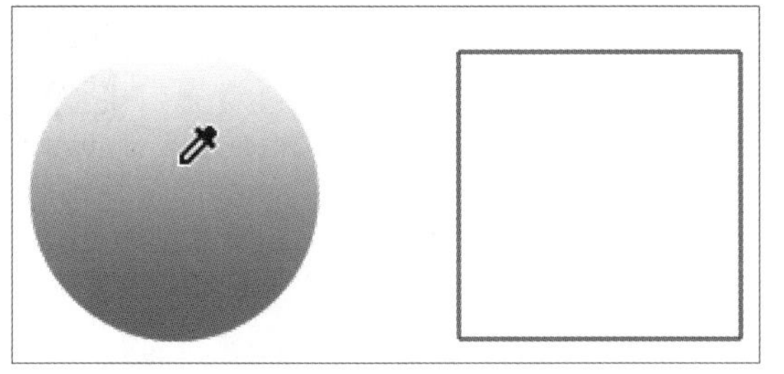

图 11-10

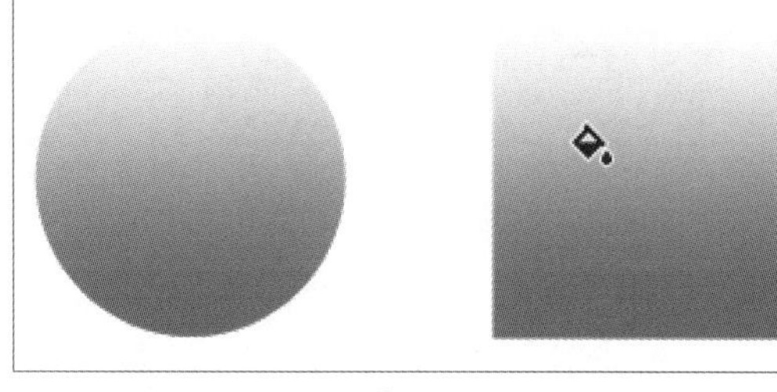

图 11-11

11.1.5　智能填充工具

智能填充工具可以在边缘重叠区域创建对象，并将填充应用到那些对象上。选择智能填充工具，在属性栏中设置参数后，移动光标至要填充的区域，单击即可填充，如图11-12所示。选择并移动被填充的图形，可发现被填充的图形是独立存在的，不影响原图，如图11-13所示。

图 11-12

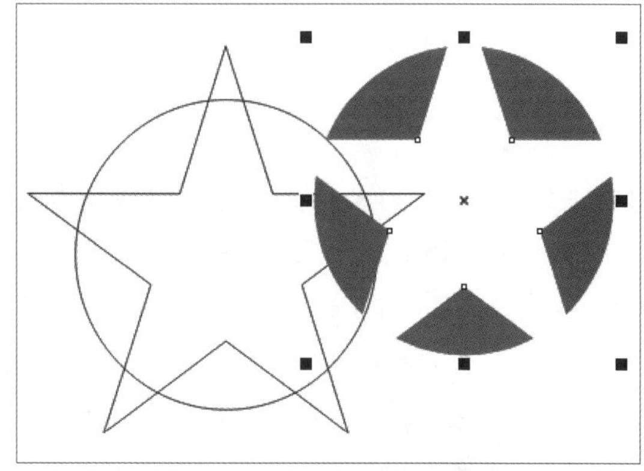

图 11-13

11.1.6　网状填充工具

网状填充工具可以通过调和网状网格中的多种颜色或阴影来填充对象，以创建复杂多变的填充效果。

选择对象，单击“网状填充工具”，在属性栏中设置网格数量，绘图区中将显示相应的网状结构。将光标移动到节点上，可进行拖动调整，如图11-14所示。选中节点，单击调色板中的颜色，节点上会显示所选颜色，节点周围呈现过渡颜色效果，如图11-15所示。

移动光标至网状网格中双击，将在当前位置添加节点，如图11-16所示。双击节点或选中节点后按Delete键，可删除节点，如图11-17所示。

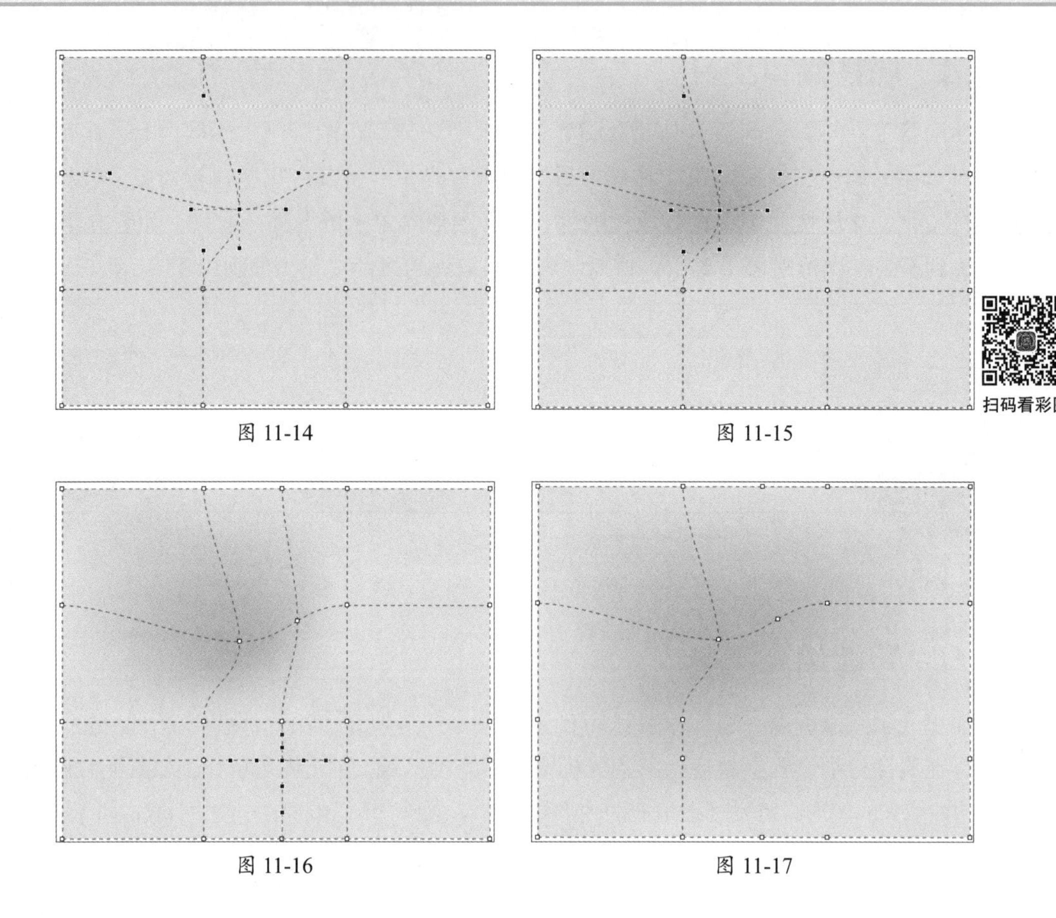

图 11-14　　图 11-15

图 11-16　　图 11-17

动手练 卡通西瓜造型

素材位置：本书实例\第11章\卡通西瓜造型\填色素材.cdr、填色.cdr

本练习介绍卡通西瓜造型的绘制，主要运用的知识包括调色板、智能填充工具的应用等。具体操作方法如下。

步骤01 打开本章素材文件，如图11-18所示。

步骤02 选中眼睛，单击调色板中的黑色，为眼睛填充黑色，如图11-19所示。

步骤03 使用相同的方法，为眼白部分填充白色，为嘴巴和瓜子部分填充黑色，为舌头部分填充洋红色，并去除轮廓，如图11-20所示。

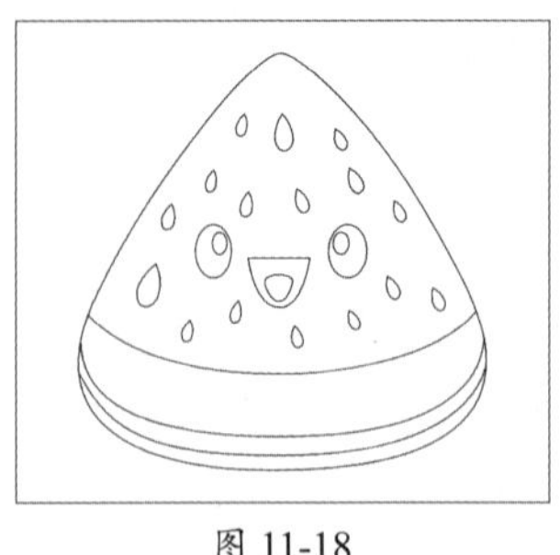

图 11-18

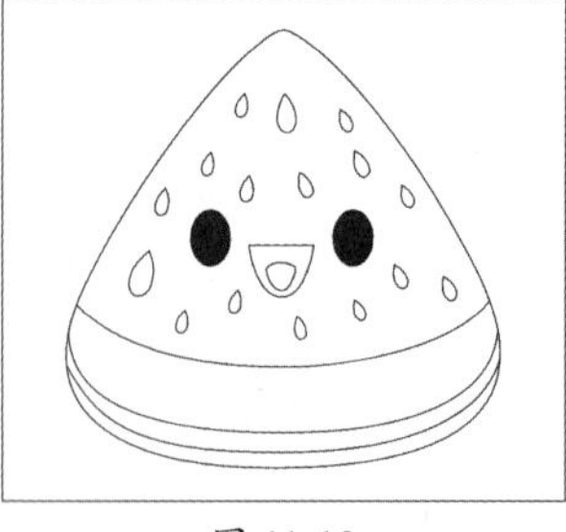

图 11-19

图 11-20

步骤04 选择最外侧轮廓，在属性栏中设置其轮廓宽度为12px，单击调色板中的霓虹粉颜色设置填充，效果如图11-21所示。

步骤05 选中最外侧轮廓及下方的三根曲线，选择智能填充工具，在属性栏中设置颜色为白色，轮廓宽度为无，移动光标至合适位置，单击填充颜色，如图11-22所示。

步骤06 继续设置颜色为浅绿（#86D195），在白色下方处单击填充颜色，如图11-23所示。

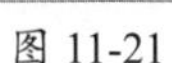
图 11-21

图 11-22

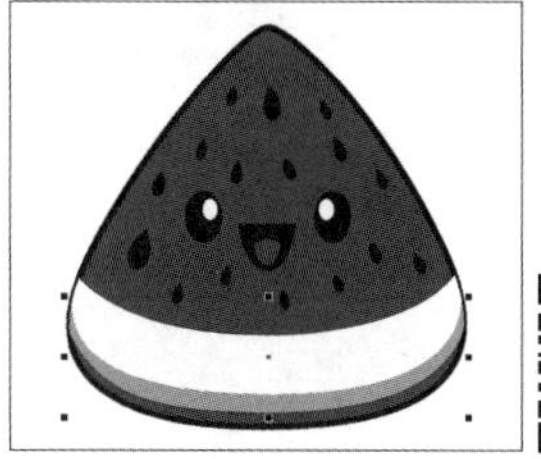
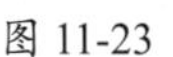
图 11-23

步骤07 设置颜色为深绿（#007448），在浅绿下方处单击填充颜色，如图11-24所示。

步骤08 选中下方的三根曲线，执行“对象”|“隐藏”|“隐藏”命令将其隐藏，效果如图11-25所示。选中最外侧轮廓，按Ctrl+C组合键复制，按Ctrl+V组合键粘贴，去除填充色，效果如图11-26所示。

图 11-24

图 11-25

图 11-26

11.2 精确填充颜色

选择交互式填充工具时，属性栏中将显示不同类型的填充方式，如图11-27所示。通过这些填充方式，用户可以精确设置填充颜色及效果。

图 11-27

11.2.1 均匀填充

均匀填充可以为封闭对象填充纯色。选中要填充的图形，如图11-28所示。在属性栏中单击“均匀填充”按钮■，设置填充色，选中对象的填充色将发生变化，如图11-29所示。

单击属性栏中的“编辑填充”按钮，将打开“编辑填充”对话框，如图11-30所示，在对话框中可以设置颜色、色彩模型、名称等参数，以调整填充效果。

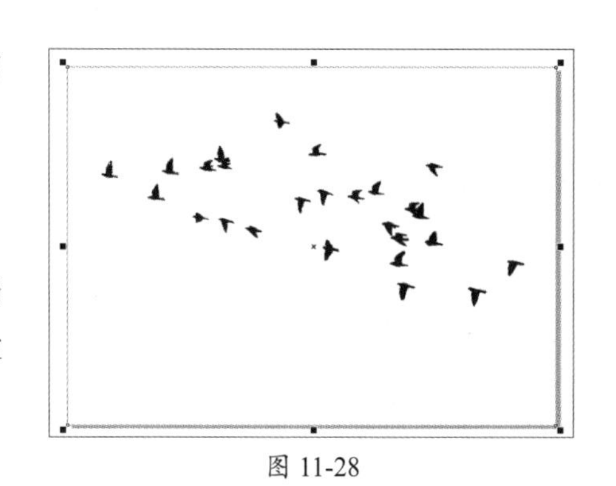
图 11-28

图 11-29

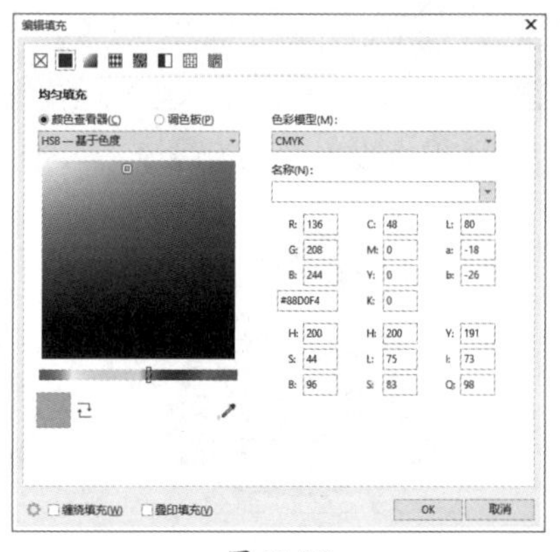
图 11-30

知识点拨 选择对象，在“属性”泊坞窗的“填充”选项卡中，用户同样可以选择填充类型，以创建不同的填充效果。

11.2.2 渐变填充

渐变填充是两种或两种以上颜色过渡的效果。CorelDRAW提供线性渐变填充、椭圆形渐变填充、圆锥形渐变填充，以及矩形渐变填充四种不同类型的渐变填充效果，图11-31所示为线性渐变效果。单击属性栏中的“编辑填充”按钮，将打开“编辑填充”对话框，从中可以设置渐变的类型、排列、流动、变换等参数，如图11-32所示。

图 11-31

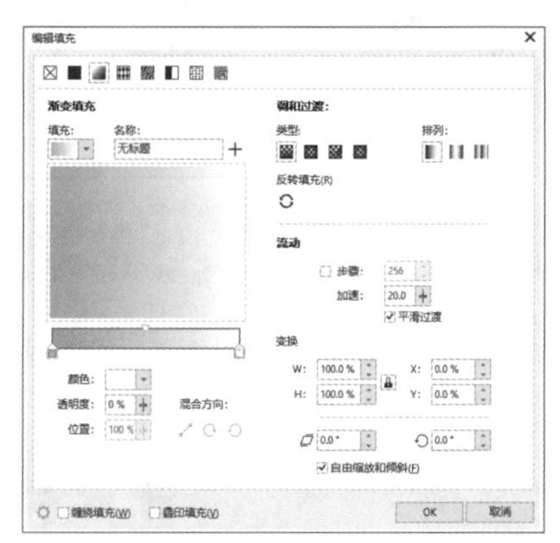
图 11-32

11.2.3 图样填充

图样填充是将CorelDRAW 软件自带的图样进行反复排列，运用到填充对象中。软件提供三种图样填充类型：向量图样填充、位图图样填充及双色图样填充。下面对这三种填充类型进行介绍。

1. 向量图样填充

向量图样填充是将大量重复的图案以拼贴的方式填充至图形对象中。选中对象，在交互式填充工具的属性栏中单击“向量图样填充”按钮，将为对象填充默认的向量图样，如图11-33所示。在填充挑选器中可选择预设的其他图样，效果如图11-34所示。

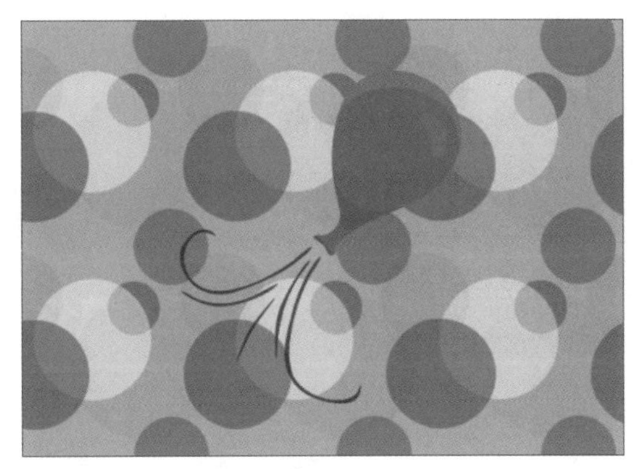

图 11-33

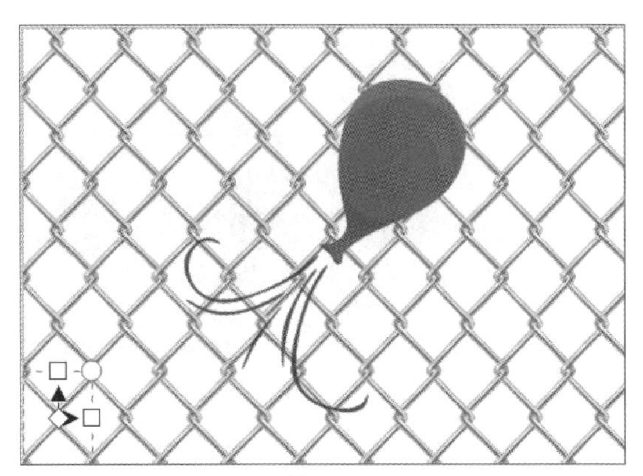

图 11-34

2. 位图图样填充

位图图样填充可以将位图对象作为图样填充在矢量图形中。选中对象，在交互式填充工具的属性栏中单击“位图图样填充”按钮，将为对象填充位图图样。单击属性栏中的“填充挑选器”按钮，在弹出的填充挑选器中可以选择预设的其他位图，效果如图11-35所示。

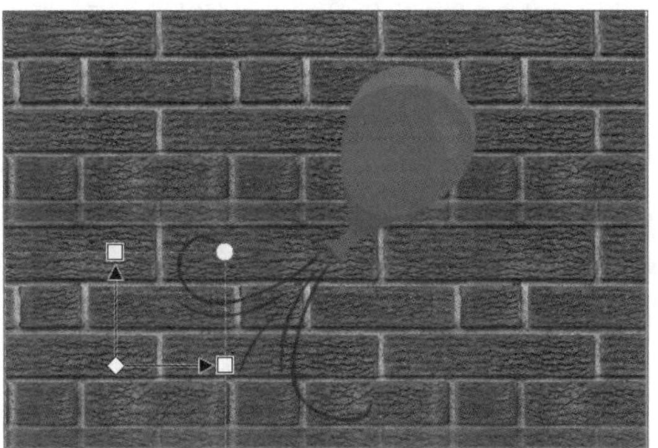

图 11-35

3. 双色图样填充

双色图样填充可以在预设列表中选择一种黑白双色图样，分别设置前景颜色和背景颜色来改变图样效果，如图11-36、图11-37所示。

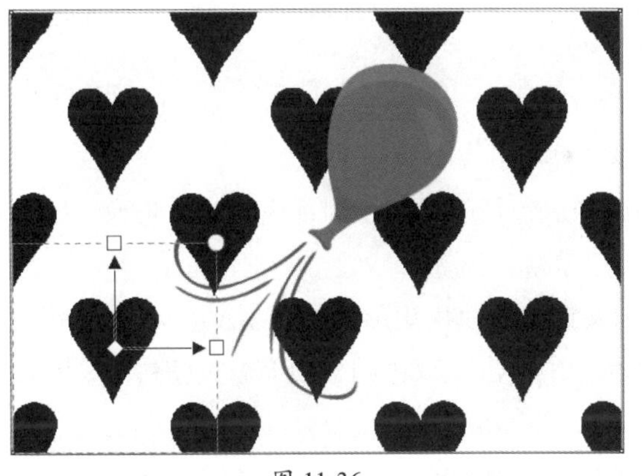

图 11-36

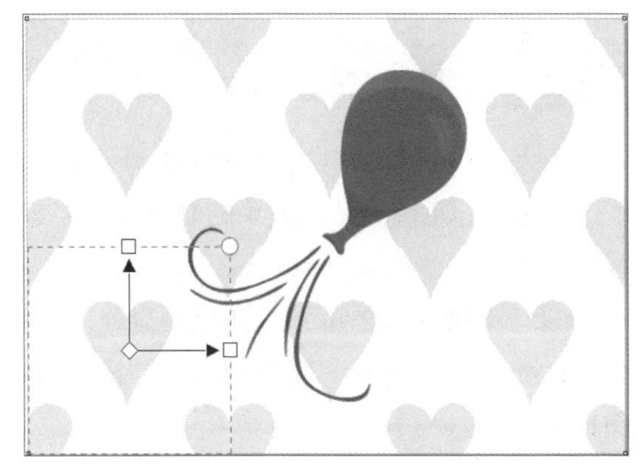

图 11-37

11.2.4　底纹填充

底纹填充可以应用预设的底纹填充对象，创建各种纹理效果。选中对象，在属性栏中单击“底纹填充”按钮，在“底纹库”中选择库后，单击“填充挑选器”按钮，在弹出的填充挑选器中可以选择预设的其他底纹，效果如图11-38所示。单击属性栏中的“重新生成底纹”按钮，将在原底纹基础上生成不同的效果，如图11-39所示。

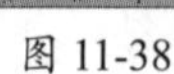
图 11-38

图 11-39

11.2.5 PostScript填充

PostScript填充是一种由PostScript语言计算出来的花纹填充，这种填充纹路细腻、花样复杂，占用空间却不大，适用于较大面积的花纹设计。选中对象，在属性栏中单击“PostScript填充”按钮▦，从中选择PostScript填充底纹后，将为选中对象填充底纹，图11-40、图11-41所示为填充不同底纹的效果。

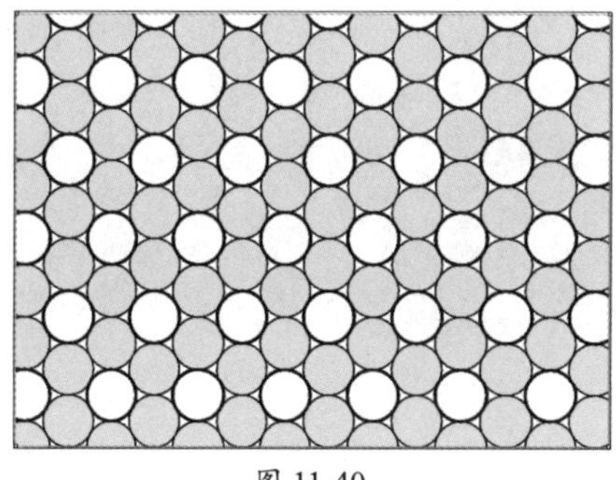

图 11-40

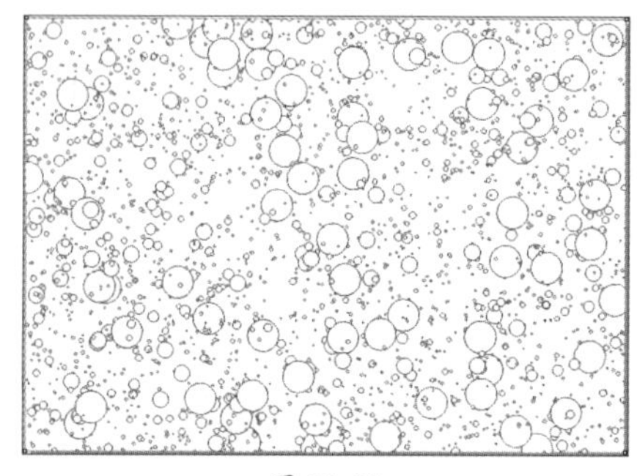

图 11-41

动手练 墙砖贴纸效果

素材位置：本书实例\第11章\墙砖贴纸效果\墙砖.cdr

本练习介绍墙砖贴纸效果的制作，主要运用的知识包括图形的绘制、底纹的填充等。具体操作方法如下。

步骤01 执行“文件”|“新建”命令，新建A4文档，并使用矩形工具绘制A4大小的矩形，如图11-42所示。选择“交互式填充工具”，在属性栏中单击“双色图样填充”按钮◧，效果如图11-43所示。

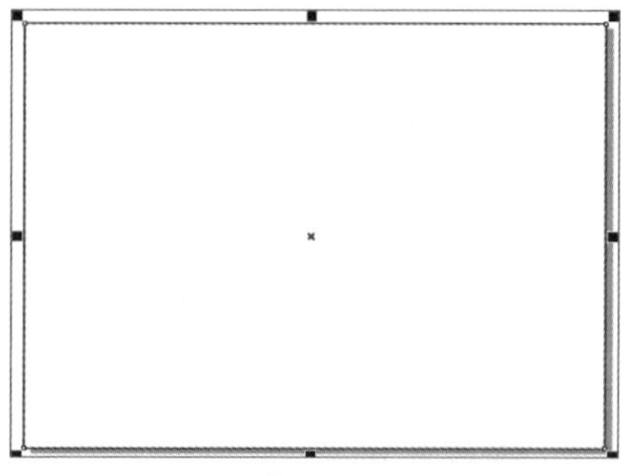

图 11-42

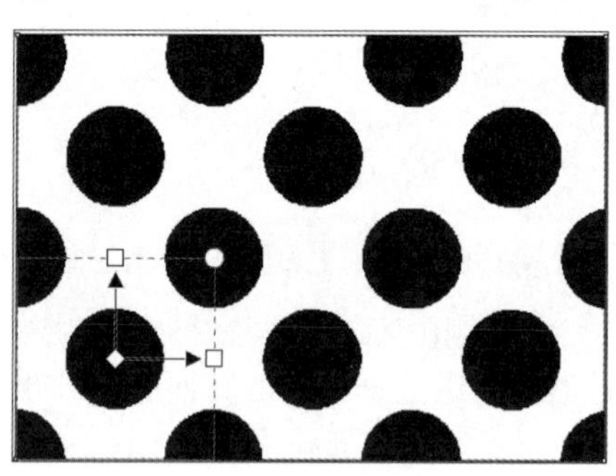

图 11-43

步骤02 单击“填充挑选器”下拉按钮，在弹出界面中选择图样，如图11-44所示。随即可看到如图11-45所示的填充效果。

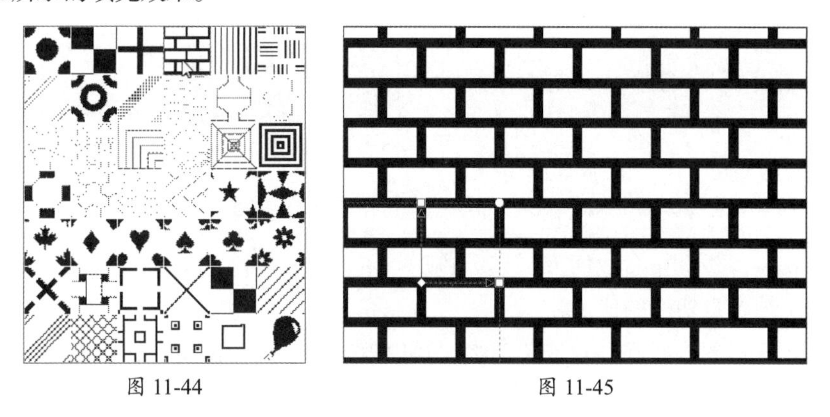

图 11-44　　图 11-45

步骤03 在属性栏中分别设置背景颜色（#848487）和前景颜色（#FEFEFE），效果如图11-46所示。调整控制杆以调整图样的大小和位置，效果如图11-47所示。

图 11-46　　图 11-47

11.3 填充轮廓颜色

图形的轮廓与填充具有相似的地位，都影响着图形的显示效果，CorelDRAW中默认使用0.2mm的黑色线条为轮廓，用户可以对轮廓进行调整，以获得满意的效果。

11.3.1 轮廓笔

轮廓笔工具主要用于设置轮廓属性，如线条宽度、角形状和箭头类型等。单击轮廓笔工具组中的轮廓笔工具或按F12键，打开“轮廓笔”对话框，如图11-48所示。可以设置轮廓的默认属性。该对话框中部分常用选项的作用如下。

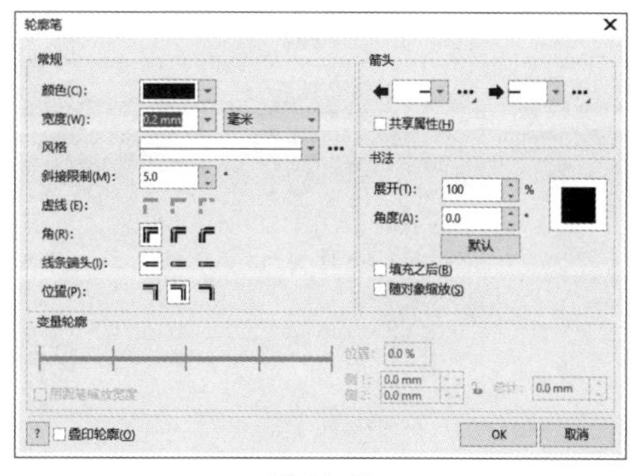

图 11-48

- **颜色：** 默认情况下，轮廓线颜色为黑色。单击该下拉按钮，在弹出的颜色面板中可以选择轮廓线的颜色。

- **宽度**：用于设置轮廓线的默认宽度及单位。
- **风格**：用于设置线条或轮廓线的样式，包括直线、虚线、点线等。单击该选项右侧的“设置”按钮…，打开“编辑线条样式”对话框，从中可以创建或编辑自定义线条样式，如图11-49所示。

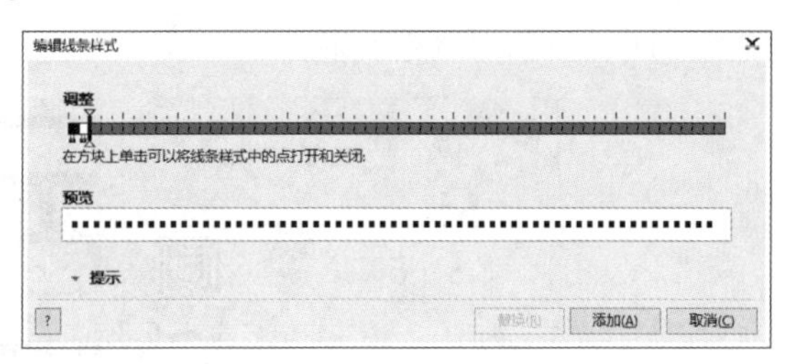

图 11-49

- **斜接限制**：用于设置以锐角相交的两条线从点化（斜接）结合点向方格化（斜接修饰）结合点切换的值。
- **虚线**：用于设置虚线在线条或轮廓终点及边角处的样式，包括“默认虚线”“对齐虚线”和“固定虚线”三种。
- **角**：用于设置图形对象轮廓线拐角处的显示样式，有“斜接角”“圆角”和“斜角”三种。
- **线条端头**：用于设置图形对象轮廓线端头处的显示样式，有“方形端头”“圆形端头”和“延伸方形端头”三种。
- **位置**：用于设置描边路径的相对位置，有“外部轮廓”“居中的轮廓”和“内部轮廓”三种。
- **箭头**：单击其下拉按钮，在弹出的下拉列表中可以设置线条起点端和终点端的箭头样式。
- **书法**：在“展开”和“角度”数值框中可设置轮廓线笔尖的宽度和倾斜角度。
- **填充之后**：选择该选项后，轮廓线的显示方式调整到当前对象的后面显示。
- **随对象缩放**：选择该选项后，轮廓厚度会随着对象大小的改变而改变。
- **变量轮廓**：当选中对象为可变轮廓时，该选项才会激活。用户可以从中设置节点的位置、线条两侧的轮廓宽度等。

11.3.2 轮廓线颜色和样式

学习“轮廓笔”对话框后，图形轮廓的设置就变得极为简单。选择对象，按F12键打开“轮廓笔”对话框，从中设置轮廓属性，如图11-50所示。完成后单击“确定”按钮即可，图11-51所示为调整前后的对比效果。

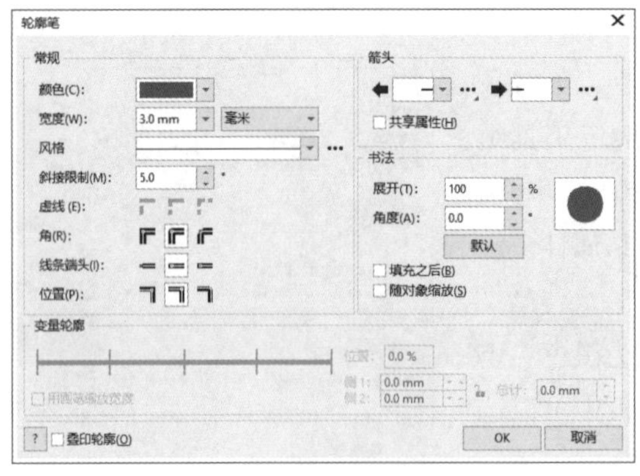

图 11-50

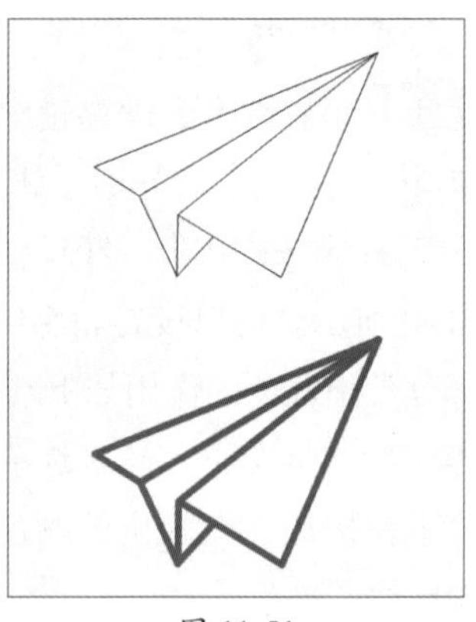

图 11-51

轮廓线不仅针对图形对象，而且也针对绘制的曲线线条。在绘制有指向性的曲线线条时，有时需要对其添加合适的箭头样式。

选择绘制工具，绘制未闭合的曲线线段，如图11-52所示。按F12键打开“轮廓笔”对话框，设置起始箭头和终止箭头，完成后单击“确定”按钮，此时曲线线条变为带有样式的箭头线条效果，如图11-53所示。

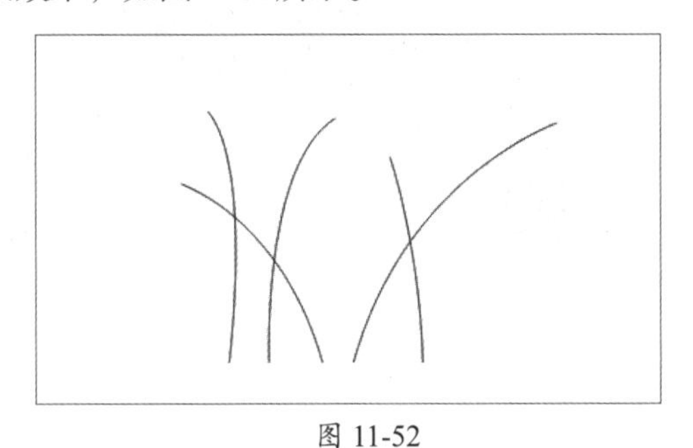

图 11-52

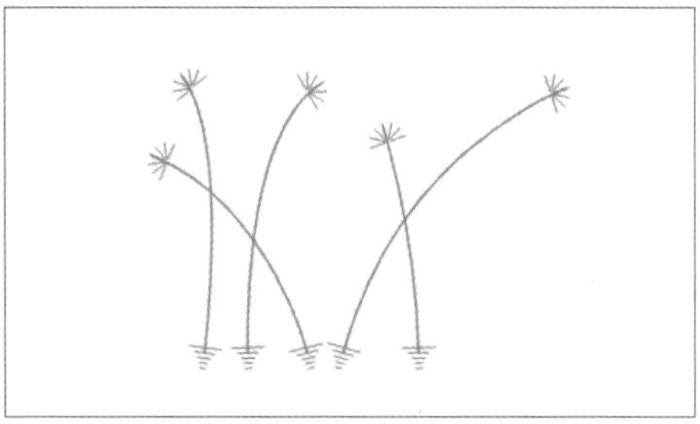

图 11-53

除了通过“轮廓笔”对话框设置轮廓颜色外，CorelDRAW还提供专门的轮廓颜色工具。在轮廓笔工具组中选择轮廓颜色，或按Shift+F12组合键打开“选择颜色”对话框，如图11-54所示。从中设置对象颜色即可，如图11-55所示。

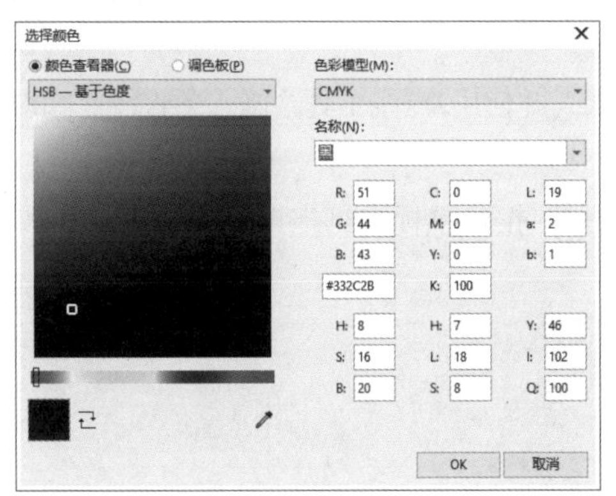

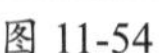

图 11-54

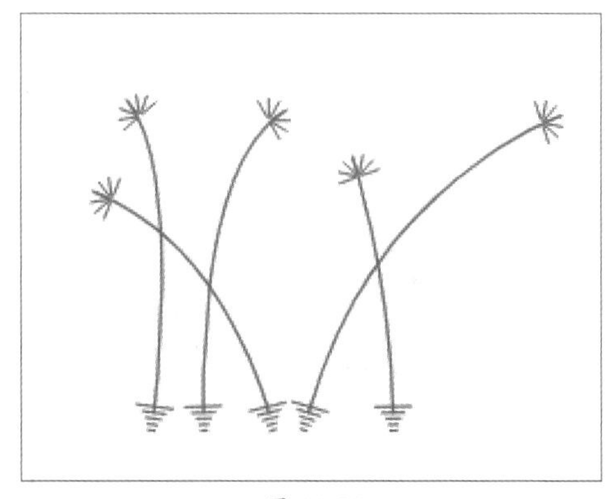

图 11-55

11.3.3 变量轮廓工具

变量轮廓工具可将可变宽度的轮廓应用于对象。选择轮廓或线条，单击变量轮廓工具，在轮廓或线条上将出现一条红色虚线，如图11-56所示。移动光标至红色虚线上，按住鼠标左键拖曳可调整对象宽度，如图11-57所示。

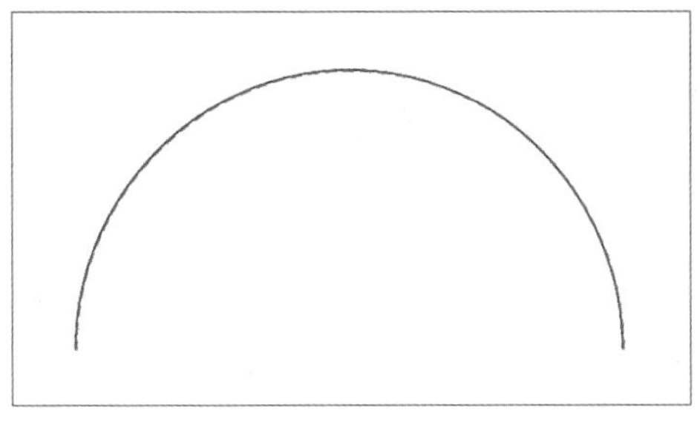

图 11-56

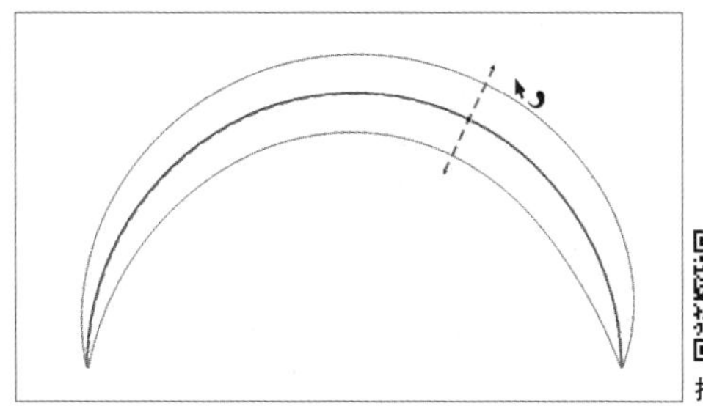

图 11-57

扫码看彩图

选中调整轮廓宽度后的对象，按F12键打开“轮廓笔”对话框，调整“变量轮廓”参数，将改变变量效果，如图11-58、图11-59所示。

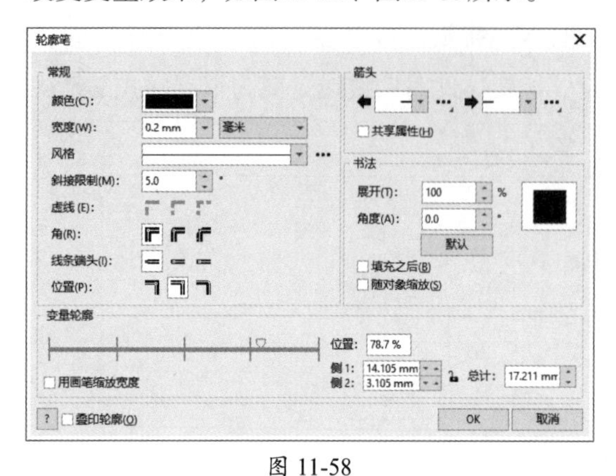

图 11-58

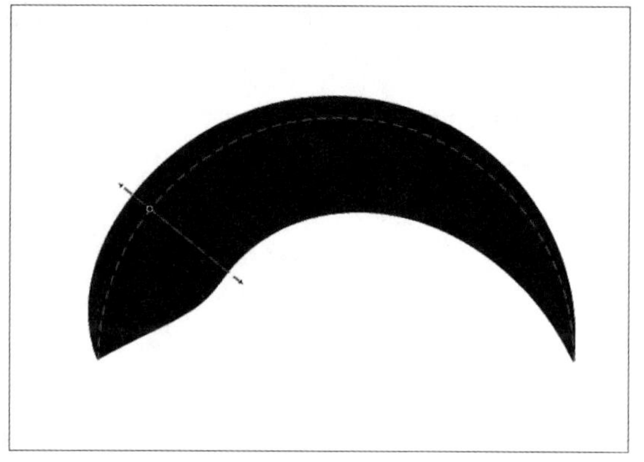

图 11-59

动手练 匕首造型

素材位置：**本书实例\第11章\匕首造型\匕首.cdr**

本练习介绍匕首造型的绘制，主要运用的知识包括图形的绘制、底纹的填充等。具体操作方法如下。

步骤01 执行“文件”|“新建”命令，新建文档，并使用2点线工具绘制一条直线，如图11-60所示。

步骤02 选择变量轮廓工具，移动光标至直线上，按住鼠标左键拖曳调整宽度，如图11-61所示。

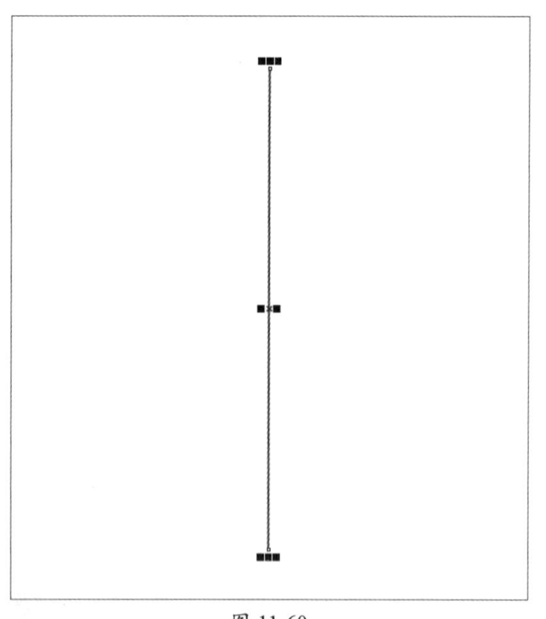

图 11-60

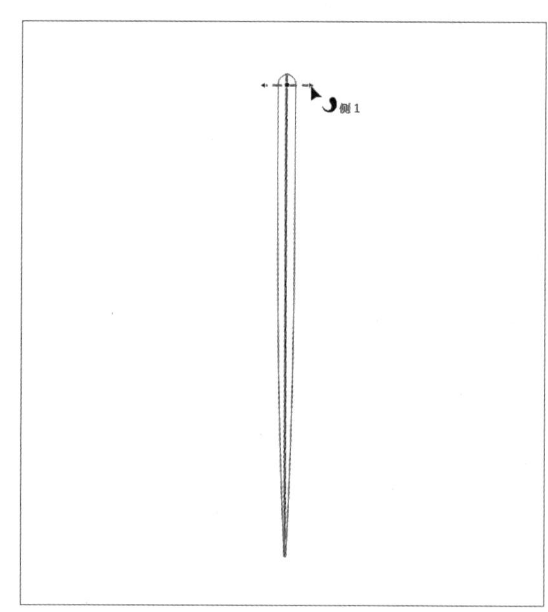

图 11-61

步骤03 在该节点下方，继续按住鼠标左键拖曳调整宽度，如图11-62所示。

步骤04 重复操作，直至出现匕首的形状，如图11-63所示。

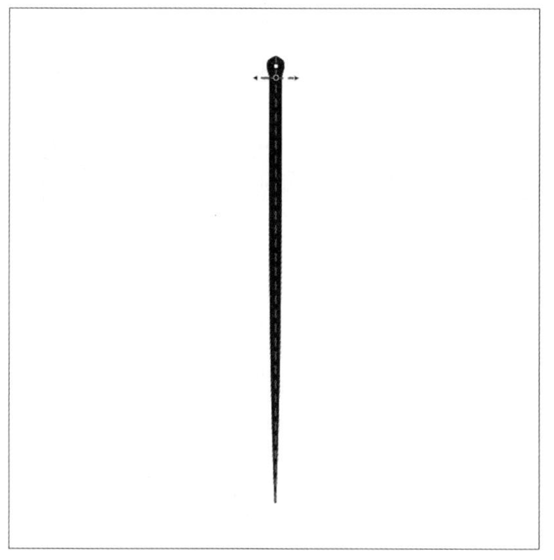

图 11-62

图 11-63

步骤05 选中对象，执行“对象”|“将轮廓转换为对象”命令将其转换为填充对象，按F11键打开“编辑填充”对话框，设置深灰（#474747）-浅灰（#BCBCBC）-深灰（#474747）的渐变，如图11-64所示。

步骤06 效果如图11-65所示。

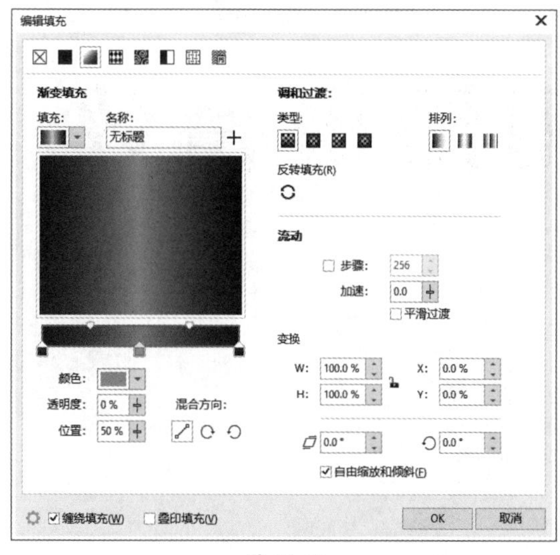

图 11-64

图 11-65

Ps+CDR

Photoshop+CorelDRAW

第12章 应用图形特效

本章对图形特效的应用进行讲解，包括对象透明度、阴影、块阴影、轮廓图、混合变形、封套、立体化效果等。了解并掌握这些知识，可以帮助用户更好地了解图形的变化，制作丰富的图形设计效果。

要点难点

- 对象透明度的调整
- 对象阴影效果和块阴影效果的添加
- 多层轮廓效果与混合效果的制作
- 对象的变形与封套
- 立体化效果的制作

12.1 透明度与阴影

透明度是平面设计中至关重要的一个参数，可以帮助设计师控制设计元素的可见度，从而创造出丰富的视觉效果。阴影用来增加图形对象的立体感与深度，加深设计中的空间层次，使作品更具艺术性和视觉趣味。

12.1.1 透明度效果

选择"透明度工具"▩，在属性栏中可以看到均匀透明度、渐变透明度等七种类型的透明度，如图12-1所示。这些不同类型透明度的功能如下。

图 12-1

- **无透明度：** 单击此选项将删除透明度。属性栏中仅出现合并模式，选择透明度颜色与下方颜色调和的方式。
- **均匀透明度：** 应用整齐且均匀分布的透明度，单击该选项，可挑选透明度并设置透明度的值，制定透明度目标。
- **渐变透明度：** 应用不同透明度的渐变，单击该选项会出现4种渐变类型：线性渐变、椭圆形渐变、锥形渐变、矩形渐变，选择不同的渐变类型，可应用不同的渐变效果。
- **向量图样透明度：** 应用向量图形透明度，单击该选项，在选项栏中可设置其合并模式、前景透明度、背景透明度、水平/垂直镜像平铺等。
- **位图图样透明度：** 应用位图图形透明度，设置参数及样式的属性与向量样式透明度相似。
- **双色图样透明度：** 应用双色图样透明度，设置参数及样式的属性与向量样式透明度、位图图样透明度相似。
- **底纹透明度：** 根据底纹应用透明度。

通过设置对象的透明状态可以调整其透明效果。单击"透明度工具"▩，选中添加渐变透明度的对象，在属性栏中选择相应的选项，对图形对象的透明度进行默认调整。图12-2～图12-4所示分别为运用"无透明度""锥形渐变"和"矩形渐变"三种不同透明度类型的效果。

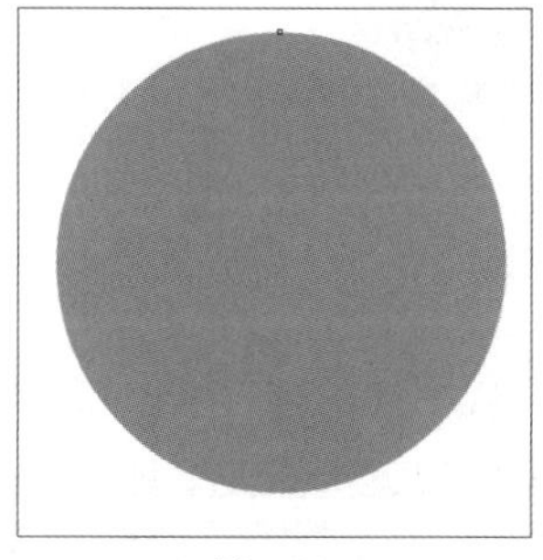

图 12-2

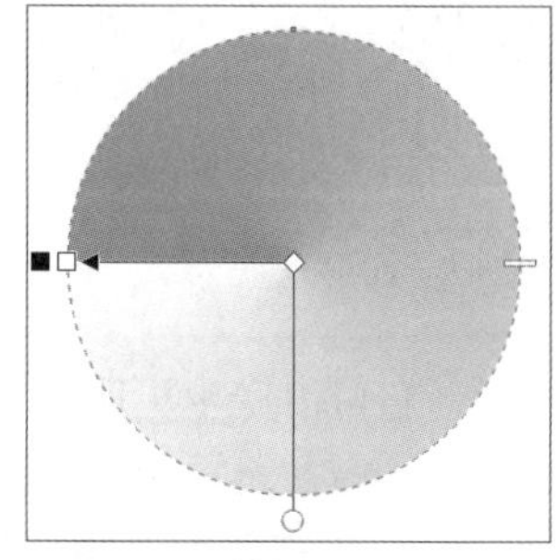

图 12-3

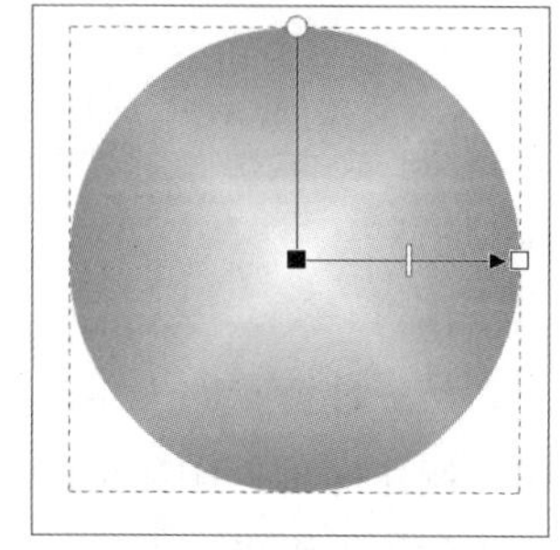

图 12-4

要调整透明对象的颜色，可通过直接调整图形对象的填充色和背景色进行色彩的调整，也可在该工具属性栏中的"合并模式"下拉列表框中设置相应的选项，从而调整图形对象与背景颜色的混合关系，呈现新的颜色效果。图12-5～图12-7所示分别为选择"常规""差异"和"底纹化"选项的图形效果。

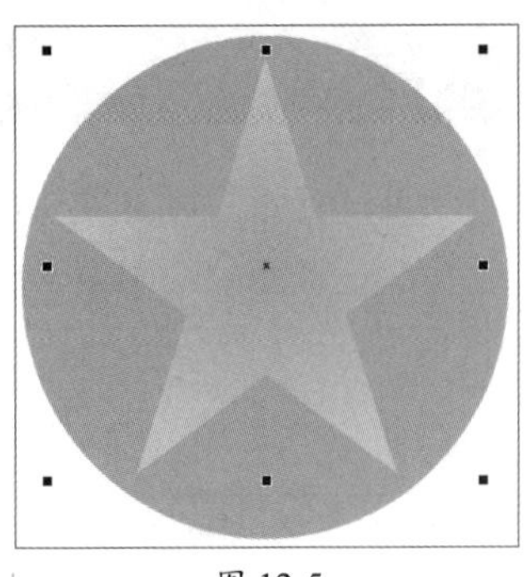
图 12-5

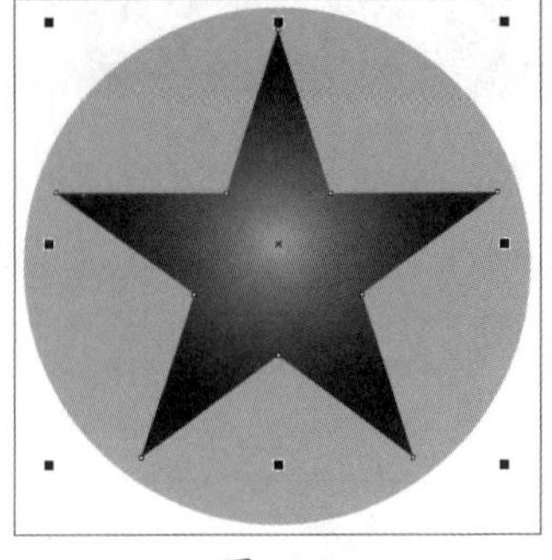
图 12-6

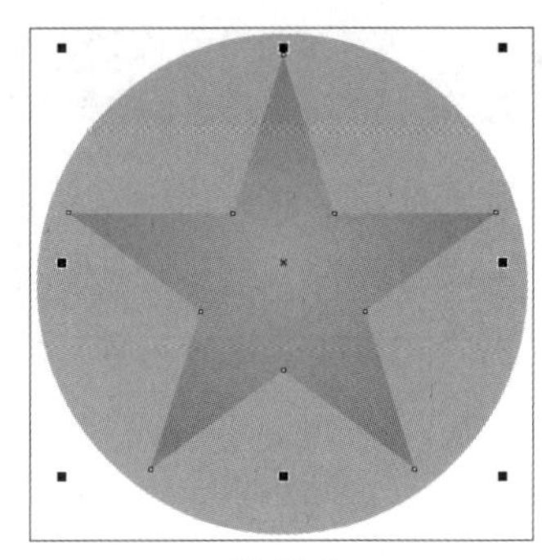
图 12-7

12.1.3 阴影效果

CorelDRAW提供阴影工具和块阴影工具两种工具创建阴影，下面进行详细介绍。

1. 调整阴影效果

阴影工具可以为对象添加阴影效果，并设置阴影的方向、透明度、颜色等，使阴影效果更加真实。选择“阴影工具”▢，在属性栏中可以设置参数，如图12-8所示。

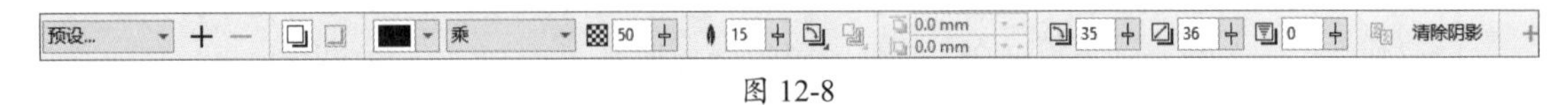

图 12-8

在页面中绘制图形后，单击阴影工具，在绘制的图形上按住鼠标左键拖曳，可为图形添加阴影效果，如图12-9所示。用户也可以从预设下拉列表中选择预设的阴影样式来添加阴影效果，如图12-10所示。

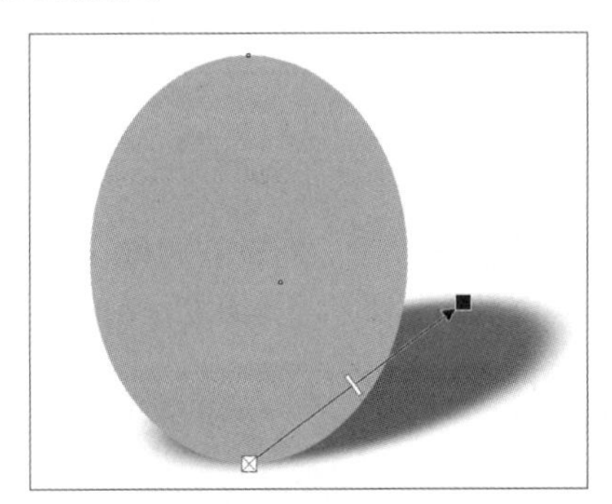
图 12-9

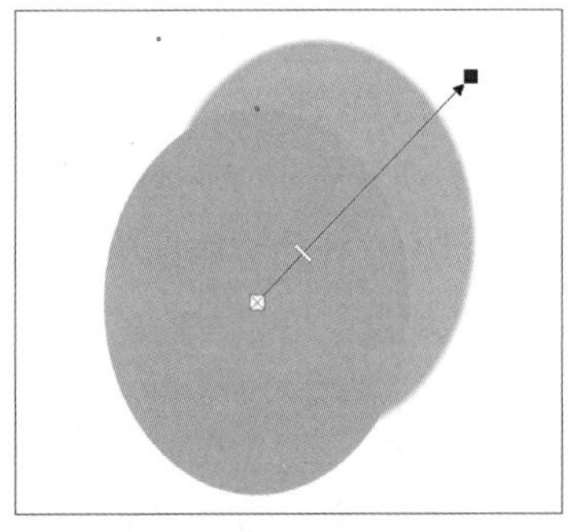
图 12-10

2. 调整块阴影颜色

块阴影是一种特殊的矢量阴影效果，它可以产生更明显、更规则的阴影边缘，几何特征强烈，常用于制作屏幕打印和标牌。块阴影主要通过块阴影工具▢实现，选择该工具，在属性栏中可以设置参数，如图12-11所示。

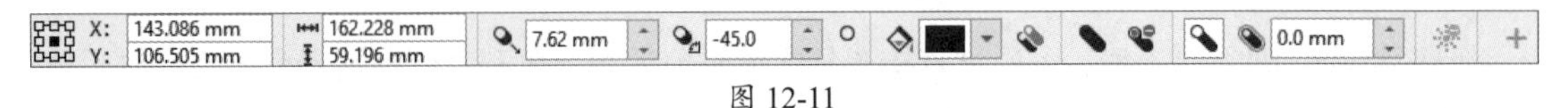

图 12-11

选择页面中的对象，选择块阴影工具，在页面中按住鼠标左键拖曳，可创建块阴影，如图12-12、图12-13所示。用户也可以在属性栏中精准设置块阴影的角度和方向，使块阴影更加规范。

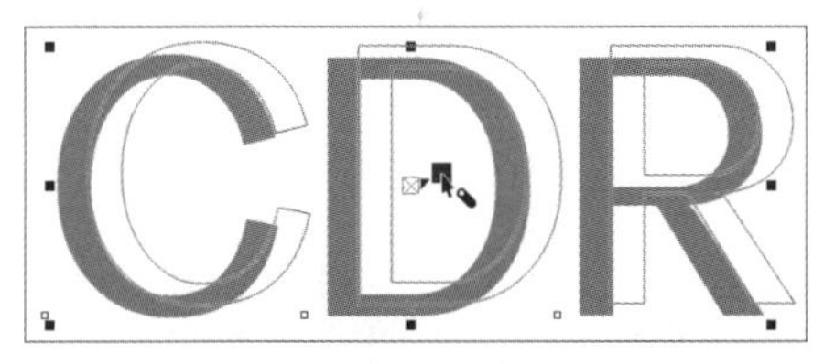

图 12-12

图 12-13

选中添加块阴影的对象，单击属性栏中的块阴影颜色下拉列表框，设置颜色，如图12-14所示。此时页面中的块阴影颜色将发生变化，如图12-15所示。

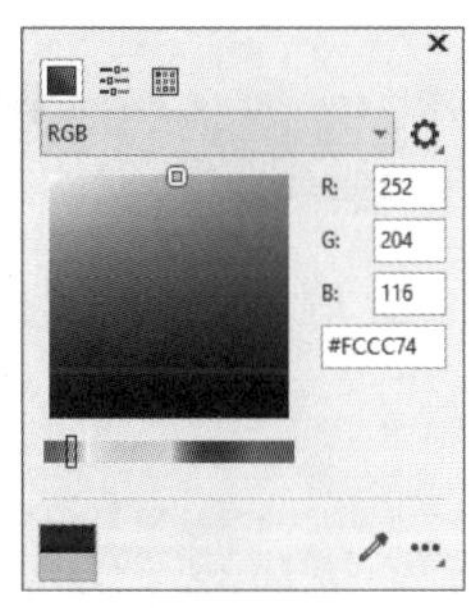

图 12-14

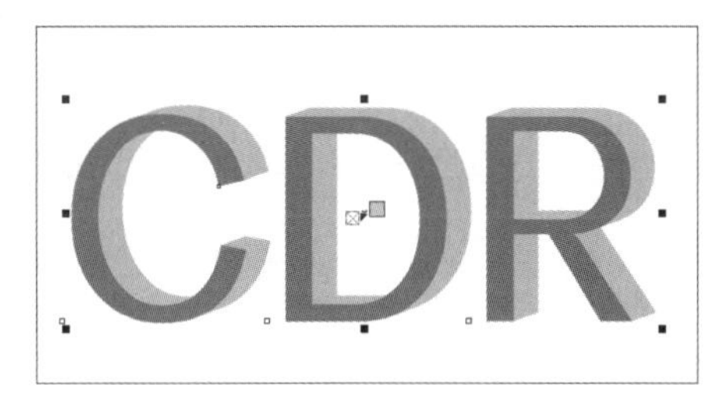

图 12-15

动手练 卡通星形装饰

素材位置：本书实例\第12章\卡通星形装饰\星形.cdr

本练习介绍卡通星形装饰的绘制，主要运用的知识包括透明度工具和星形工具的应用等。具体操作方法如下。

步骤01 按住Ctrl键，使用“星形工具”绘制正五角星，在属性栏中调整参数，设置填充为红色，轮廓无，效果如图12-16所示。

步骤02 执行“窗口”|“泊坞窗”|“角”命令，打开“角”泊坞窗，设置半径为“3.5mm”，然后单击“应用”按钮，效果如图12-17所示。

步骤03 选中红色星形，按小键盘上+键复制对象，设置填充为黄色，并移动一定位置，效果如图12-18所示。

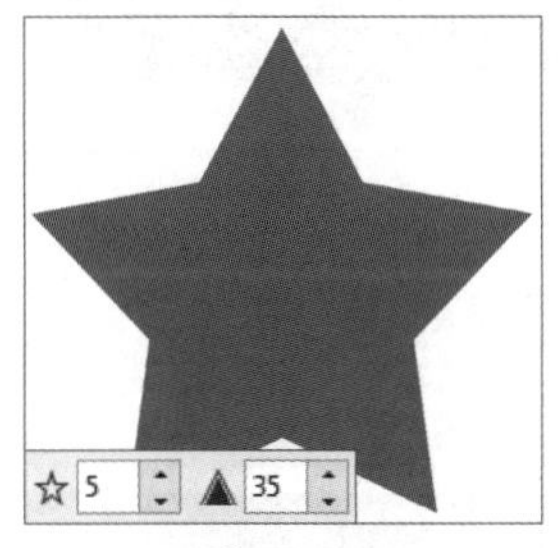

图 12-16

图 12-17

图 12-18

扫码看彩图

扫码看彩图

步骤04 选中黄色星形，使用“透明度工具”为选中对象添加椭圆形渐变透明度效果，在视图中调整渐变的手柄，效果如图12-19所示。

步骤05 使用“钢笔工具”绘制高光，如图12-20所示。

步骤06 使用“透明度工具”为高光添加均匀渐变透明度效果，效果如图12-21所示。

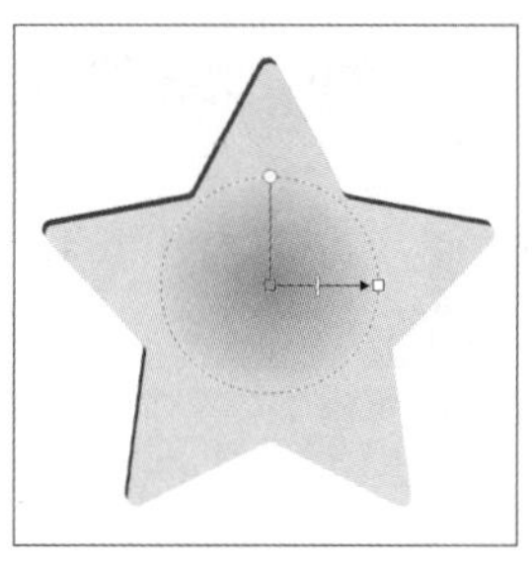
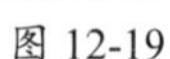
图 12-19

图 12-20

图 12-21

12.2 多层轮廓和混合

CorelDRAW支持创建类似混合的轮廓效果，也可以在对象与对象之间创建混合，下面进行详细介绍。

12.2.1 轮廓效果

轮廓图工具可以方便快捷地创建不同类型的轮廓效果。选择“轮廓图工具”，在属性栏中可以设置参数，如图12-22所示。

图 12-22

选择页面中的图形对象，选中“轮廓图工具”，在对象上按住鼠标左键拖曳，将按照现有的轮廓图属性创建轮廓图，如图12-23所示。用户也可以在属性栏中设置参数，软件将自动按照设置创建轮廓，如图12-24所示。

图 12-23

图 12-24

12.2.2 轮廓图效果

创建轮廓图效果后，可以通过属性栏中的选项调整轮廓图效果，下面进行详细介绍。

1. 调整轮廓图的偏移方向

在属性栏中选择轮廓偏移的方向按钮，将改变轮廓图的偏移方向。选择页面中的图形对象，如图12-25所示。单击轮廓图工具，在属性栏中单击“到中心”按钮，此时软件自动更新图形的大小，形成到中心的图形效果，如图12-26所示。单击“内部轮廓”按钮，设置步长，此时图形效果发生变化，如图12-27所示。

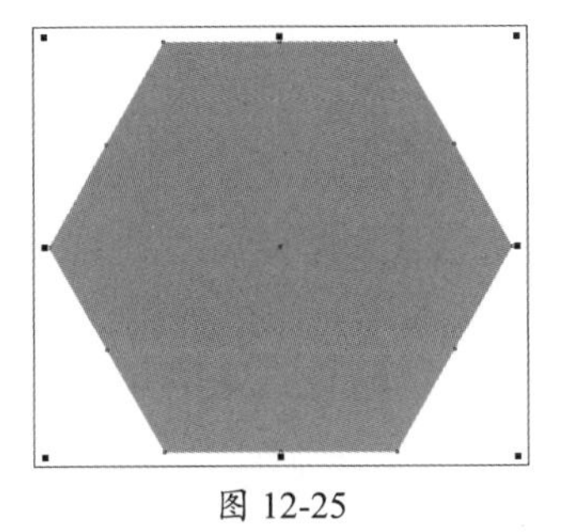

图 12-25

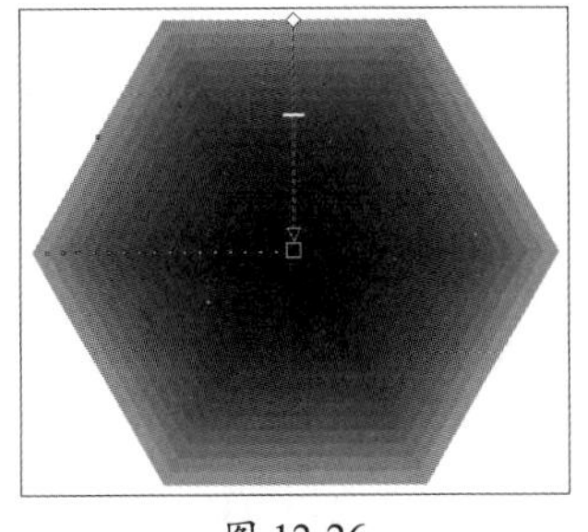

图 12-26

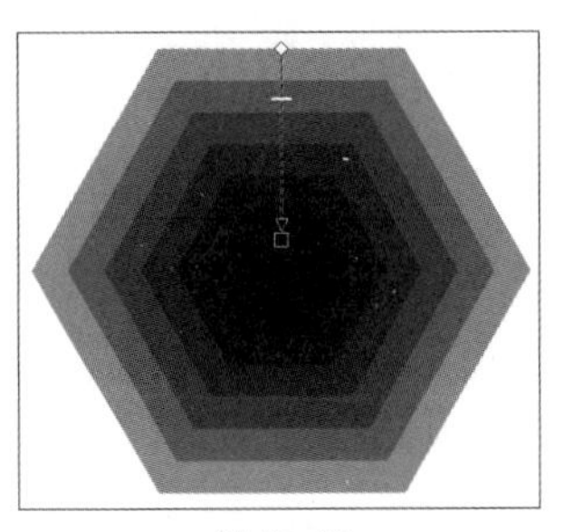

图 12-27

2. 调整轮廓图颜色

用户可以通过属性栏中的选项和自定义颜色的方式来调整轮廓图的颜色。要自定义轮廓图的轮廓色和填充色，可直接在属性栏中更改其轮廓色和填充色，也可在调色板中调整对象的轮廓色和填充色，以更改对象的显示效果。而调整轮廓图的颜色方向，则可通过单击属性栏中的“线性轮廓色”按钮、“顺时针轮廓色”按钮或“逆时针轮廓色”按钮来实现。图12-28～图12-30所示为设置相同的轮廓色和填充色后，分别单击不同的方向按钮后得到的效果。

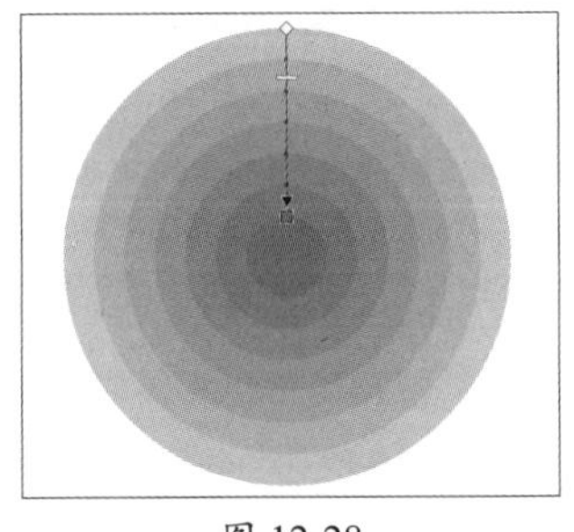

图 12-28

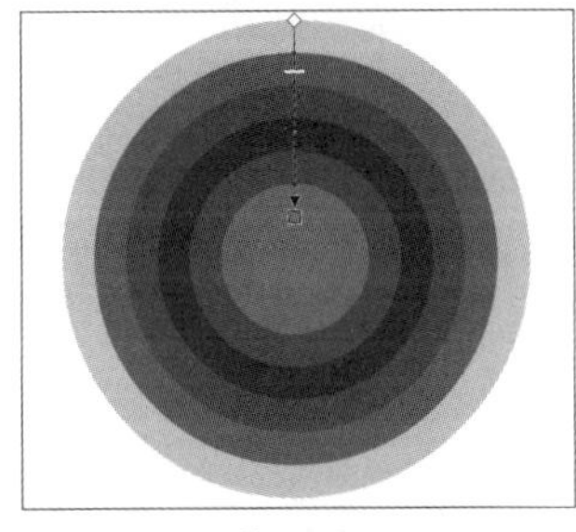

图 12-29

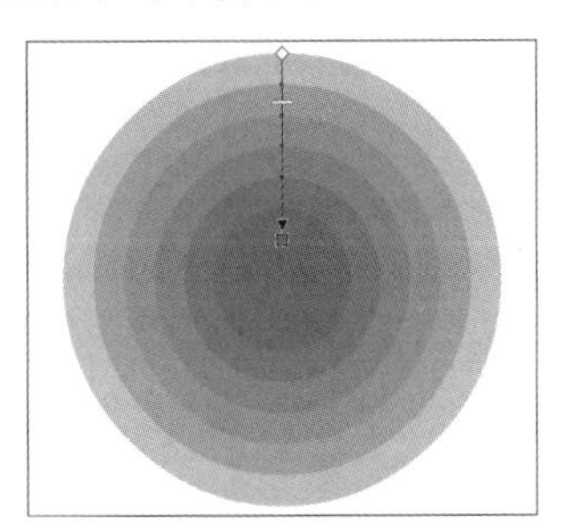

图 12-30

3. 加速轮廓图的对象和颜色

加速轮廓图的对象和颜色即调整对象轮廓偏移间距和颜色的效果。在轮廓图工具的属性栏中单击“对象和颜色加速”按钮，打开加速选项设置面板，如图12-31所示。默认状态下，加速对象和颜色为锁定状态，调整其中一项，则另一项也会随之调整。

单击“锁定”按钮将其解锁后，可分别对“对象”和“颜色”选项进行单独的加速调整。图12-32、图12-33所示分别为“对象”和“颜色”选项进行同时调整和单独调整“对象”后的图形效果。

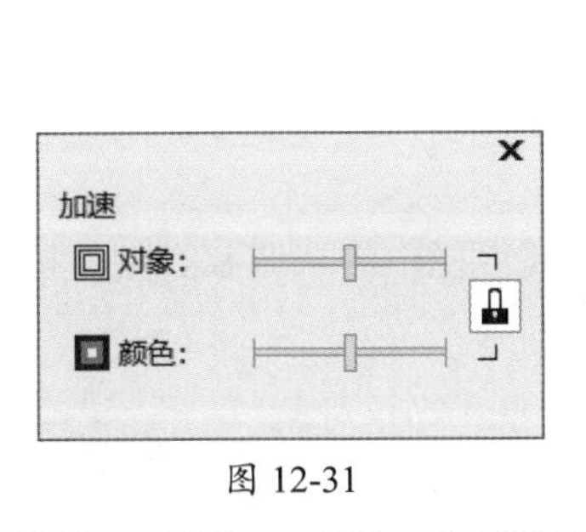

图 12-31

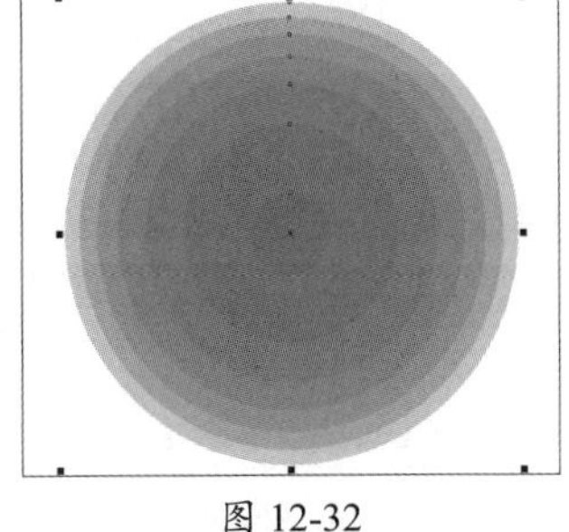

图 12-32

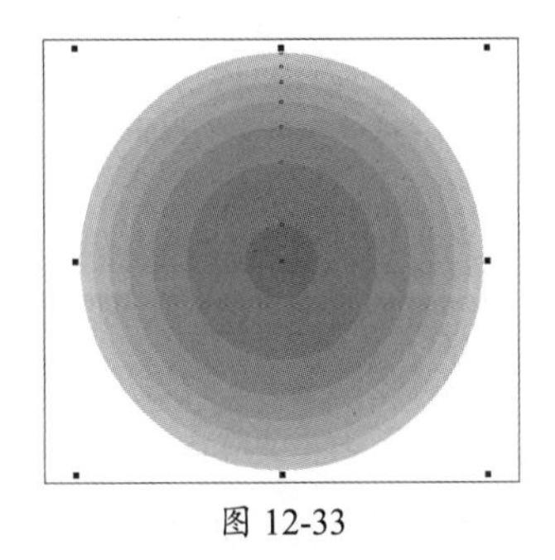

图 12-33

知识点拨 执行“窗口”|“泊坞窗”|“效果”|“轮廓图”命令或按Ctrl+F9命令，将打开“轮廓图”泊坞窗，从中同样可以调整轮廓图效果。

12.2.3 混合效果

混合工具是创建图形间混合的工具，选择该工具，属性栏中将显示与之相关的属性参数，如图12-34所示。

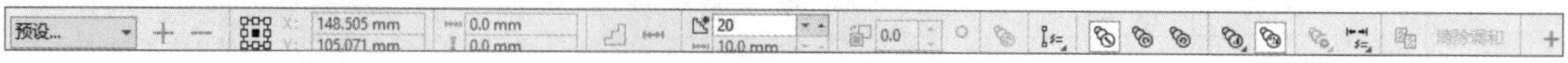

图 12-34

选中需要进行混合的图形对象，单击混合工具，在一个图形上单击并拖曳光标至另一个图形上，释放鼠标将创建两个图形间的混合效果，如图12-35所示。移动图形对象的位置，混合效果也会发生变化，如图12-36所示。

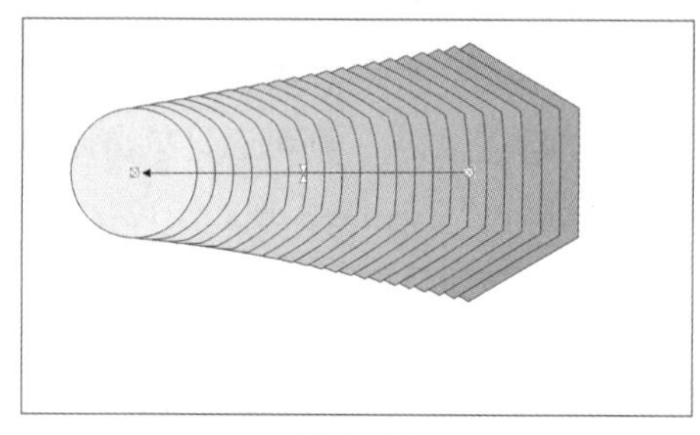

图 12-35

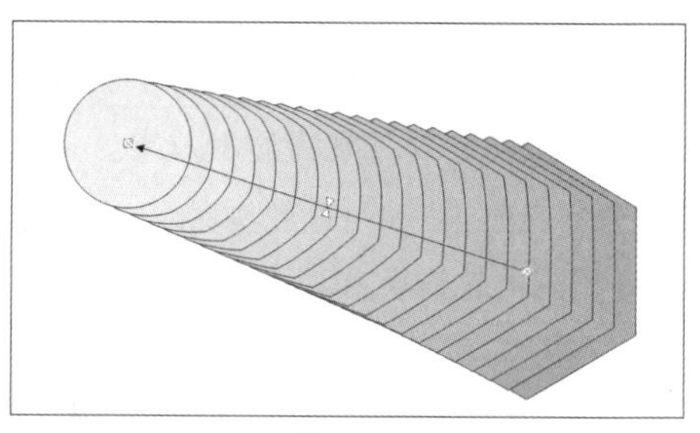

图 12-36

通过混合工具，用户既可以实现图形间的混合，又可以对混合效果进行调整，如加速调和对象、拆分调和对象等，下面进行详细介绍。

1. 加速调和对象

加速调和对象是对调和之后的对象形状和颜色进行调整。单击“对象和颜色加速”按钮，在弹出的加速选项面板中显示“对象”和“颜色”两个选项。拖动滑块设置加速选项，可让图像显示不同的效果。图12-37、图12-38所示为不同的调整效果。也可以直接在图像中对中心点的箭头进行拖动，设置调和对象的加速效果。

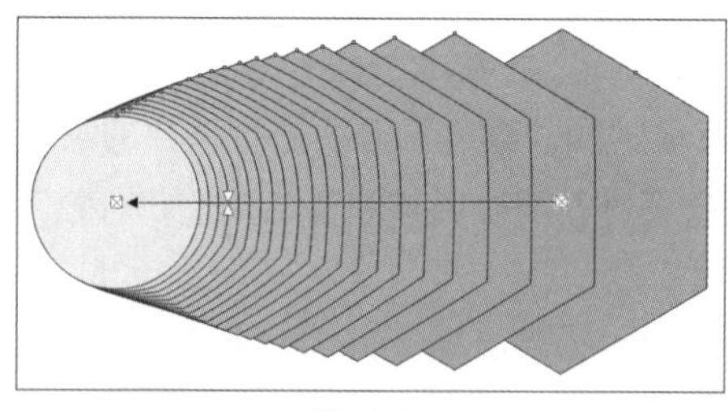

图 12-37

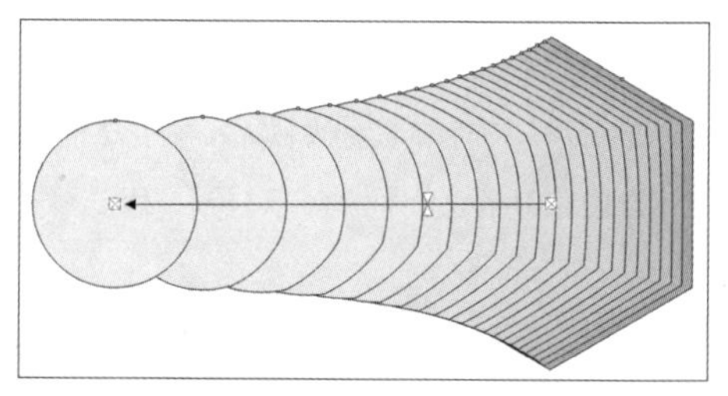

图 12-38

2. 设置调和类型

对象的调整类型即调整时渐变颜色的方向。用户可通过在属性栏中的“调和类型”按钮组中单击不同调和类型的按钮进行设置。

- 单击“直接调和”按钮，渐变颜色直接穿过调和的起始对象和终止对象。
- 单击“顺时针调和”按钮，渐变颜色顺时针穿过调和的起始对象和终止对象。
- 单击“逆时针调和”按钮，渐变颜色逆时针穿过调和的起始对象和终止对象。

图12-39、图12-40所示分别为顺时针调和对象及逆时针调和对象的效果。

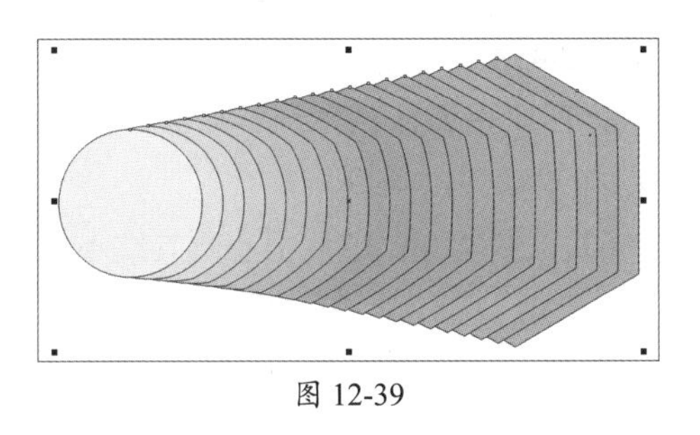

图 12-39

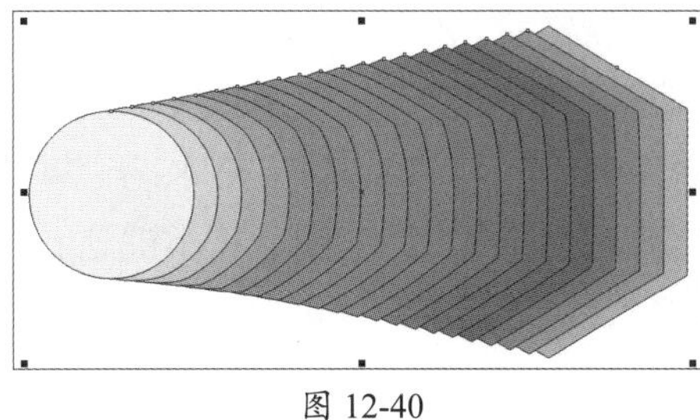

图 12-40

3. 拆分调和对象

拆分调和对象是将调和后的对象从中间打断，作为调和效果的转折点。通过拖动打断的调和点，可对调和对象的位置进行调整。

选中调和对象，单击属性栏中的“更多调和选项”按钮，在弹出的面板中选择“拆分”选项，此时光标变为拆分箭头状。在调和对象上单击，如图12-41所示，此时拖曳鼠标可调整拆分的独立对象的位置，如图12-42所示。

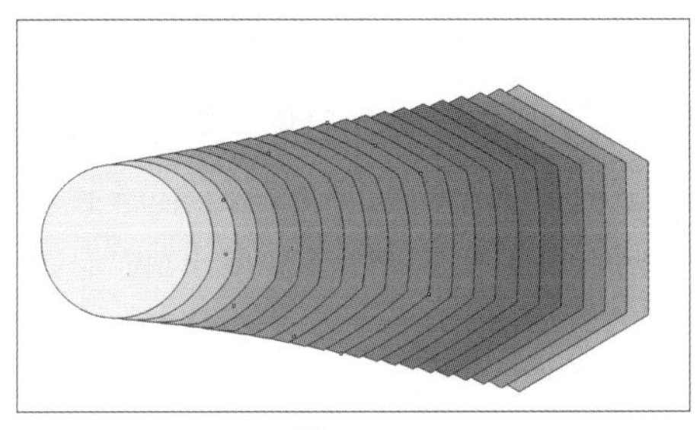

图 12-41

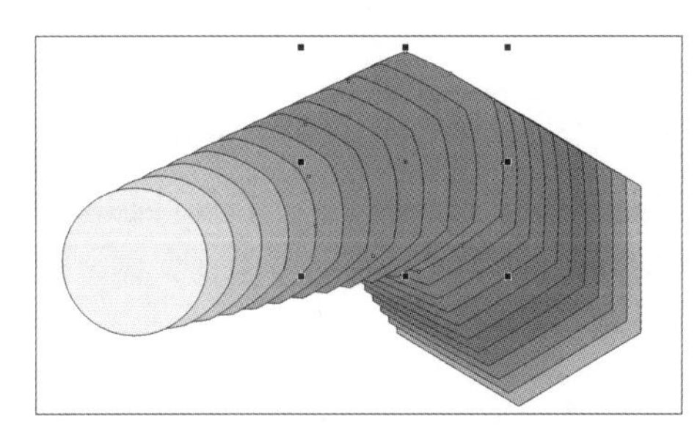

图 12-42

4. 嵌合新路径

嵌合新路径是将已运用调和效果的对象嵌入新的路径，即将新的图形作为调和后图形对象的路径进行嵌入操作。选择运用调和后的图形对象，单击属性栏中的“路径属性”按钮，在弹出的面板中选择“新路径”选项，将光标移动到新图形上，此时光标变为箭头形状，如图12-43所示。在该图形上单击，此时调和后的图形对象将自动以该图形为新路径执行嵌入操作，得到的效果如图12-44所示。

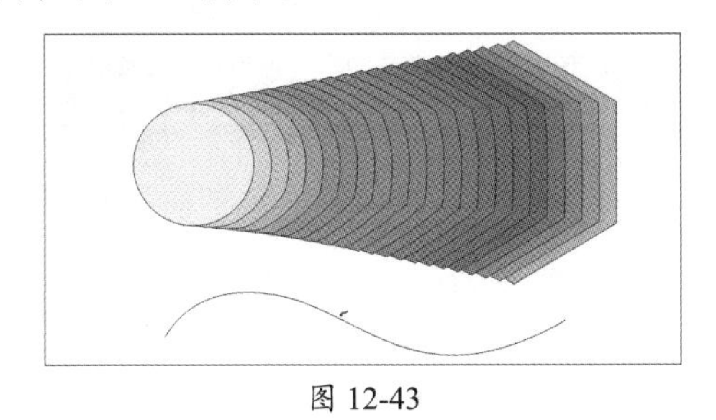

图 12-43

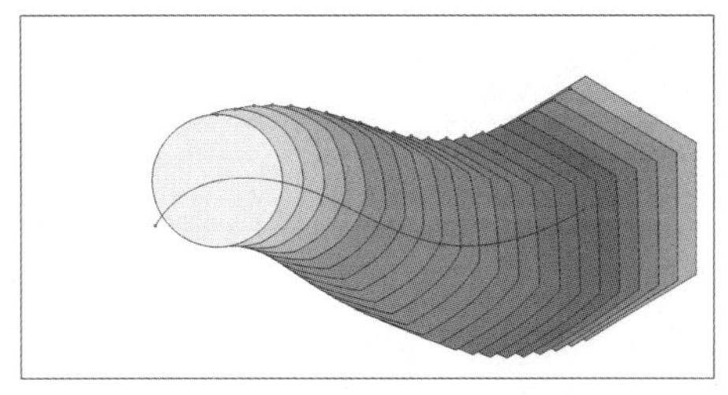

图 12-44

动手练 炫彩绮丽花纹

素材位置：**本书实例\第12章\炫彩绮丽花纹\花纹.cdr**

本练习介绍炫彩绮丽花纹的制作，主要运用的知识包括混合工具的应用等。具体操作方法如下。

步骤01 新建宽、高各为100mm的文档，效果如图12-45所示。

步骤02 按住Ctrl键，使用多边形工具绘制正六边形，在属性栏中调整参数，设置填充为无，轮廓为洋红色（#E40082），轮廓宽度为0.5mm，效果如图12-46所示。

步骤03 选中绘制的六边形，按小键盘上的+键复制，按住Shift键从中心将其缩小，并旋转30°，设置轮廓颜色为青色（#00A2E9），如图12-47所示。

图 12-45

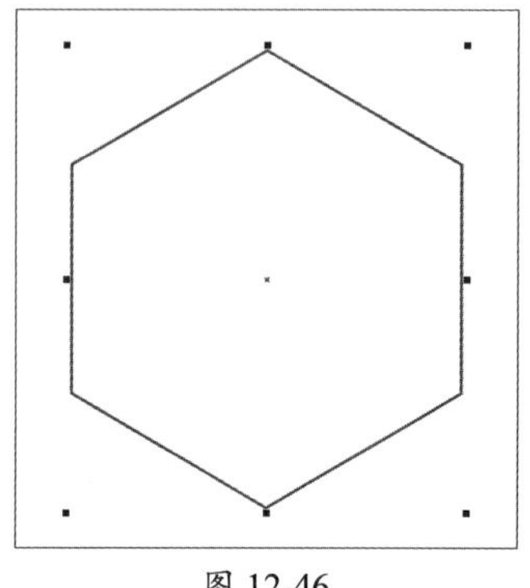

图 12-46

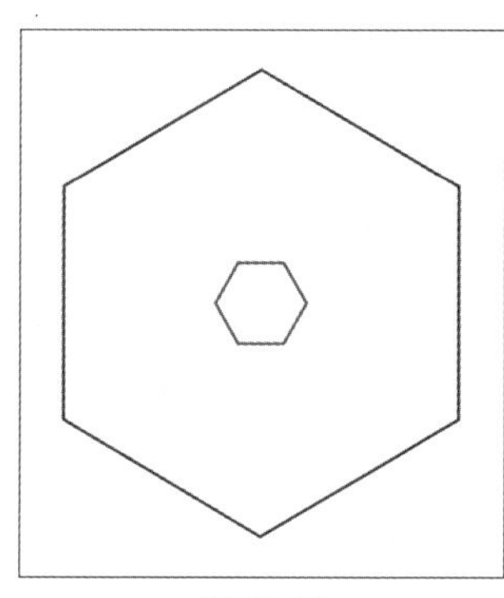

图 12-47

扫码看彩图

步骤04 选择“混合工具”，移动光标至其中一个六边形上，按住鼠标左键拖曳至另一个六边形创建混合，如图12-48所示。在属性栏中设置调和方向为60°，效果如图12-49所示。

步骤05 继续调整其他参数及图形，还可以制作不同的效果，如图12-50所示。

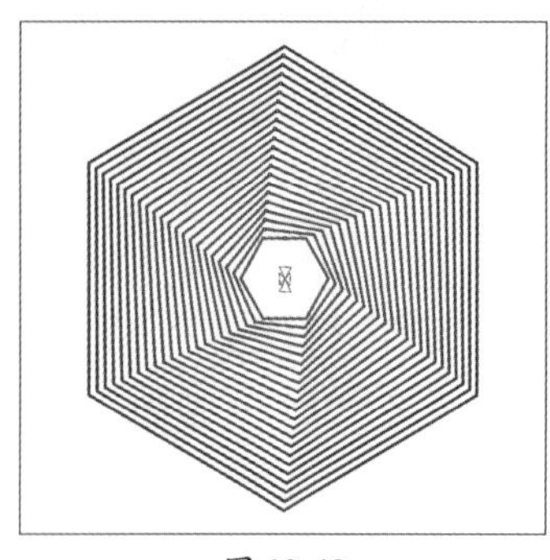

图 12-48

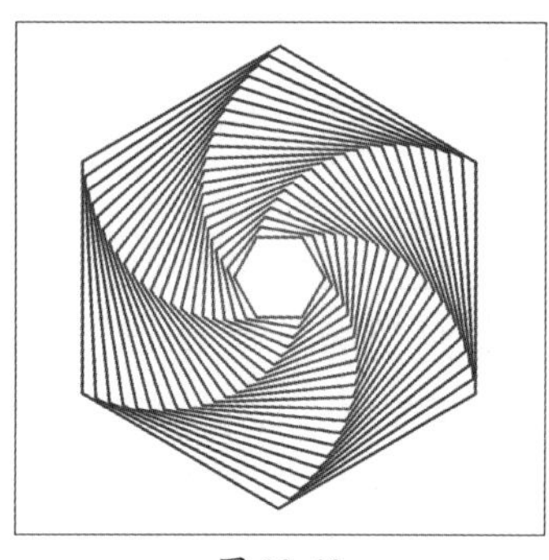

图 12-49

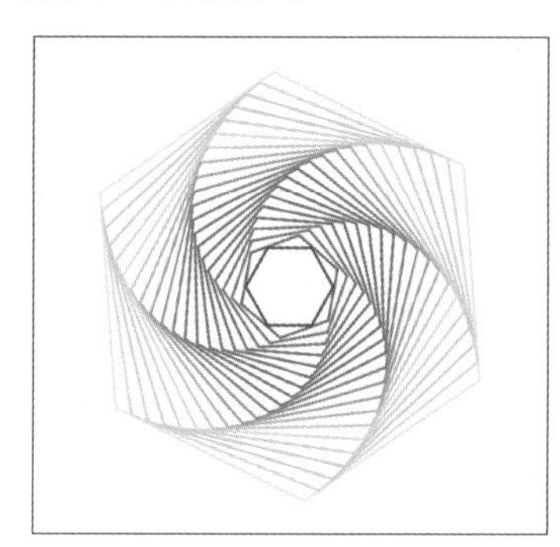

图 12-50

12.3 对象的形态

变形工具、封套工具、立体化工具都可以改变对象的形态，使图形效果更加复杂生动，下面进行详细介绍。

12.3.1 推拉变形

推拉变形可以通过推入和外拉边缘变形图形对象。选择“变形工具”，在属性栏中单击“推拉变形”按钮，显示相应的属性参数，如图12-51所示。其中部分常用选项的功能如下。

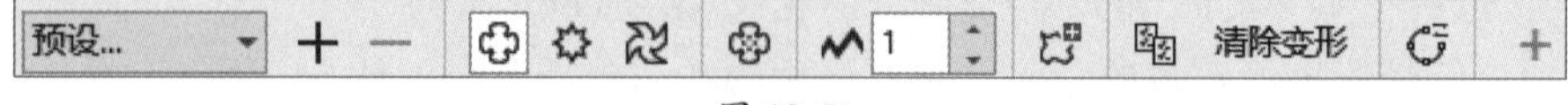

图 12-51

- **居中变形**：单击该按钮，可居中显示对象中的变形效果。
- **推拉振幅**：用于设置推拉失真的振幅。当数值为正数时，表示向对象外侧推动对象节点。当数值为负数时，表示向对象内侧推动对象节点。
- **添加新的变形**：用于将变形应用于现有变形的对象。
- **复制变形属性**：将文档中另一个图形对象的变形属性应用到所选对象上。
- **清除变形**：在应用变形的图形对象上单击该按钮，即可清除变形效果。
- **转化为曲线**：单击该按钮，可将图形转化为曲线，此时允许使用形状工具修改图形对象。

选中图形对象后，在属性栏中设置参数或直接在页面中拖动光标即可，图12-52、图12-53所示为变形前后效果。

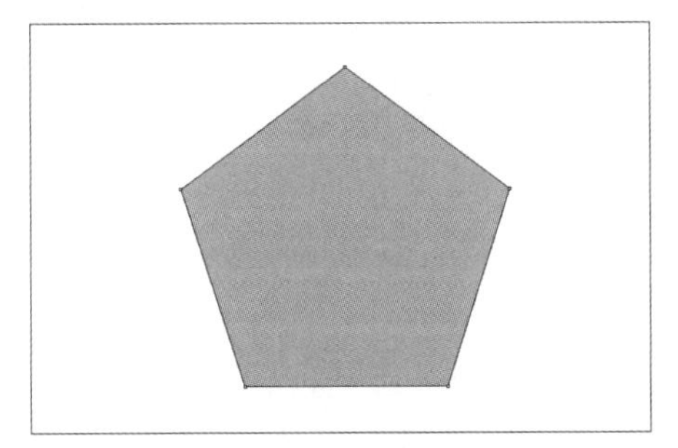

图 12-52

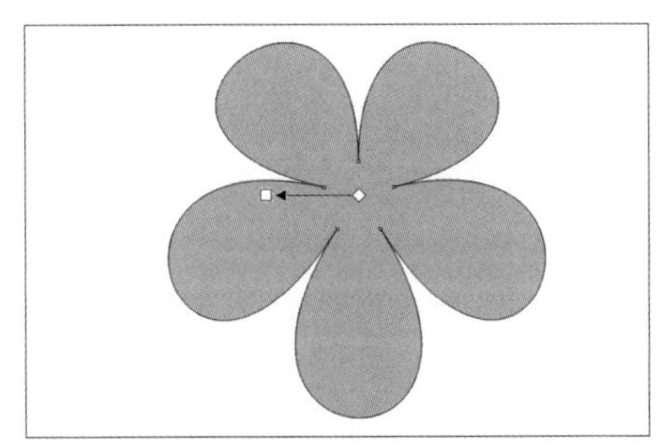

图 12-53

12.3.2 拉链变形

拉链变形可以在对象边缘应用锯齿效果。选择“变形工具”，在属性栏中选择“拉链变形”按钮，显示相应的属性参数，如图12-54所示。其中部分常用选项的功能如下。

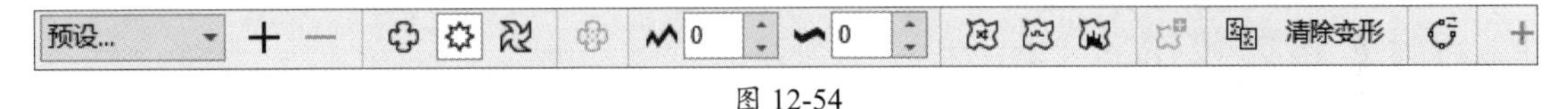

图 12-54

- **拉链振幅**：用于设置锯齿高度，取值范围为0～100，数字越大，振幅越大，同时通过在对象上拖动光标，变形的控制柄越长，振幅越大。
- **拉链频率**：用于设置锯齿数量。
- **随机变形**：选择该按钮，将随机设置变形效果。
- **平滑变形**：选择该按钮，将平滑变形中的节点。
- **局限变形**：选择该按钮，随着变形的进行，将降低变形效果。

图12-55、图12-56所示为变形前后的效果。

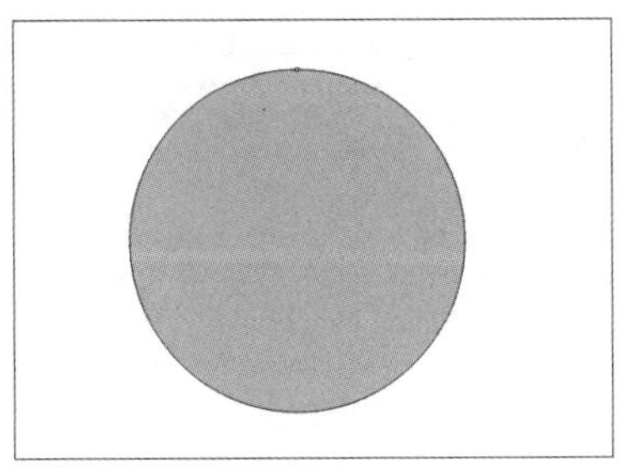

图 12-55

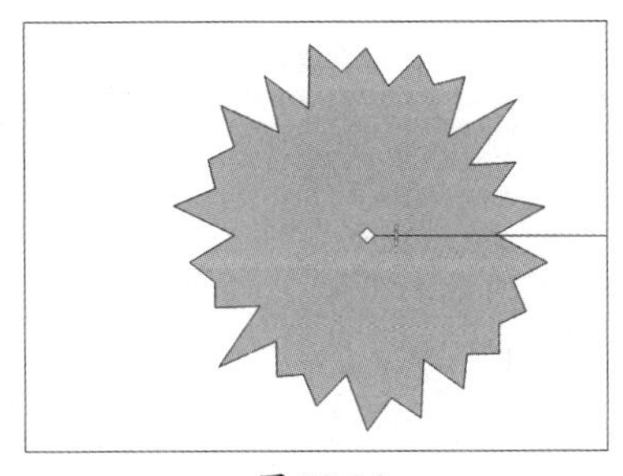

图 12-56

12.3.3 扭曲变形

扭曲变形可以旋转对象制作出旋涡效果。选择“变形工具”，在属性栏中选择“扭曲变形”按钮，显示相应的属性参数，如图12-57所示。其中部分常用选项的功能如下。

图 12-57

- **旋转方向按钮组**：包括“顺时针旋转”按钮和“逆时针旋转”按钮。单击不同的方向按钮后，扭曲的对象将以对应的旋转方向扭曲变形。
- **完全旋转**：设置扭曲的完整旋转数，以调整对象旋转扭曲的程度，数值越大，扭曲程度越强。
- **附加角度**：在旋转扭曲变形的基础上附加的内部旋转角度，对扭曲后的对象内部做进一步的扭曲角度处理。

图12-58、图12-59所示为变形前后的效果。

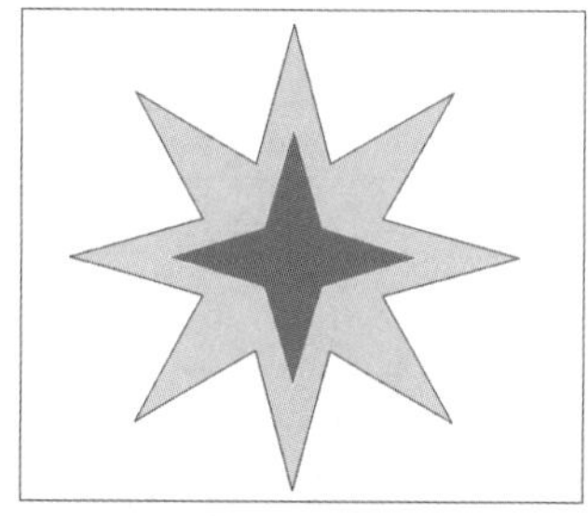

图 12-58

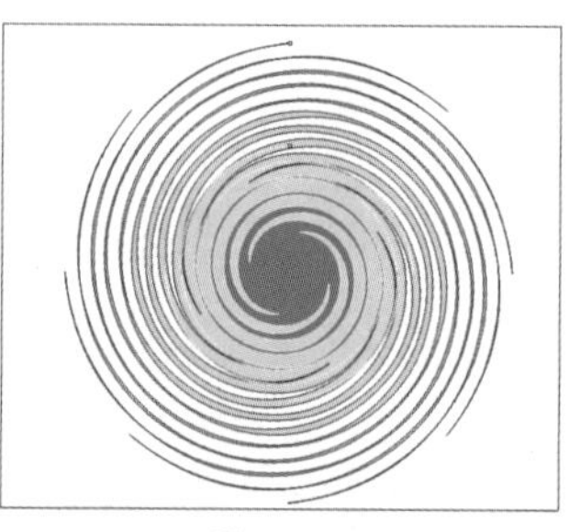

图 12-59

12.3.4 封套效果

封套工具可以通过应用封套，并拖动封套节点更改对象的形状。选择该工具，属性栏如图12-60所示。

图 12-60

选择页面中的对象，如图12-61所示。选择“封套工具”，在属性栏中可选择预设的效果，图12-62所示为应用“圆形”预设的效果。用户也可以选择图形上的节点，按住鼠标左键拖曳调整，如图12-63所示。

图 12-61

图 12-62

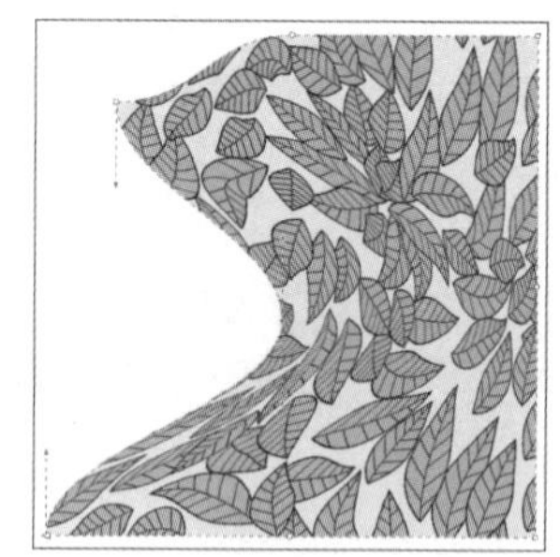

图 12-63

若想根据其他形状创建封套，可以选择对象后单击属性栏的“创建封套自”按钮，此时光标变为黑色箭头状，如图12-64所示。在形状上单击，将根据形状进行封套，如图12-65所示。

图 12-64

图 12-65

CorelDRAW支持调整已添加的封套效果，如设置封套模式、设置封套映射模式等。下面对此进行介绍。

1. 设置封套模式

选择图形后，单击封套工具，在其属性栏中单击相应的封套模式按钮，将切换到相应的封套模式中。

默认情况下封套模式为“非强制模式”。该模式变化比较自由，其他三种强制性封套模式是通过直线、单弧或双弧的强制方式对对象进行封套变形处理，以达到较规范的封套变形处理。图12-66～图12-68所示为“直线模式”“单弧模式”和“双弧模式”下的调整效果。

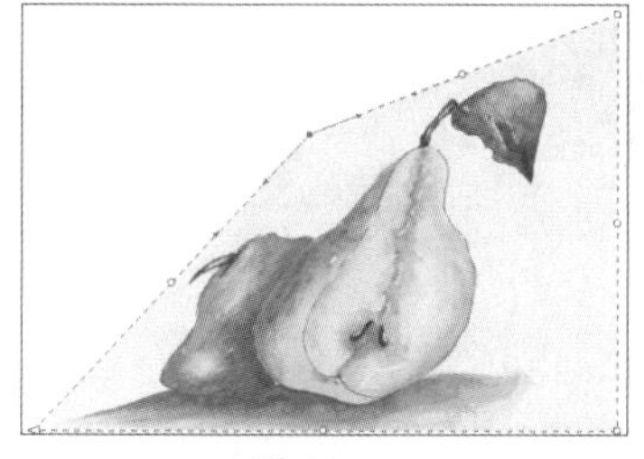
图 12-66

图 12-67

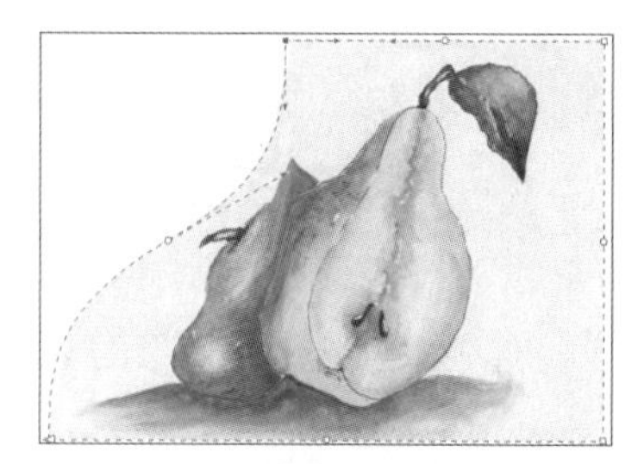
图 12-68

知识点拨 “非强制模式”下可以同时对封套的多个节点进行调整；而“直线模式”“单弧模式”和“双弧模式”下，只能单独对各节点进行调整。

2. 设置封套映射模式

封套映射模式是指封套的变形方式，包括“水平”“原始”“自由变形”和“垂直”四种，默认为“自由变形”。

其中，“原始”和“自由变形”封套映射模式是较为随意的变形模式。应用这两种封套映射模式将对对象的整体进行封套变形处理。“水平”封套映射模式是对封套节点水平方向上的图形进行变形处理。“垂直”封套映射模式是对封套节点垂直方向上的图形进行变形处理。图12-69～图12-71所示分别为原图、“水平”和“垂直”封套映射模式下的调整效果。

图 12-69

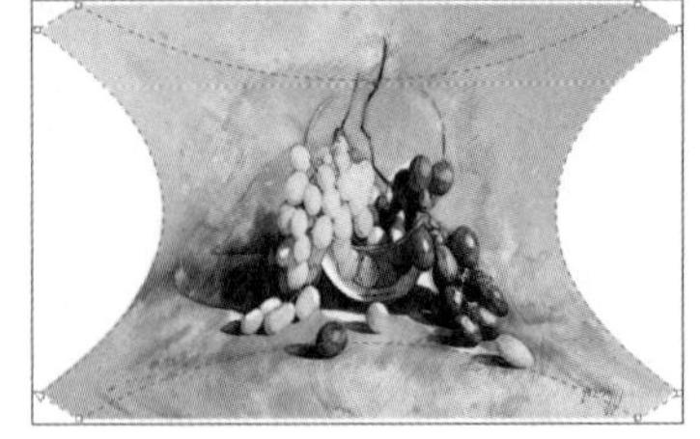
图 12-70

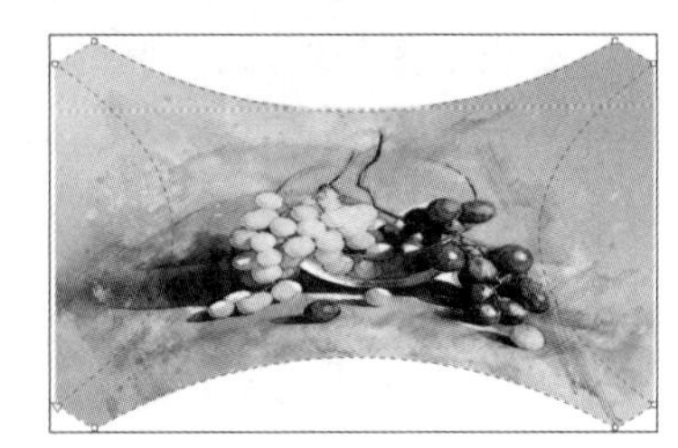
图 12-71

12.3.5 立体化效果

立体化工具可以向对象添加三维效果，制作出立体化的效果。选择该工具，在属性栏中可以设置属性参数，如图12-72所示。

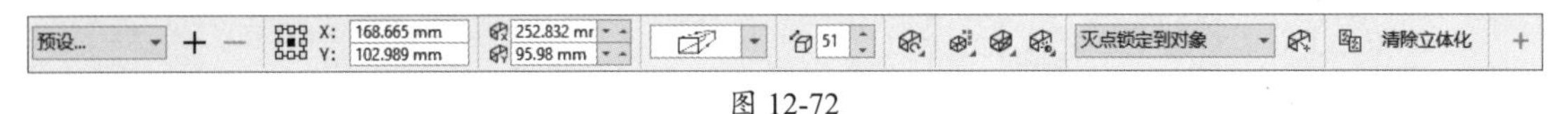

图 12-72

选择页面中的图形对象，选择立体化工具，在属性栏中设置参数，选中的图形将应用立体化效果，如图12-73、图12-74所示。用户也可以在选中立体化工具后，按住鼠标左键拖曳创建立体化效果。

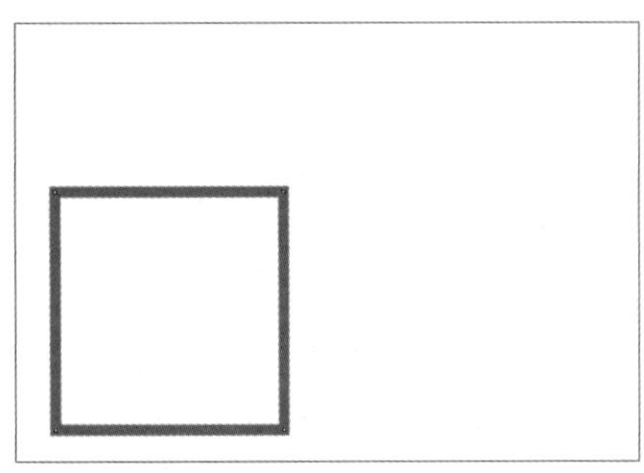
图 12-73

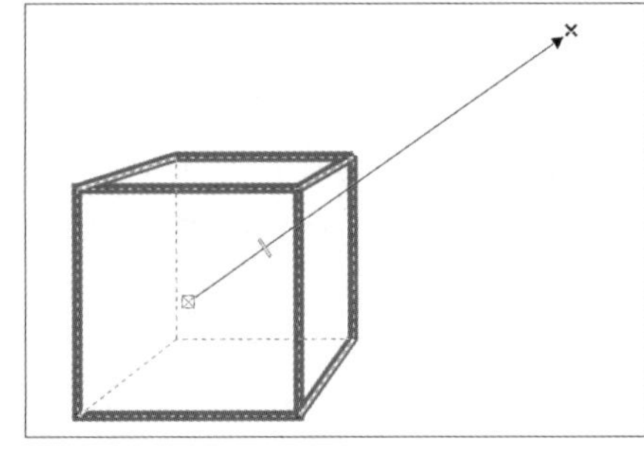
图 12-74

选中添加立体化效果的对象，在属性栏中可以对其角度、颜色、光照效果等进行调整。

1. 调整立体化旋转

选中立体化对象，单击属性栏中的“立体化旋转”按钮，在弹出的选项面板中拖动数字模型，如图12-75、图12-76所示，将调整立体化对象的旋转方向。单击右下角的按钮，将切换至旋转值，进行精确的设置，如图12-77所示。若想恢复原始状态，单击左下角的按钮即可。

图 12-75

图 12-76

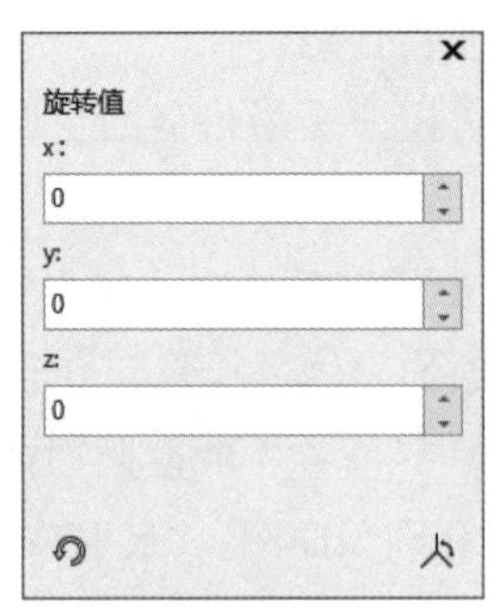

图 12-77

2. 调整立体对象的颜色

选中立体化对象，单击属性栏中的“立体化颜色”按钮，在弹出的选项面板中单击“使用纯色”按钮，可以在该选项面板中设置立体化对象的颜色，如图12-78所示，效果如图12-79所示。

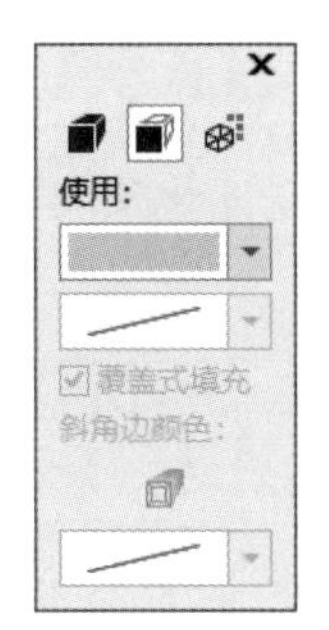

图 12-78

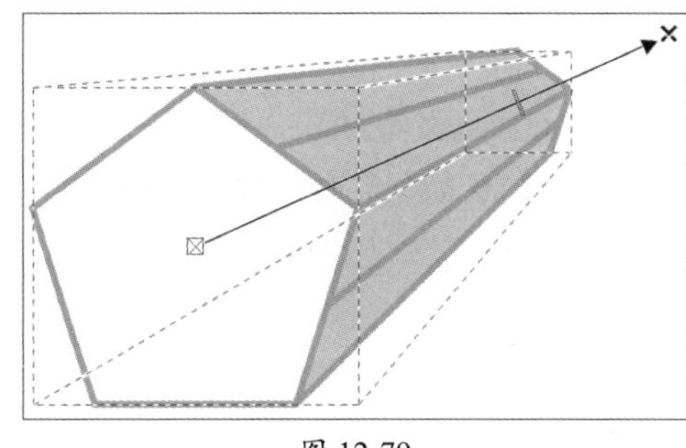

图 12-79

若在颜色面板中单击“使用递减的颜色”按钮，将切换到相应的面板，如图12-80所示。在该面板中单击“从”和“到”下拉按钮，设置不同的颜色，设置后立体化对象的颜色也随之变化，如图12-81所示。

图 12-80

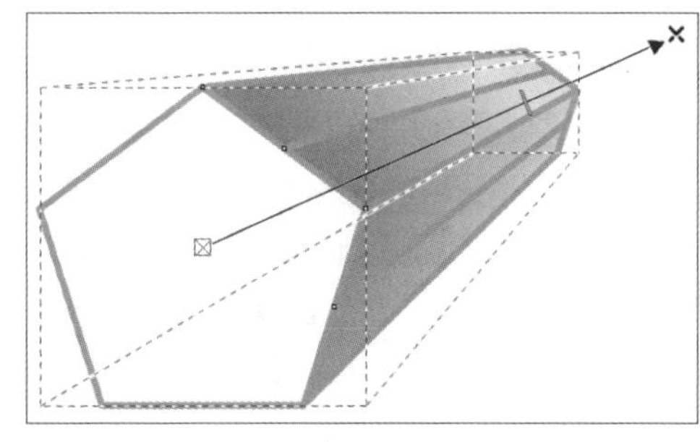

图 12-81

3. 调整立体对象的照明效果

立体对象的照明效果是通过模拟三维光照原理为立体化对象添加真实的灯光照射效果，从而丰富图形的立体层次，赋予更真实的质感。

选中立体化对象，在属性栏中单击“立体化照明”下拉按钮，在弹出的选项面板中可分别单击相应的数字按钮，如图12-82所示，为对象添加多个光源效果。还可在光源网格中单击拖动光源点的位置，结合使用“强度”滑块调整光照强度，对光源效果进行整体控制。图12-83所示为添加了照明效果的图像。

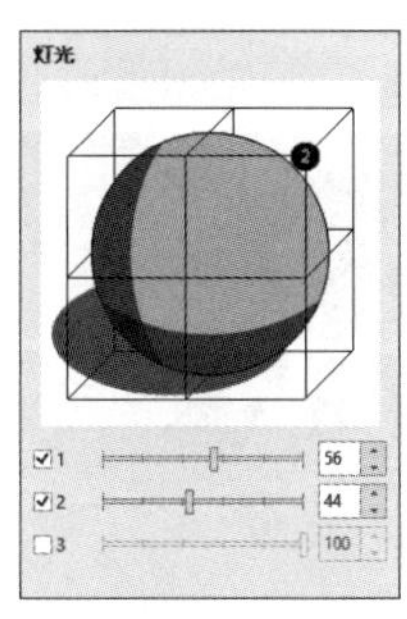

图 12-82

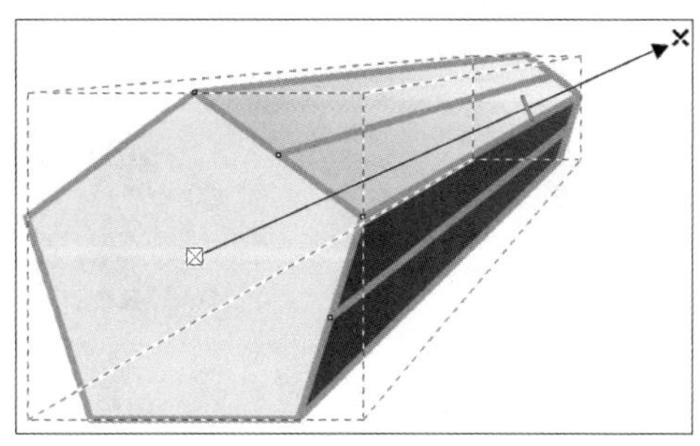

图 12-83

动手练 立体化文字

素材位置：**本书实例\第12章\立体化文字\文字.cdr**

本练习介绍立体化文字的制作，主要运用的知识包括文字的输入、立体化工具的应用等。具体操作方法如下。

步骤01 使用文本工具在页面中输入文本，设置字体为金山云技术体，字体大小为200.0pt，文本颜色为月光绿（#D9E483），效果如图12-84所示。选择“立体化工具”，移动光标至文本上，按住鼠标左键拖曳创建立体化效果，如图12-85所示。

图 12-84

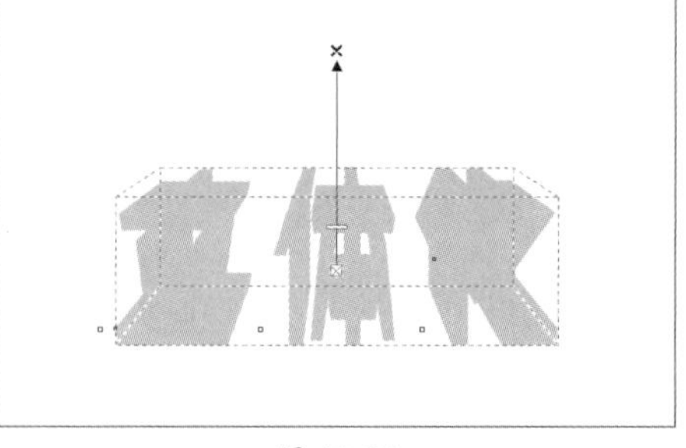

图 12-85

步骤02 在属性栏中设置深度，效果如图12-86所示。

步骤03 单击属性栏中的“立体化颜色”按钮，在弹出的面板中选择“使用递减的颜色”按钮设置颜色，如图12-87所示。效果如图12-88所示。

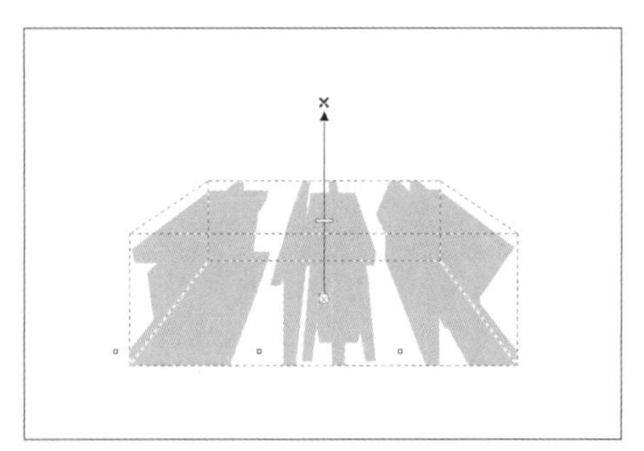

图 12-86

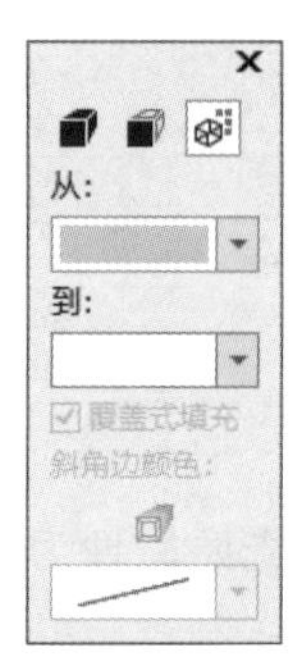

图 12-87

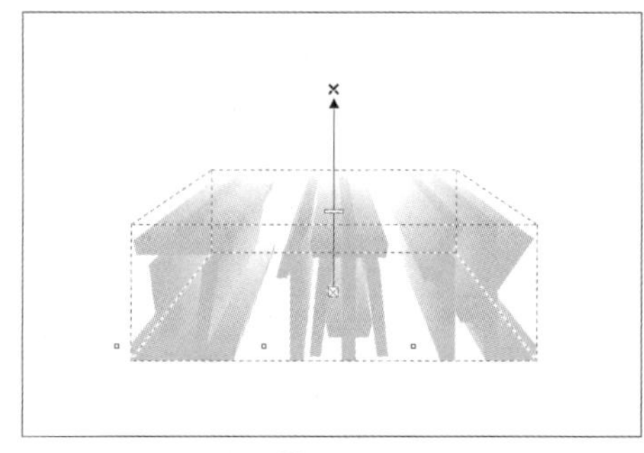

图 12-88

步骤04 单击属性栏中的“立体化照明”按钮，在弹出的面板中设置照明效果，如图12-89所示。效果如图12-90所示。

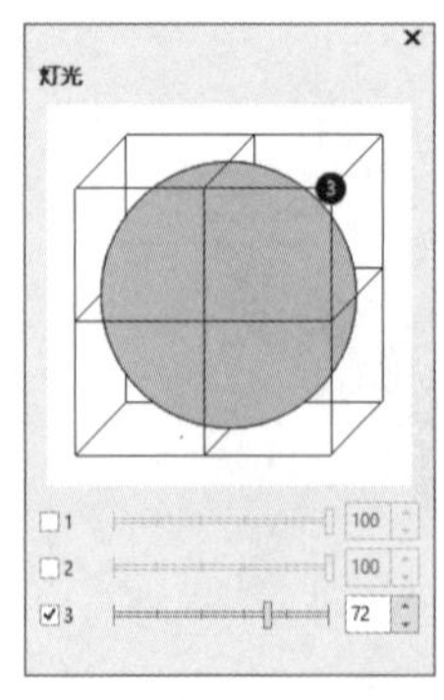

图 12-89

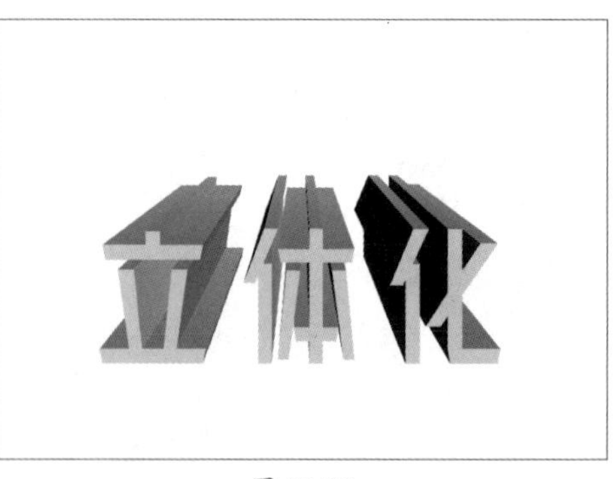

图 12-90

Ps+CDR

Photoshop+CorelDRAW

第13章 位图效果的添加

本章对位图效果的添加进行介绍，包括位图的基本操作，图像调整实验室、色阶等色彩调整的操作，三维旋转、球面等三维特效的应用，艺术笔触、创造性等其他特效的应用等。了解并掌握这些知识，可以帮助用户熟练地应用特效制作各种效果，增加设计作品的艺术性。

要点难点

- 掌握位图的导入与调整
- 掌握色彩调整的效果
- 掌握三维特效的应用
- 掌握常用特效的应用

13.1 矢量图与位图的转换

CorelDRAW支持矢量图形与位图之间的转换，以实现更加复杂的平面效果。下面对此进行介绍。

13.1.1 将矢量图转换为位图

选中矢量图形，执行“位图”|“转换为位图”命令，打开“转换为位图”对话框，如图13-1所示。从中对生成位图的相关参数进行设置，完成后单击“确定”按钮即可。图13-2、图13-3为转换前后效果。

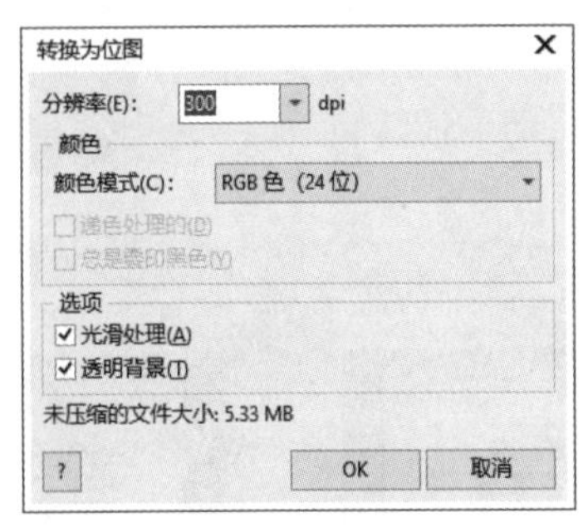

图 13-1

图 13-2

图 13-3

13.1.2 将位图转换为矢量图

CorelDRAW中可以通过描摹将位图转换为可编辑的矢量图形，如快速描摹、中心线描摹、轮廓描摹等，这些描摹方式的特点如下。

- **快速描摹**：默认为上次使用的描摹方法。按Ctrl+J组合键打开“选项”对话框，选择PowerTRACE选项卡，从中可以设置快速描摹方法，如图13-4所示。
- **中心线描摹**：又称为“笔触描摹”，使用线条描摹对象，适用于描摹技术图解、地图、线条画和拼版等。该方式包括“技术图解”和“线条画”两种方式，如图13-5所示。
- **轮廓描摹**：又称为“填充”或“轮廓图描摹”，通过无轮廓的曲线描摹对象，适用于描摹剪贴画、徽标和橡皮图像。该方式包括“线条图”、“徽标”等多种方式，如图13-6所示。

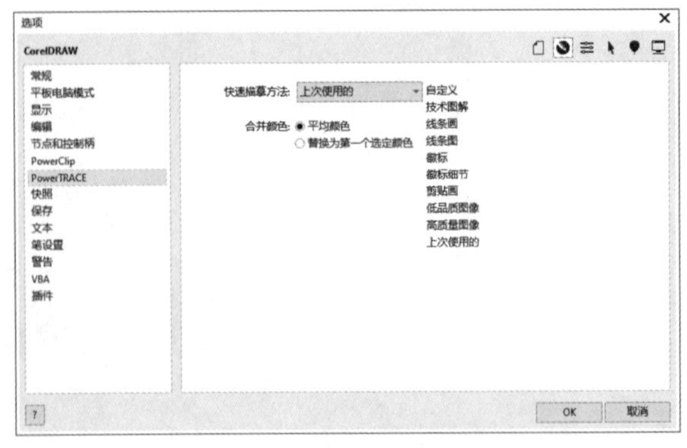

图 13-4

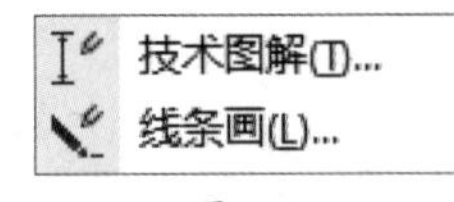

图 13-5

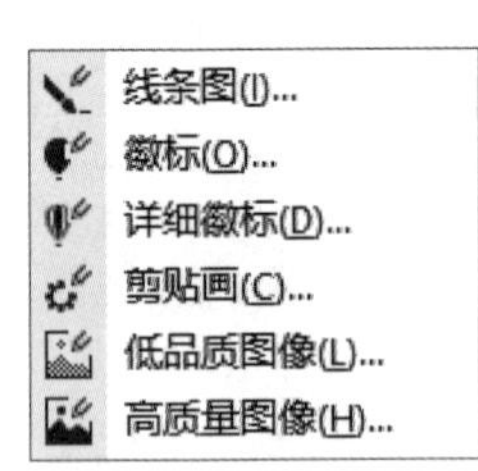

图 13-6

选择位图，在属性栏中单击“描摹位图”按钮，在弹出的快捷菜单中执行相应的命令即可，图13-7、图13-8为快速描摹前后的对比效果。

图 13-7

图 13-8

需要注意的是，选择“中心线描摹”或“轮廓描摹”命令下的子命令时，将打开PowerTRACE对话框，从中可对描摹效果进行精确的设置，如图13-9所示。

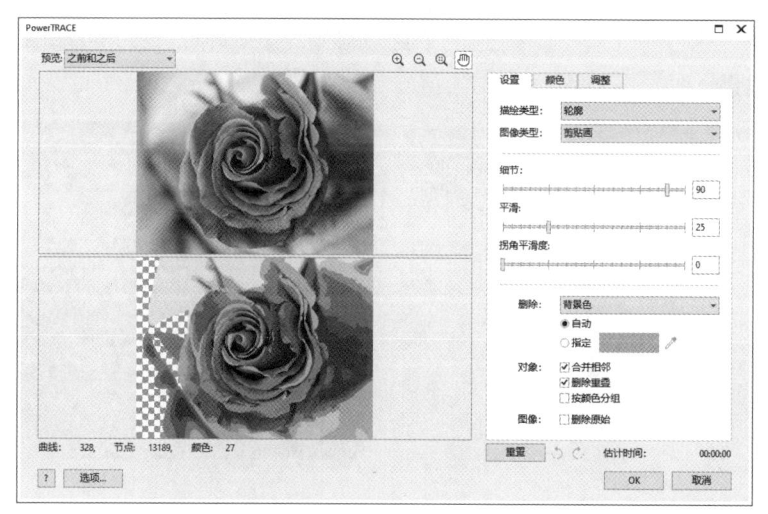

图 13-9

13.2 位图的色彩调整

色彩对位图的视觉效果和表现力影响极大，软件中提供用于调整位图色彩的效果，这些效果有的是位图专用的，如图像调整实验室等，有的位图、矢量图均可使用，如自动调整、色阶等，下面对其中常用的部分进行介绍。

13.2.1 图像调整实验室

“图像调整实验室”效果是专门针对位图的效果，它集图像的色温、饱和度、对比度、高光等调色命令于一体，可以快速全面地调整图像颜色。选中位图图像，执行“位图”|“图像调整实验室”命令，打开“图像调整实验室”对话框，如图13-10所示。从中拖动滑块设置参数即可，图13-11所示为调整后的效果。

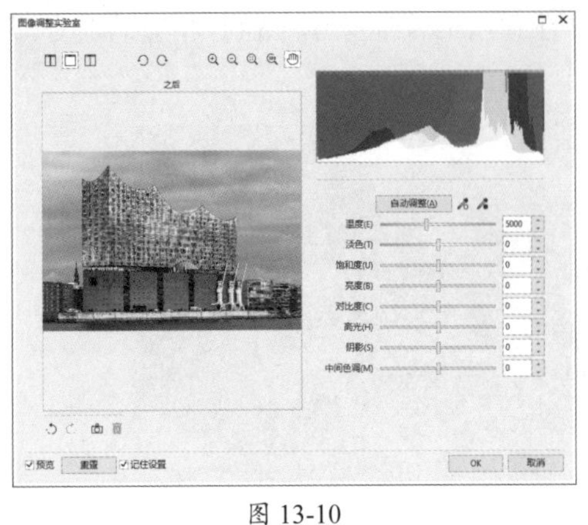

图 13-10

图 13-11

13.2.2 自动调整

“自动调整”效果是软件根据图像的对比度和亮度进行快速的自动匹配，让图像效果更清晰分明。选中对象，执行“效果”|“调整”|“自动调整”命令即可，图13-12、图13-13所示为调整前后的对比效果。

图 13-12

图 13-13

13.2.3 局部平衡

“局部平衡”效果可以增加图像边缘附近的对比度，并展现亮区和暗区的细节，创建风格化的效果。选中对象，执行“效果”|“轮廓图”|“局部平衡”命令即可，图13-14、图13-15所示为前后的对比效果。

图 13-14

图 13-15

13.2.4 色阶

“色阶”效果可以在保留阴影和高亮度显示细节的同时，调整位图的色调、颜色和对比度。选中对象，执行“效果”|“调整”|“色阶”命令，在“属性”泊坞窗中设置各通道的参数即可。图13-16、图13-17所示为调整前后的效果。

图 13-16

图 13-17

13.2.5 样本&目标

“样本&目标”效果可以使用从图像中选取的色样来调整位图中的颜色值，如从图像的阴影、中间调和高光部分选取色样，然后设置目标颜色，将其应用于每个色样。选中对象，执行“效果”|“调整”|“样本&目标”命令，在“属性”泊坞窗中设置参数即可。图13-18、图13-19所示为调整前后的效果。

图 13-18

图 13-19

13.2.6 调合曲线

“调合曲线”效果可以通过控制各个像素值精确地调整图像中的阴影、中间值和高光的颜色，从而快速调整图像的明暗关系。选中对象，执行“效果”|“调整”|“调合曲线”命令，在“属性”泊坞窗中调整曲线即可。图13-20、图13-21所示为调整前后的效果。

图 13-20

图 13-21

13.2.7 亮度

“亮度”效果可以调整所有颜色的亮度以及明亮区域与暗调区域之间的差异。选中对象，执行“效果”|“调整”|“亮度”命令，在“属性”泊坞窗中设置参数即可。图13-22、图13-23所示为调整前后的效果。

图 13-22

图 13-23

13.2.8 颜色平衡

“颜色平衡”效果可以在原色的基础上添加其他颜色，或通过某种颜色的补色，减少该颜色的数量，从而改变图像色调，达到纠正图像偏色或制作单色图像的效果。选中对象，执行“效果”|“调整”|“颜色平衡”命令，在“属性”泊坞窗中设置参数即可进行调整。图13-24、图13-25所示为调整前后的效果。

图 13-24

图 13-25

13.2.9 替换颜色

“替换颜色”效果可以替换图像、选定内容或对象中的一种或多种颜色。选中对象，执行“效果”|“调整”|“替换颜色”命令，在“属性”泊坞窗中设置原始颜色和新建颜色，再进行调整即可。图13-26、图13-27所示为调整前后的效果。

图 13-26

图 13-27

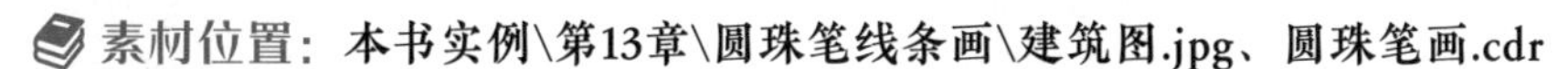

动手练 圆珠笔线条画

素材位置：本书实例\第13章\圆珠笔线条画\建筑图.jpg、圆珠笔画.cdr

本练习介绍圆珠笔线条画效果的制作，主要运用的知识包括“色阶”效果的应用等。具体操作方法如下。

步骤01 导入素材图像，在属性栏中设置大小与文档一致，调整其与页面居中对齐，效果如图13-28所示。选中位图，执行“效果”|“调整”|“色阶”命令，在“属性”泊坞窗的下半部分设置参数，如图13-29所示。

图 13-28

级别
RGB
0 255
72 2.2 224

图 13-29

步骤02 继续在“属性”泊坞窗中设置参数，如图13-30所示。

步骤03 效果如图13-31所示。

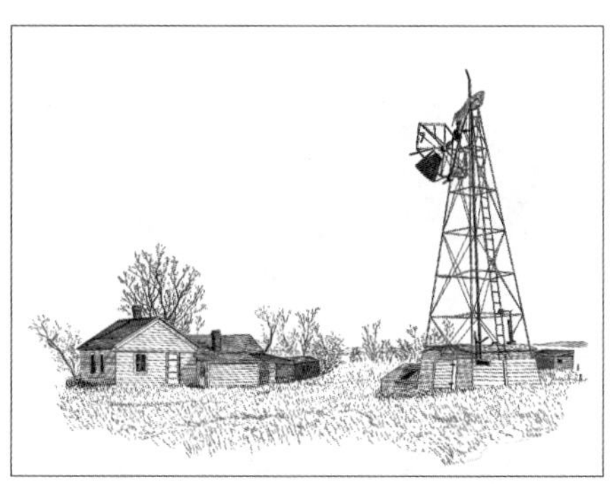

图 13-30

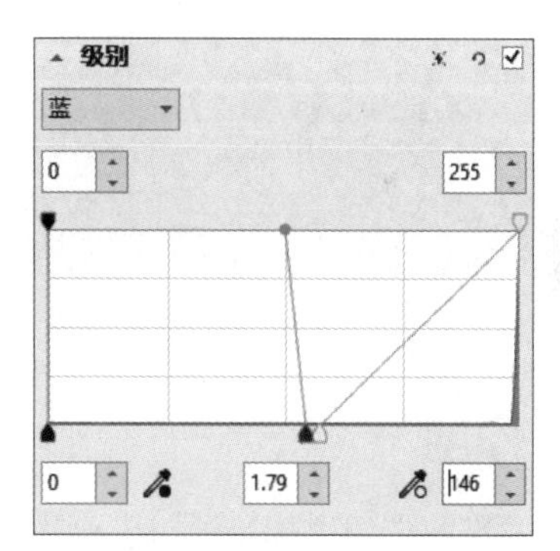

图 13-31

13.3 应用三维特效

“三维效果”效果组中的效果可以使对象呈现出三维变换的效果。执行“效果”|“三维效果”命令，在弹出的菜单中可查看该组的效果，包括三维旋转、柱面、浮雕、卷页等，这些效果既可用于位图，也可用于矢量对象、文字等。下面进行详细介绍。

13.3.1 三维旋转

“三维旋转”效果可以在三维空间中旋转平面对象。选中对象，执行“效果”|“三维效果”|“三维旋转”命令，在“属性”泊坞窗中输入数值，或直接拖动三维模型，将应用效果。

图13-32、图13-33所示为添加并调整前后的效果对比。

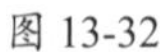

图 13-32　　图 13-33

13.3.2　柱面

“柱面”效果可以将对象塑造成柱面。选中对象，执行“位图”|“三维效果”|“柱面”命令，在“属性”泊坞窗中设置柱面模式及变形强度即可，图13-34、图13-35所示为使用“柱面”效果前后对比。

图 13-34　　图 13-35

13.3.3　浮雕

“浮雕”效果的作用原理是通过勾画图像的轮廓和降低周围色值，产生视觉上的凹陷或凸出效果，形成浮雕感。选中对象，执行“位图”|“三维效果”|“浮雕”命令，在“属性”泊坞窗中设置参数，包括浮雕深度、层次、方向、颜色等，图13-36、图13-37所示为使用“浮雕”效果前后对比。

图 13-36　　图 13-37

13.3.4　卷页

“卷页”效果可以使图像的一个角卷起，模拟出翻页的效果。选中对象，执行“效果”|“三维效果”|“卷页”命令，在“属性”泊坞窗中单击方向按钮设置卷页方向，同时还可通过选中“不透明”或“透明的”单选按钮，对卷页的效果进行设置。另外，还可结合“卷曲度”和“背景颜色”下拉按钮对卷曲部分和背景颜色进行调整。单击“吸管”按钮可在图像中取样颜色，此时卷页的颜色以吸取的颜色进行显示。图13-38、图13-39所示为使用“卷页”效果前后对比。

图 13-38

图 13-39

13.3.5　挤远/挤近

“挤远/挤近”效果可以使对象相对于中心点，通过弯曲挤压图像，产生向内凹陷或向外凸出的变形效果。选中对象，执行“效果”|“三维效果”|“挤远/挤近”命令，在“属性”泊坞窗中拖动“挤远/挤近”选项的滑块，或在文本框中输入相应的数值，可使图像产生变形效果。当数值为0时，表示无变化。当数值为正数时，将图像挤远，形成凹效果，如图13-40所示。当数值为负数时，将图像挤近，形成凸效果，如图13-41所示。

图 13-40

图 13-41

13.3.6　球面

“球面”效果可以在对象中形成平面凸起，模拟类似球面的效果。选中对象，执行“效果”|“三维效果”|“球面”命令，在“属性”泊坞窗中向右拖动“百分比”数值，产生凸起的球面效果，如图13-42所示。向左拖动产生凹陷的球面效果，如图13-43所示。

图 13-42

图 13-43

13.3.7 锯齿形

“锯齿形”效果可以从可调中心点向外扭曲图像产生波形，制作出类似水波纹的效果。选中对象，执行“效果”|“三维效果”|“锯齿形”命令，在“属性”泊坞窗中可以选择波形的类型，并指定其数量和强度。图13-44、图13-45所示为应用“锯齿形”效果前后对比。

图 13-44

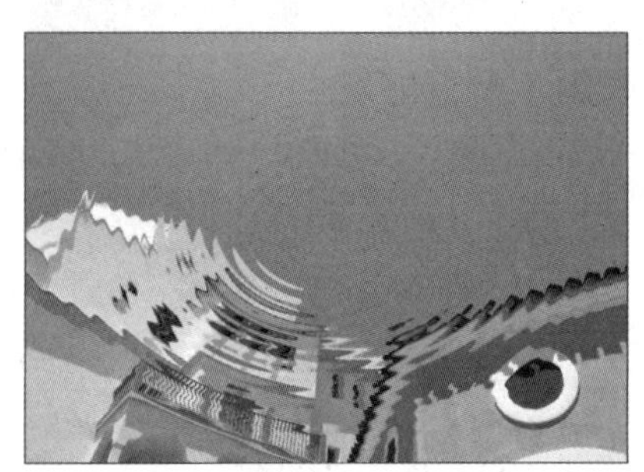

图 13-45

动手练 模拟翻页效果

素材位置：本书实例\第13章\模拟翻页效果\背景.jpg、卷页.cdr

本练习介绍翻页效果的制作，主要运用的知识包括“卷页”三维效果的添加与设置。具体操作方法如下。

步骤01 启动CorelDRAW软件，执行“文件”|“新建”命令，打开“创建新文档”对话框，在其中设置参数，如图13-46所示。完成后单击“确定”按钮，即可新建文档。执行“文件”|“导入”命令导入本章素材文件，调整至合适大小与位置，如图13-47所示。

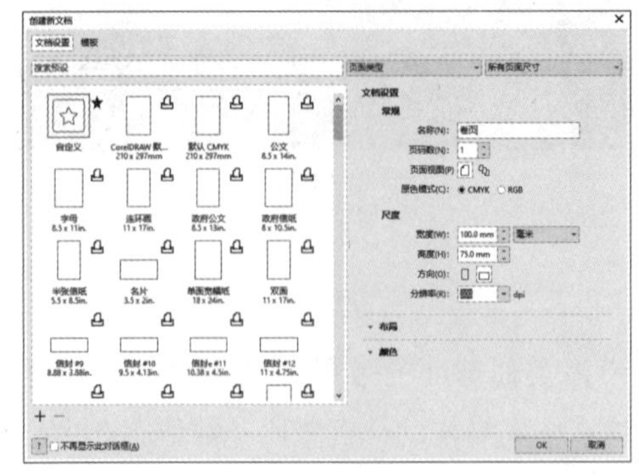

图 13-46

图 13-47

步骤02 选中图像，执行“效果”|“三维效果”|“卷页”命令，在“属性”泊坞窗中设置参数，如图13-48所示。设置后页面的效果如图13-49所示。

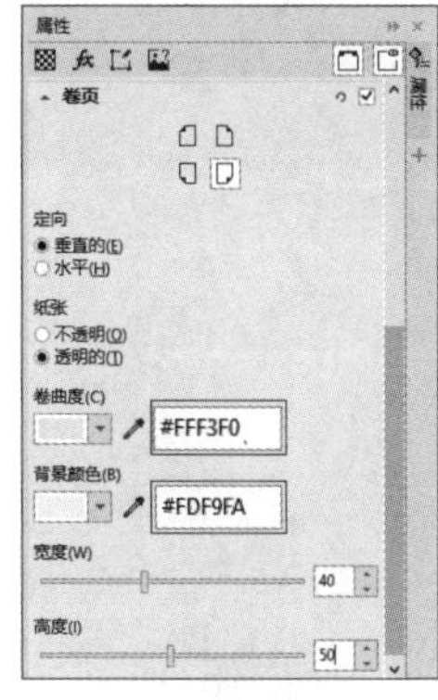

图 13-48

图 13-49

13.4 马赛克特效

CorelDRAW中新增了Pointillizer和PhotoCocktail两种马赛克效果，以轻松制作不同风格的马赛克，下面进行详细介绍。

13.4.1 Pointillizer（矢量马赛克）

Pointillizer效果可以通过任意数量的选定矢量或位图数量，创建高质量的矢量马赛克。多用于制作汽车贴画和窗户装饰项目。

选中对象或对象群组，执行“效果”| Pointillizer命令，打开Pointillizer泊坞窗，如图13-50所示。从中设置密度、屏幕角度、限制颜色等参数，完成后单击“应用”按钮即可。图13-51、图13-52所示为应用Pointillizer效果前后密度对比。

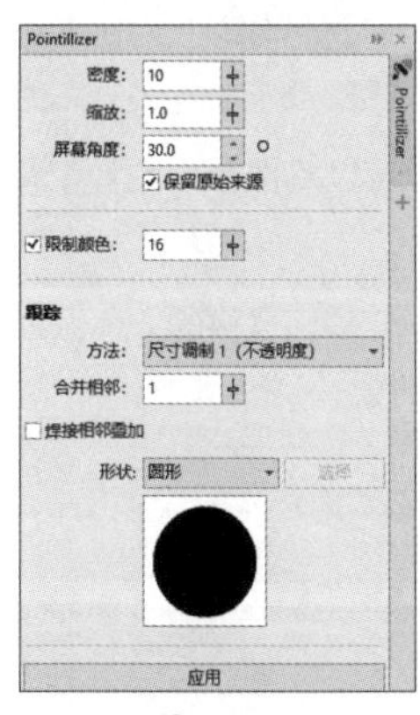

图 13-50

图 13-51

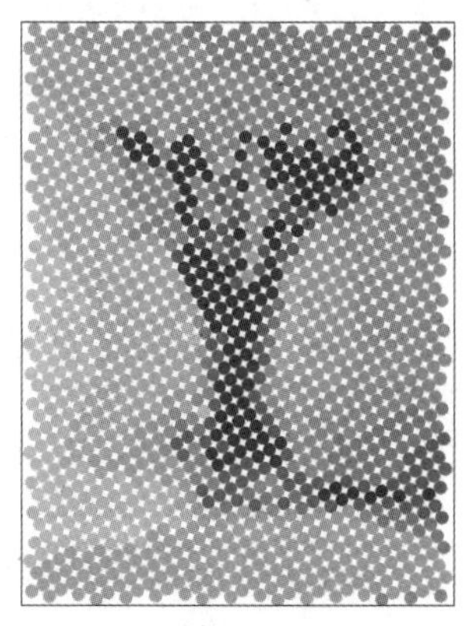
图 13-52

13.4.2 PhotoCocktail

PhotoCocktail（位图马赛克）效果可以将照片和矢量图转换为由选定图像组成的独特马赛克。选择对象或对象群组，执行“效果”| PhotoCocktail命令，打开PhotoCocktail泊坞窗，如

图13-53所示。从中选择要用作平铺的图像文件夹并进行设置，然后单击“应用”按钮即可。图13-54、图13-55所示为应用PhotoCocktail效果前后对比。

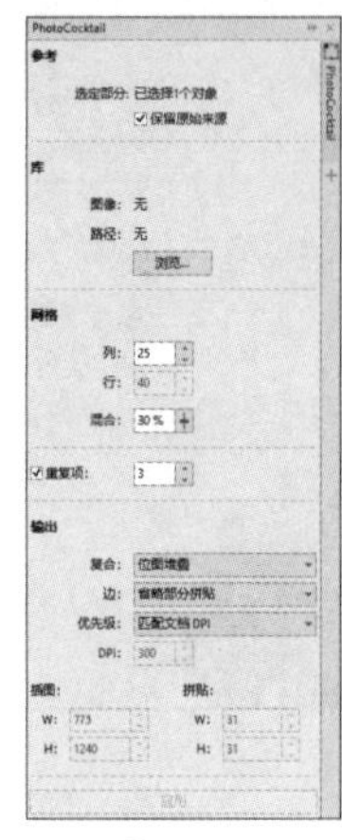

图 13-53

图 13-54

图 13-55

13.5 应用其他特效

“效果”菜单中还包括一些常用的效果组，如艺术笔触、模糊、相机、颜色转换、校正等，这些效果组中效果的作用各不相同，下面进行详细介绍。

13.5.1 艺术笔触

“艺术笔触”效果组中的效果可以对对象进行艺术加工，赋予对象不同的绘画风格效果。其中包括炭笔画、蜡笔画、印象派等效果，这些效果的作用如表13-1所示。

表13-1

效果名称	功能
炭笔画	制作类似于使用炭笔在图像上绘制的图像效果，多用于对人物图像或照片进行艺术化处理
蜡笔画	蜡笔效果包括单色蜡笔画、蜡笔画及彩色蜡笔画3种效果，可以将图像中的像素快速分散，模拟出蜡笔画的效果
立体派	将相同颜色的像素组成小颜色区域，从而让图像形成带有一定油画风格的立体派图像效果
浸印画	使图像像素外观呈现为绘画的色块
印象派	将图像转换为小块的纯色，创建类似印象派作品的效果
调色刀	使图像中相近的颜色相互融合，减少细节以产生写意效果
钢笔画	为图像创建钢笔素描绘图的效果
点彩派	快速赋予图像一种点彩画派的风格
木版画	使图像产生类似于用粗糙剪切的彩纸组成的效果，使彩色图像看起来像由几层彩纸构成，就像刮涂绘画得到的效果一样
素描	使图像产生素描绘画的手稿效果，该功能是绘制功能的一大特色体现
水彩画	描绘图像中景物形状，同时对图像进行简化、混合、渗透，进而使其产生彩画的效果

（续表）

效果名称	功能
水印画	为图像创建水彩斑点绘画的效果
波纹纸画	使图像看起来好像绘制在带有底纹的波纹纸上

13.5.2　模糊

“模糊”效果组中的效果可以模糊处理对象中的像素，其中包括定向平滑、羽化、高斯式模糊等效果，这些效果的功能如表13-2所示。

表13-2

效果名称	功能
调节模糊	包括四种模糊效果，用户可以在编辑图像的过程中调整模糊效果，并使用比较柔和或比较鲜明的焦点预览图像
定向平滑	在图像中添加微小的模糊效果，使图像中渐变的区域变得平滑
羽化	逐渐增加对象边缘的透明度，使其边缘虚化，与背景完美融合
高斯式模糊	通过设置半径参数使图像按照高斯分布变化快速地模糊图像，产生良好的朦胧效果
锯齿状模糊	为图像添加细微的锯齿状模糊效果。值得注意的是，该模糊效果不是非常明显，需要将图像放大多倍后才能观察出其变化效果
低通滤波器	调整图像中尖锐的边角和细节，让图像的模糊效果更柔和，形成一种朦胧的模糊效果
动态模糊	模仿拍摄运动物体的手法，通过使像素进行某一方向上的线性位移产生运动模糊效果
放射式模糊	使图像产生从中心点向外放射的模糊效果。中心点处的图像效果不变，离中心点越远，模糊效果越强烈
智能模糊	选择性地为画面中的部分像素区域创建模糊效果
平滑	减小相邻像素之间的色调差别，使图像产生细微的模糊变化
柔和	使图像中的粗糙边缘变得平滑、柔和，同时不会失去重要的图像细节
缩放	使图像中的像素从中心点向外模糊，离中心点越近，像素越清晰

13.5.3　相机

“相机”效果组中的效果可以模拟摄影过滤器所产生的效果，其中包括着色、扩散、照片过滤器等效果，这些效果的功能如表13-3所示。

表13-3

效果名称	功能
着色	将图像中的颜色替换为单一颜色，形成双色调图像或单色图像
扩散	通过分布图像像素填充空白区域并移除杂点，从而柔化图像
照片过滤器	模拟相机镜头前添加彩色滤镜的效果
镜头光晕	在对象上生成光环，模拟光晕效果

（续表）

效果名称	功能
照明效果	为对象添加光源，制作聚光灯、泛光灯或阳光的效果
棕褐色色调	模拟使用棕褐色胶片拍摄时的外观，使对象色调呈棕褐色
焦点滤镜	通过应用高斯式模糊来控制对象中的焦点区域
延时	提供多种常见的摄影风格，供用户使用

13.5.4　颜色转换

“颜色转换”效果组中的效果可以转换像素的颜色，形成多种特殊效果，其中包括位平面、半色调、梦幻色调和曝光4种效果，这些效果的功能如表13-4所示。

表13-4

效果名称	功能
位平面	将图像中的颜色减少到基本的RGB颜色，使用纯色来表现色调，适用于分析图像的渐变
半色调	从连续的色调图像转换成一系列大小不一的点来表示不同的色调
梦幻色调	将图像中的颜色转换为明亮的电子色，如橙青色、酸橙绿等。在“属性”泊坞窗中，调整“层次”选项的滑块可改变梦幻色调效果的强度。该数值越大，颜色变化效果越强，数值越小，图像色调更趋于一个色调
曝光	反转图像色调，使图像转换为类似照相中的底片效果

13.5.5　轮廓图

“轮廓图”效果组中的效果可以跟踪对象边缘，以独特的方式将复杂图像以线条的方式进行表现。其中包括边缘检测、查找边缘、描摹轮廓和局部平衡4种效果，部分效果的作用介绍如表13-5所示。

表13-5

效果名称	功能
边缘检测	快速找到图像中各种对象的边缘。在“属性”泊坞窗中可对背景色以及检测边缘的灵敏度进行调整
查找边缘	检测图像中对象的边缘，并将其转换为柔和的或者尖锐的曲线，适用于高对比度的图像，在“属性”泊坞窗中，选中“软”单选按钮可产生平滑模糊的轮廓线，选中“纯色”单选按钮可产生尖锐的轮廓线
临摹轮廓	使用16色调色板高光显示图像元素的边缘，用于指定要突出显示的边缘像素
局部平衡	反转图像色调

13.5.6　扭曲

“扭曲”效果组中的效果可以通过不同的方式扭曲图像中的像素，其中包括块状、置换、网孔扭曲等12种效果，这些效果的功能如表13-6所示。

表13-6

效果名称	功能
块状	使图像分裂为若干小块，形成拼贴镂空的效果
置换	在两个图像之间评估像素颜色的值，并根据置换图改变当前图像的效果
网孔扭曲	通过重新定位叠加网格上的节点来变形图像
偏移	按照指定的数值偏移整个图像，并按照指定的方法填充偏移后留下的空白区域
像素	将图像分割为正方形、矩形或者射线的单元
龟纹	通过为图像添加波纹产生变形效果
切变	将图像的形状映射到线段的形状上
旋涡	使图像按照指定的方向、角度和旋涡中心产生旋涡效果
平铺	将图像作为平铺块平铺在整个图像范围内，多用于制作纹理背景效果
湿笔画	使图像产生一种类似于油画未干透、颜料看起来有流动感的效果
涡流	为图像添加流动的涡旋图案
风吹效果	在图像上制作物体被风吹动后形成的拉丝效果。调整“浓度”选项的滑块可设置风的强度。调整“不透明”选项的滑块可改变效果的不透明程度

13.5.7 杂点

“杂点”效果组中的效果可以在图像中添加或去除杂点。其中包括调整杂点、添加杂点、去除龟纹等8种效果，这些效果的功能如表13-7所示。

表13-7

效果名称	功能
调整杂点	用于快速应用软件预设的杂点效果
添加杂点	用于为图像添加颗粒状的杂点，使图像呈现出做旧的效果
三维立体杂点	创建一种杂点效果，以便在以特定方式查看图像时，使图像具有三维纵深感的外观，适用于高对比度的线条图和灰度图
最大值	根据位图最大值颜色附近的像素颜色值调整像素的颜色，以消除图像中的杂点
中值	通过平均图像中像素的颜色值消除杂点和细节。在“属性”泊坞窗中调整“半径”选项的滑块可设置在使用这种效果时选择像素的数量
最小	通过使图像像素变暗的方法消除杂点。在“属性”泊坞窗中调整“百分比”选项的滑块可设置效果的强度，调整“半径”选项的滑块可设置在使用这种效果时选择和评估的像素数量
去除龟纹	去除在扫描的半色调图像中经常出现的图案杂点
去除杂点	去除扫描或者抓取的视频录像中的杂点，使图像变柔和

动手练 素描绘画效果

素材位置：本书实例\第13章\素描绘画效果\雪地.jpg、素描.cdr

本练习介绍素描绘画效果的制作，主要运用的知识包括素描、色阶等效果的应用。具体操作方法如下。

步骤01 新建文档后导入本章素材文件，调整至合适大小与位置，如图13-56所示。

步骤02 选中图像，执行“效果”|“艺术笔触”|“素描”命令，在“属性”泊坞窗中设置参数，如图13-57所示。

图 13-56

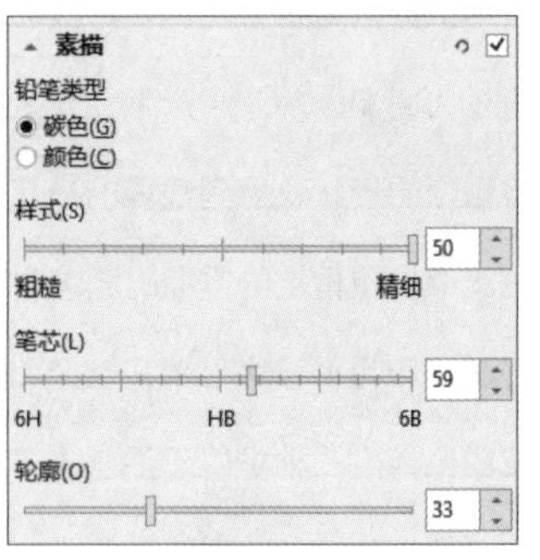

图 13-57

步骤03 此时页面中的效果如图13-58所示。

步骤04 执行“效果”|“调整”|“色阶”命令，在“属性”泊坞窗中设置参数，如图13-59所示。

图 13-58

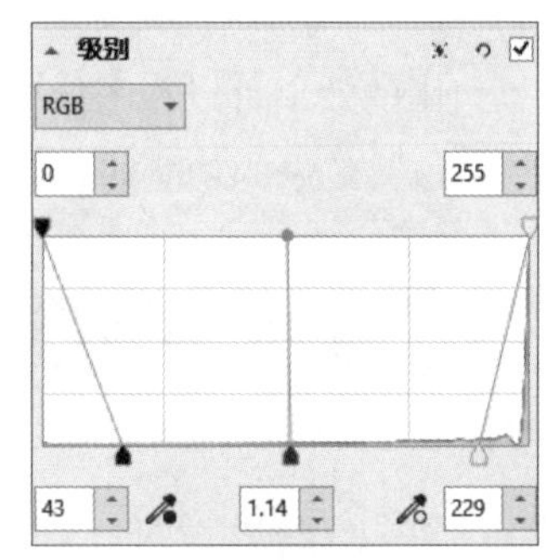

图 13-59

步骤05 继续执行“效果”|“调整”|“亮度”命令，在“属性”泊坞窗中设置参数，如图13-60所示。最终效果如图13-61所示。

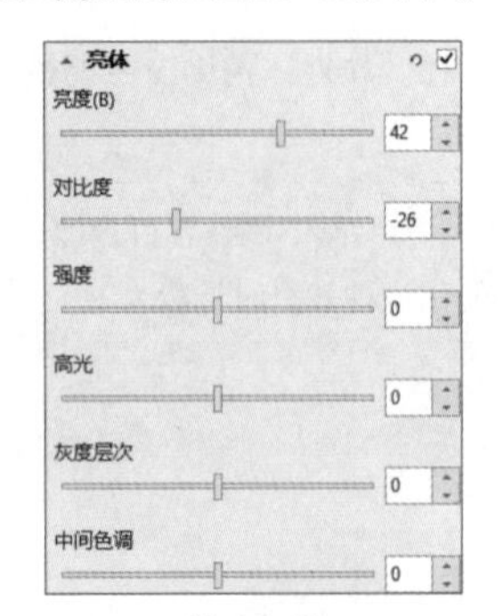

图 13-60

图 13-61

Ps+CDR

Photoshop+CorelDRAW

第14章 案例实战

本章将通过6个案例对前面所讲知识进行巩固复习，其中包括色彩调整、创意合成、图像特效、插画绘制、造型变化以及立体图标设计等，这些案例不仅展示了平面设计的多样性，也展示了设计师在创作过程中的思维方式和技巧运用。

14.1 图像特效：透视文字效果

素材位置：本书实例\第14章\消失点透视文字\楼梯.jpg和涂鸦.png

图像特效是平面设计中用于增强视觉效果和吸引力的重要手段，根据设计需求选择合适的特效，可以为作品增添独特的视觉魅力。本案例使用消失点滤镜制作透视文字效果。主要运用的知识有选区的创建与编辑、消失点滤镜，以及图层混合模式的应用。具体操作方法如下。

步骤01 将素材图像拖动至Photoshop界面中，按Ctrl+A组合键全选，按Ctrl+C组合键复制，如图14-1所示。

步骤02 打开素材图像，在“图层”面板中新建透明图层，如图14-2所示。

图 14-1

图 14-2

步骤03 执行“滤镜”|“消失点”命令，弹出“消失点”对话框，沿台阶创建平面，如图14-3所示。

步骤04 使用“创建平面工具”从现有的平面延伸节点，拖出垂直平面，如图14-4所示。

图 14-3

图 14-4

步骤05 使用相同的方法拖出垂直平面，如图14-5所示。

步骤06 按Ctrl+V组合键粘贴图像，如图14-6所示。

步骤07 将图像拖曳至平面内，按Ctrl+T组合键调整大小，如图14-7所示。

步骤08 单击“确定”按钮应用效果，向左拖动图像调整其位置，如图14-8所示。

图 14-5

图 14-6

图 14-7

图 14-8

步骤09 在“图层”面板中更改图层的混合模式，如图14-9所示。

步骤10 效果如图14-10所示。

图 14-9

图 14-10

14.2 色彩调整：通透感水果效果

素材位置：本书实例\第14章\水果高级效果的呈现\草莓.jpg

在进行色彩调整时，设计师需要掌握色彩理论，包括色阶、色彩平衡、可选颜色等。本案例介绍具有通透感的水果效果的制作，主要运用的知识有调整图层的创建、色阶、色彩平衡等。具体操作方法如下。

步骤01 将素材文件拖动至Photoshop界面中，如图14-11所示。

步骤02 创建“色阶”调整图层，在“属性”面板中设置参数，如图14-12所示。

图 14-11

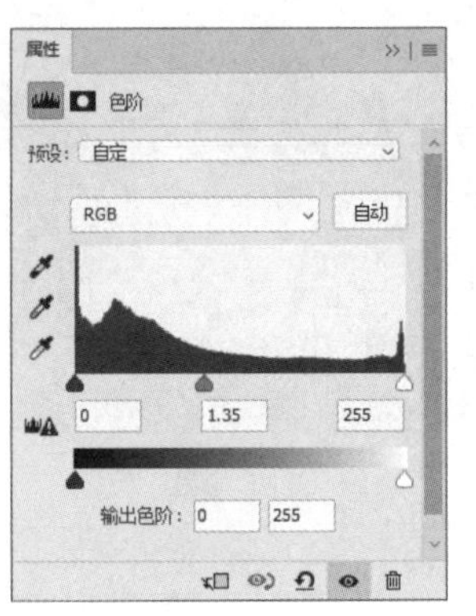

图 14-12

步骤03 应用效果如图14-13所示。

步骤04 创建“色彩平衡”调整图层，在“属性”面板中设置参数，如图14-14所示。

图 14-13

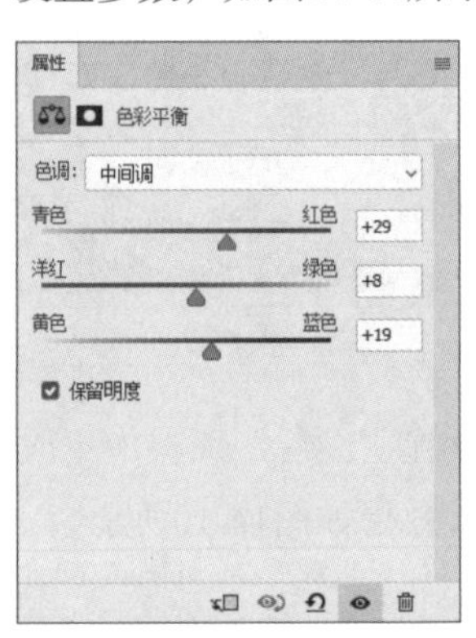

图 14-14

步骤05 应用效果如图14-15所示。

步骤06 创建“可选颜色”调整图层，在“属性”面板中选择“红色”通道设置参数，如图14-16所示。

图 14-15

图 14-16

步骤07 选择“黄色”通道设置参数，如图14-17所示。

步骤08 选择“绿色”通道设置参数，如图14-18所示。应用效果如图14-19所示。

图 14-17

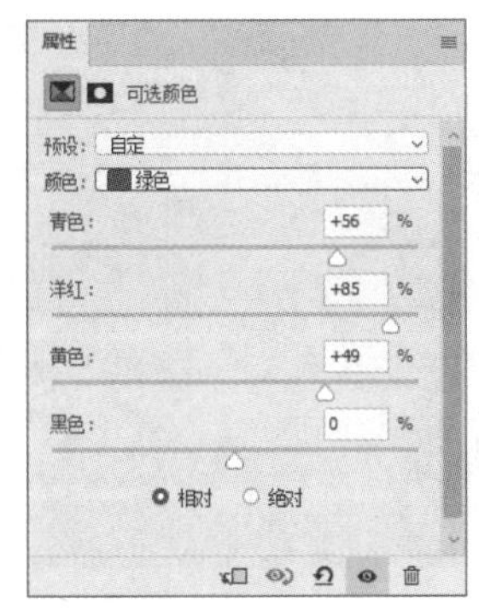

图 14-18

图 14-19

步骤09 创建“曲线”调整图层，在“属性”面板中设置参数，如图14-20所示。

步骤10 应用效果如图14-21所示。

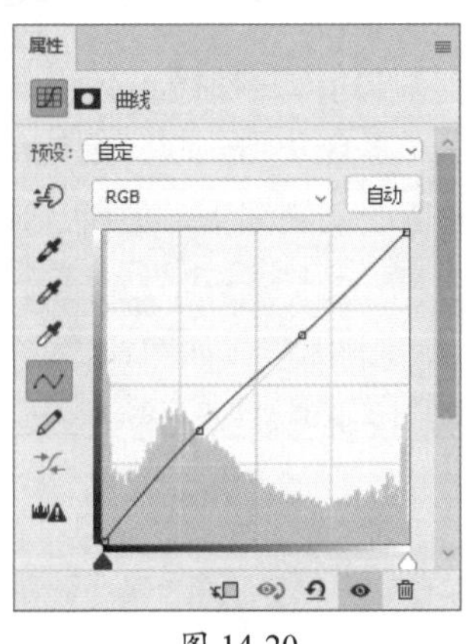

图 14-20

图 14-21

步骤11 按Shift+Alt+Ctrl+E组合键盖印图层，如图14-22所示。

步骤12 使用“污点修复画笔工具”去除玻璃上的瑕疵，使用“混合器画笔工具”涂抹进行修复，使其变得更加平滑通透，如图14-23所示。

图 14-22

图 14-23

步骤14 创建“自然饱和度”调整图层，在“属性”面板中设置参数，如图14-24所示。

步骤15 最终应用效果如图14-25所示。

图 14-24

图 14-25

14.3 创意合成：创意菠萝房子

素材位置：本书实例\第14章\创意菠萝房子\背景、菠萝、门.jpg和楼梯.png

创意合成是平面设计中的一项重要技能，通过将多个图像元素合并到一起，创造出全新的视觉效果。本案例将合成菠萝房子图像，主要运用的知识有通道的复制编辑，色阶、曲线的应用，以及蒙版的创建编辑。具体操作方法如下。

步骤01 将素材文件拖放到Photoshop界面中，按Ctrl+J组合键复制图层，如图14-26所示。

步骤02 在“通道”面板中将“蓝”通道拖至“创建新通道”按钮上复制该通道，如图14-27所示。

图 14-26

图 14-27

步骤03 按Ctrl+L组合键，在弹出的“色阶”对话框中选择白色吸管，吸取背景颜色增加对比，如图14-28、图14-29所示。

图 14-28

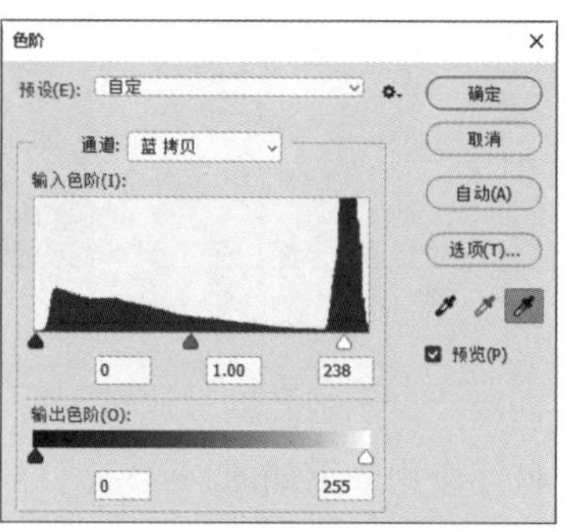

图 14-29

步骤04 按Ctrl+M组合键，在弹出的“曲线”对话框中调整曲线状态，如图14-30所示。

步骤05 选择“画笔工具”，设置前景颜色为黑色，涂抹暗部，如图14-31所示。

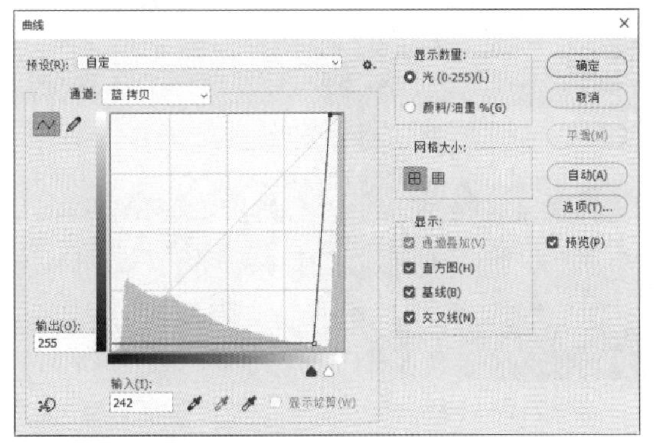

图 14-30

图 14-31

步骤06 按住Ctrl键的同时单击“蓝 拷贝”通道缩略图，载入选区，按Ctrl+Shift+I组合键反选选区，如图14-32所示。

步骤07 单击“图层”面板底部的“添加图层蒙版”按钮为图层添加蒙版，隐藏背景图层，如图14-33所示。

图 14-32

图 14-33

步骤08 将素材图像拖动至文档中，调整大小并移至图层顺序，如图14-34、图14-35所示。

图 14-34

图 14-35

步骤09 在“图层”面板中创建“曲线”调整图层，在弹出的“属性”面板中设置参数，如图14-36所示。按Ctrl+Shift+G组合键创建剪贴蒙版，效果如图14-37所示。

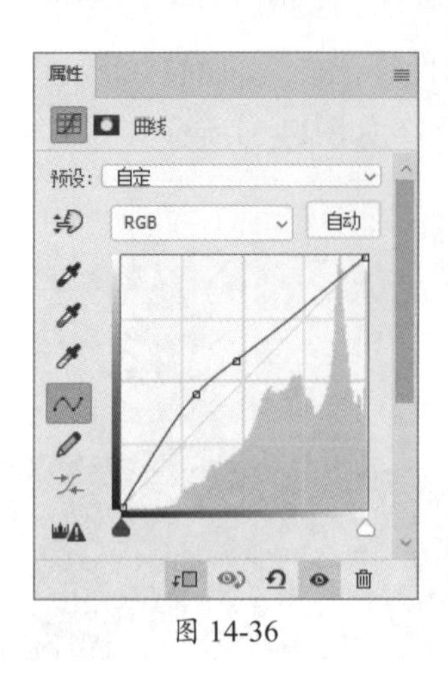

图 14-36

图 14-37

步骤10 将素材图像拖动至文档中，调整大小，更改不透明度为50%，如图14-38所示。

步骤11 单击“图层”面板底部的“添加图层蒙版”按钮为图层添加蒙版，选择“画笔工具”涂抹重叠部分，更改不透明度为100%，如图14-39所示。

图 14-38

图 14-39

步骤12 将素材图像拖动至文档中，调整大小，使用相同的方法创建蒙版后擦除多余部分，如图14-40所示。

步骤13 在“图层”面板中创建“曲线”调整图层，在弹出的“属性”面板中设置参数来增强对比，最终效果如图14-41所示。

图 14-40

图 14-41

14.4 插画绘制：仙人掌插画

素材位置：本书实例\第14章\绘制仙人掌\仙人掌.cdr

插画设计是一种强有力的视觉表达方式，可以用来生动地表达设计主题和创意。本案例介绍仙人掌插画的绘制，主要运用的知识包括贝塞尔工具、折线工具的使用，以及轮廓、填充的设置，具体操作方法如下。

步骤01 使用“贝塞尔工具”绘制仙人掌的轮廓，如图14-42所示。

步骤02 继续绘制中间部分，如图14-43所示。

步骤03 选中路径，双击状态栏中的“填充”按钮，在弹出来的“编辑填充”对话框中选择“均匀填充”选项，设置参数，如图14-44所示。

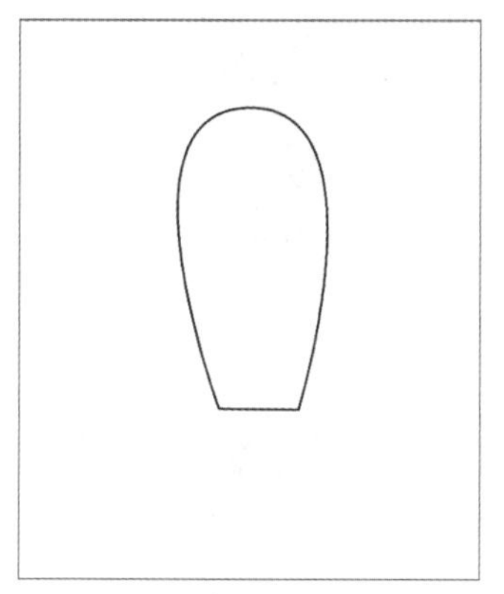

图 14-42

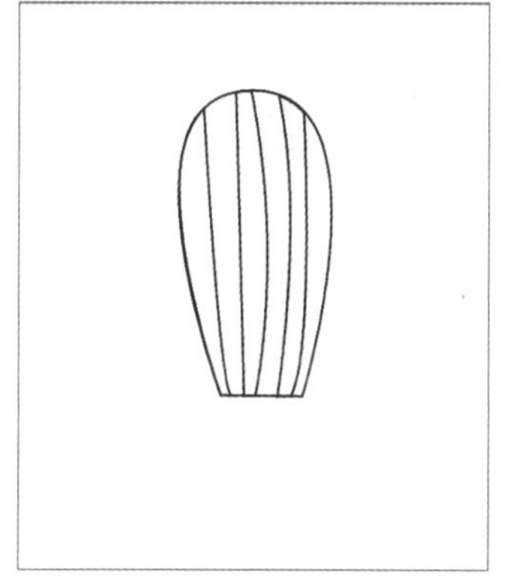

图 14-43

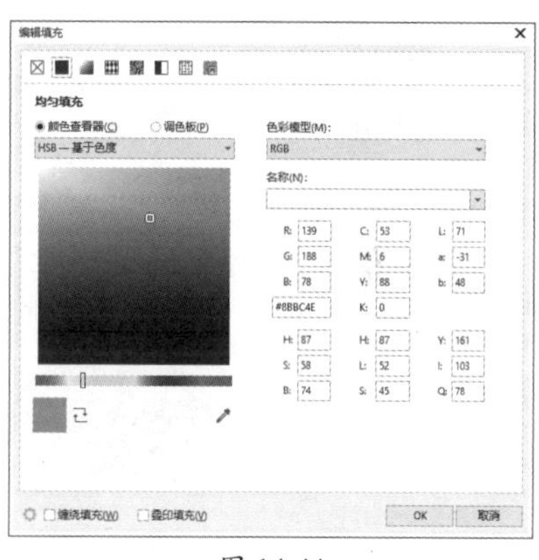

图 14-44

步骤04 单击“OK”按钮应用效果，如图14-45所示。

步骤05 选中中间部分路径，填充颜色（#5B922A），如图14-46所示。

步骤06 选中所有图层对象，单击属性栏中的“轮廓宽度”按钮，设置为无，如图14-47所示。

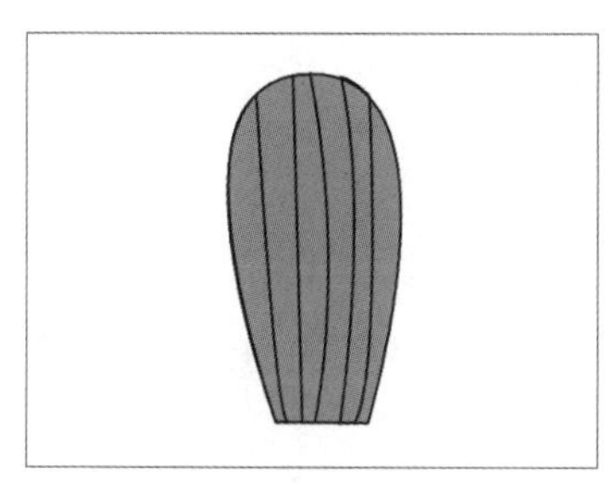

图 14-45

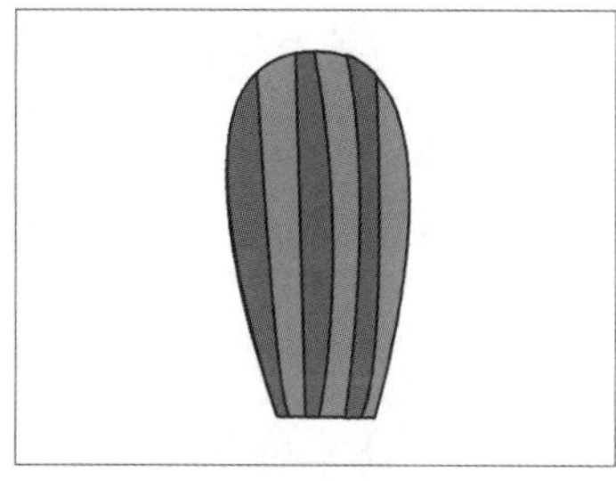

图 14-46

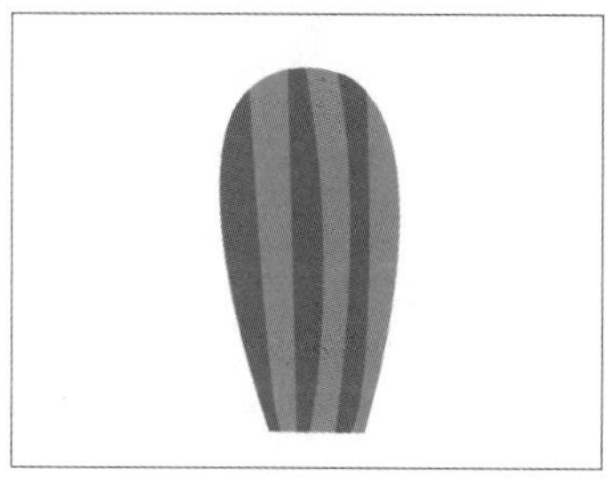

图 14-47

步骤07 在左侧绘制小的仙人掌茎干（#BED573），如图14-48所示。

步骤08 绘制纹路并填充颜色（#3B6620），如图14-49所示。

步骤09 绘制仙人掌花朵部分并填充颜色（#E11D1C），轮廓颜色为无，如图14-50所示。

步骤10 使用“折线工具”绘制仙人掌刺，填充颜色（#A55325），如图14-51所示。

步骤11 绘制花盆上半部分并填充颜色（#783D34），如图14-52所示。

步骤12 继续绘制花盆下半部分并填充颜色（#69332B），如图14-53所示。

图 14-48

图 14-49

图 14-50

图 14-51

图 14-52

图 14-53

14.5 造型变换：花式色相环

素材位置：**本书实例\第14章\花式色相环\仙人掌.cdr**

CorelDRAW作为专业的图形设计软件，其绘制的图形是基于路径和形状构建的，而不是像素。因此，无论放大到多大尺寸，图形都能保持清晰和精确，不会出现像素化。本案例介绍花式色相环图形的绘制，主要运用的知识包括椭圆工具、变换对象、组合对象，以及编辑对象形状等操作。具体操作方法如下。

步骤01 创建垂直居中与水平居中的辅助线，如图14-54所示。

步骤02 选择“椭圆形工具”，绘制宽、高各为46mm的正圆，如图14-55所示。

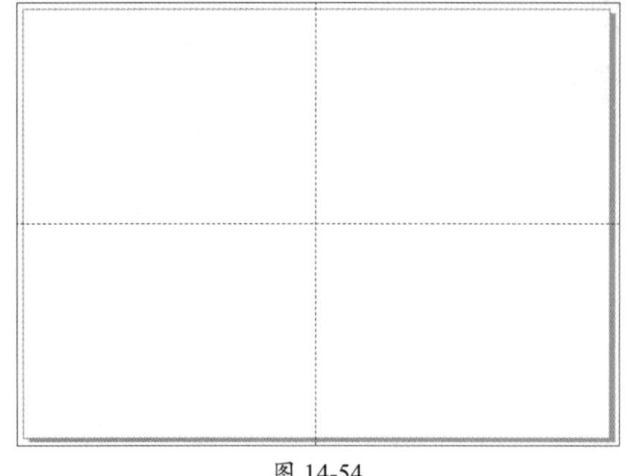
图 14-54

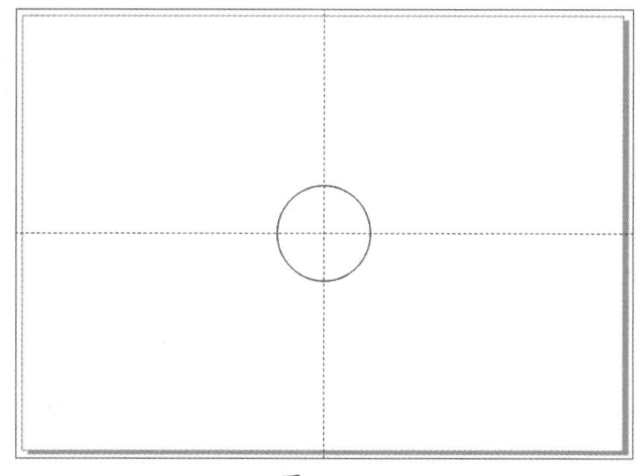
图 14-55

步骤03 向上移动复制正圆，再次单击调整中心点，如图14-56所示。

步骤04 在“变换”泊坞窗中设置旋转角度与副本份数，如图14-57所示。

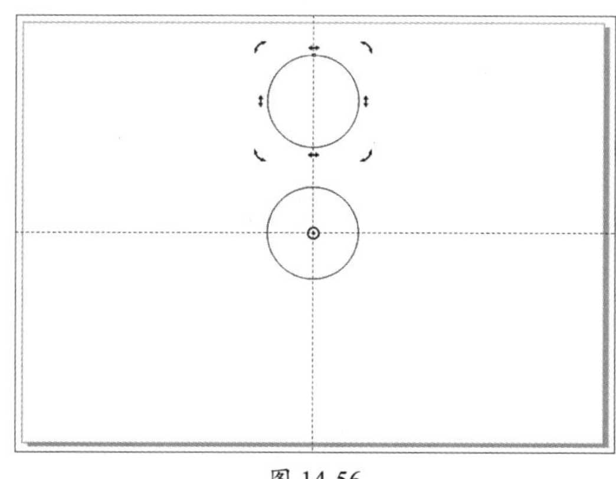

图 14-56

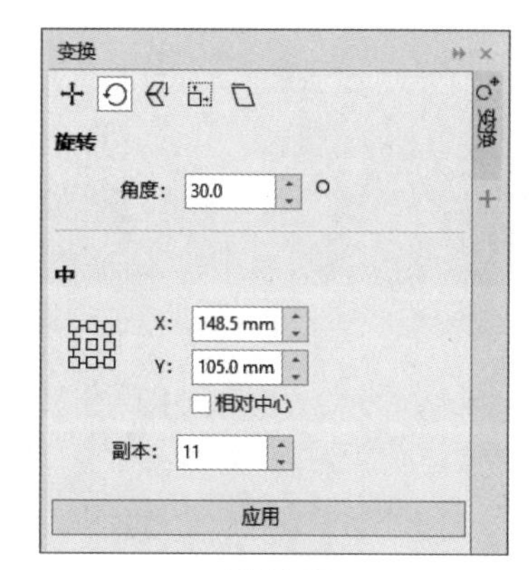

图 14-57

步骤05 单击“应用”按钮，效果如图14-58所示。

步骤06 选择“2点线工具”，沿圆相交的点至圆点绘制直线，如图14-59所示。

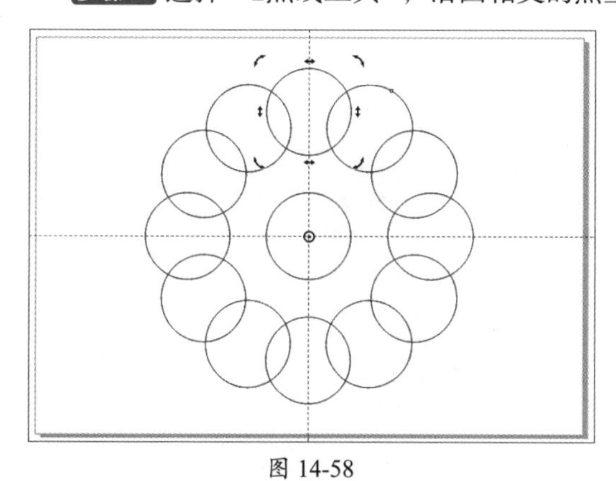

图 14-58

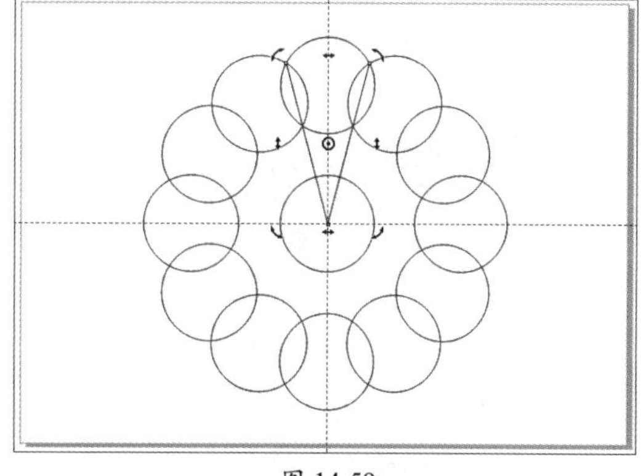

图 14-59

步骤07 使用“虚拟段删除工具”删除线段，效果如图14-60所示。

步骤08 选择“智能填充工具”，在属性栏中设置颜色（#E9504C），轮廓为无，如图14-61所示。

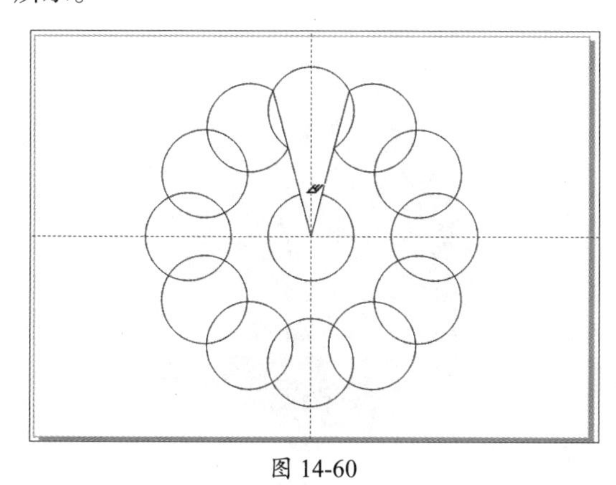

图 14-60

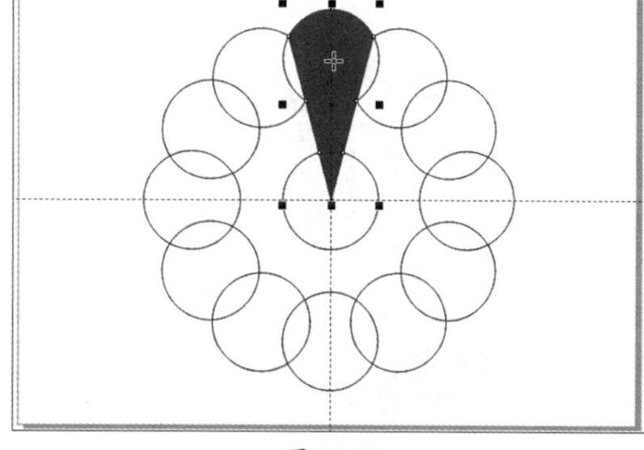

图 14-61

步骤09 在“对象”泊坞窗中选择除填色曲线之外的所有图层，按Ctrl+G组合键组合并隐藏，如图14-62所示。

步骤10 双击填色曲线，调整中心点，如图14-63所示。

图 14-62

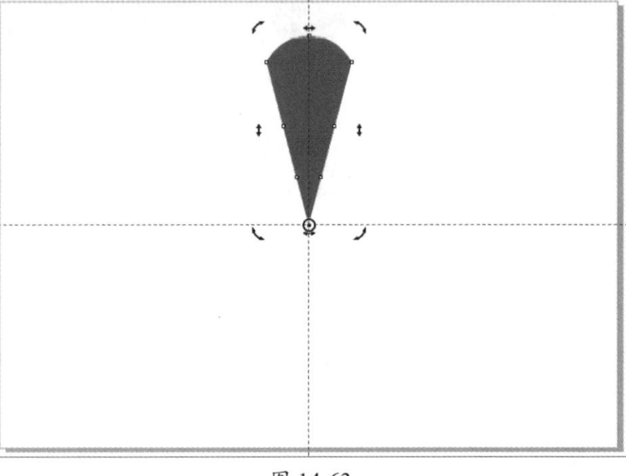

图 14-63

步骤11 多次应用旋转30°，如图14-64所示。

步骤12 分别更改填充颜色，如图14-65所示。

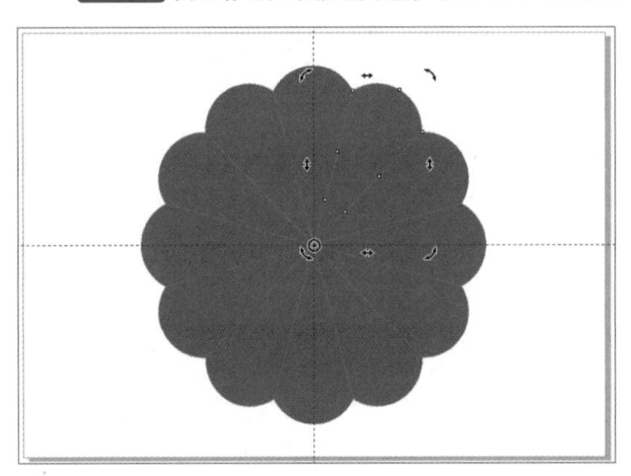

图 14-64

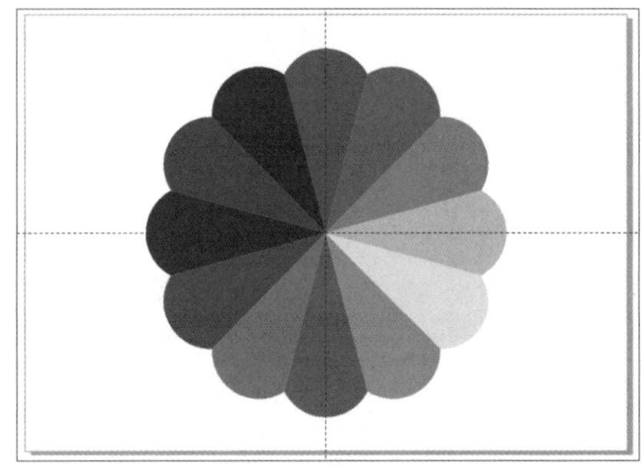

图 14-65

步骤13 选中所有的图形对象，按Ctrl+G组合键组合，如图14-66所示。

步骤14 按住Shift+Ctrl组合键绘制宽、高各为50mm的正圆，如图14-67所示。

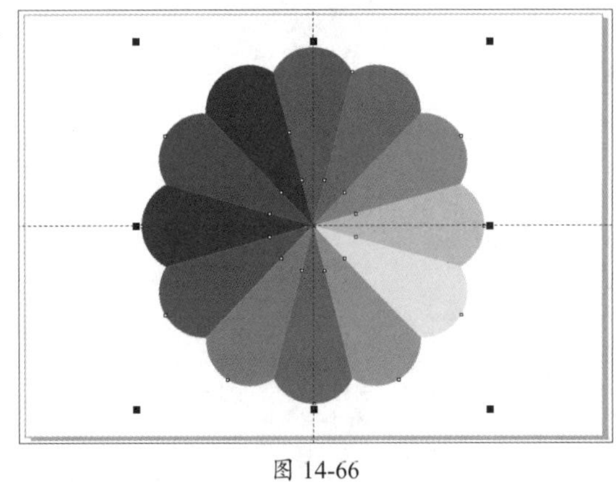

图 14-66

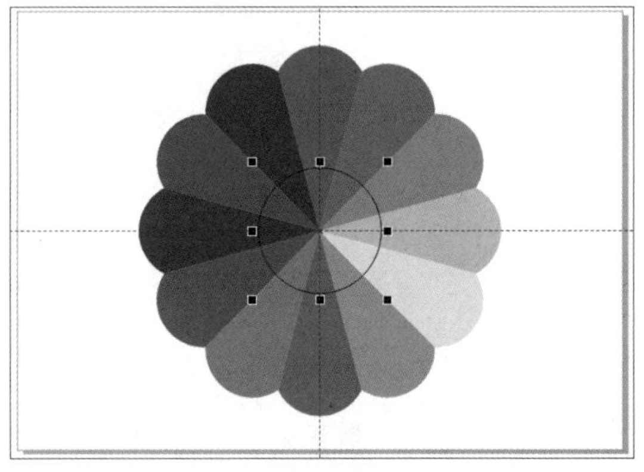

图 14-67

步骤15 按住Shift键加选对象，在属性栏中单击“移除前面对象”按钮，如图14-68所示。

步骤16 隐藏辅助线，最终效果如图14-69所示。

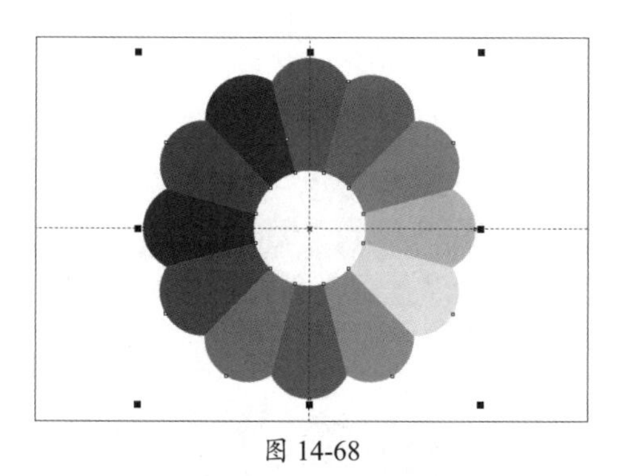

图 14-68

图 14-69

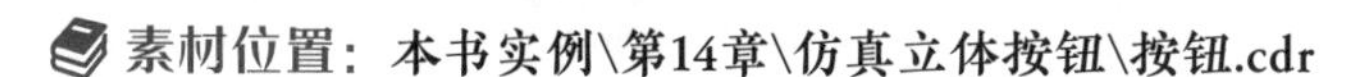

14.6 立体图标：仿真立体按钮

素材位置：本书实例\第14章\仿真立体按钮\按钮.cdr

在立体图标设计中，可以学习如何运用立体设计技巧来创建具有层次感和空间感的图标作品。本案例介绍仿真立体按钮的制作，主要运用的知识有椭圆形工具、刻刀工具、编辑填充、高斯式模糊以及透明度调整等，具体操作方法如下。

步骤01 启动CorelDRAW软件，执行“文件”|“新建”命令，在弹出的“创建新文档”对话框中设置参数，如图14-70所示。完成后单击“确定”按钮，新建文档。

步骤02 按住Ctrl键的同时使用“椭圆形工具”在页面中绘制合适大小的正圆，按F11键打开“编辑填充”对话框，在该对话框中设置参数，如图14-71所示。

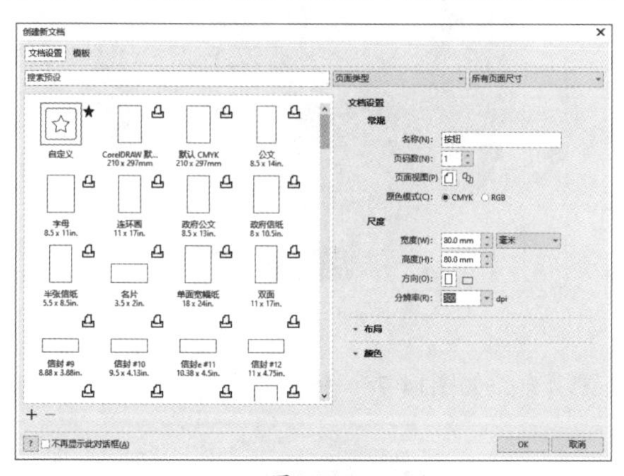

图 14-70

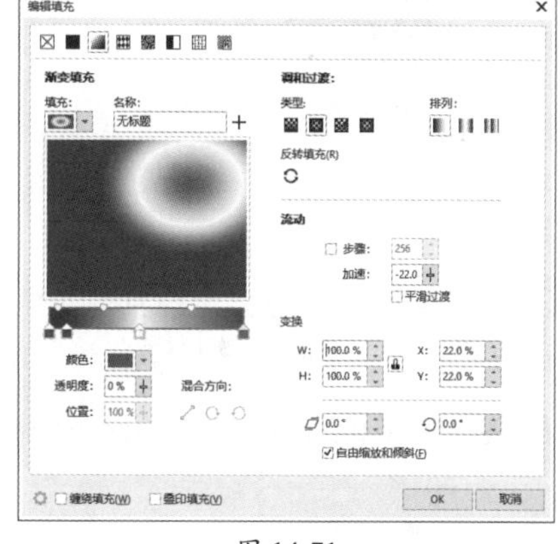

图 14-71

步骤03 设置完成后单击“确定”按钮，效果如图14-72所示。

步骤04 使用“刻刀工具”将圆形分为上下两部分，如图14-73所示。

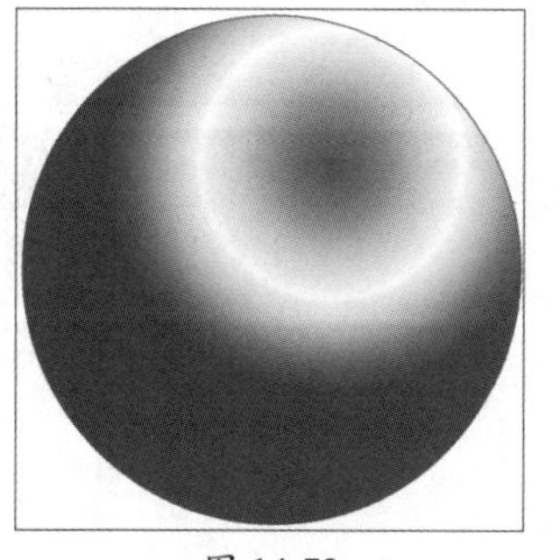

图 14-72

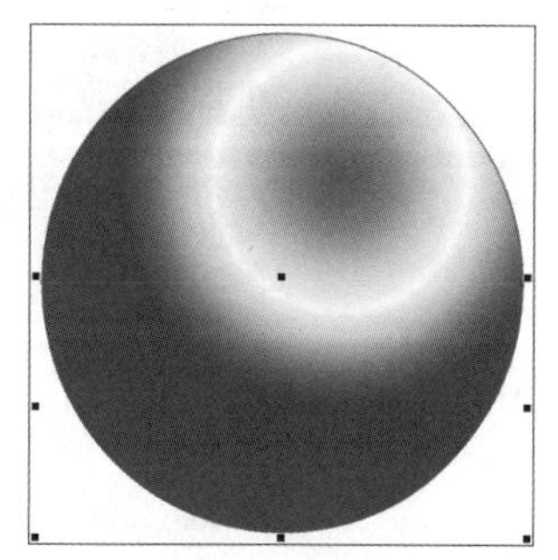

图 14-73

步骤05 选中下半部分圆形，按F11键打开“编辑填充”对话框，在该对话框中设置参数，如图14-74所示。设置完成后单击“确定”按钮，效果如图14-75所示。

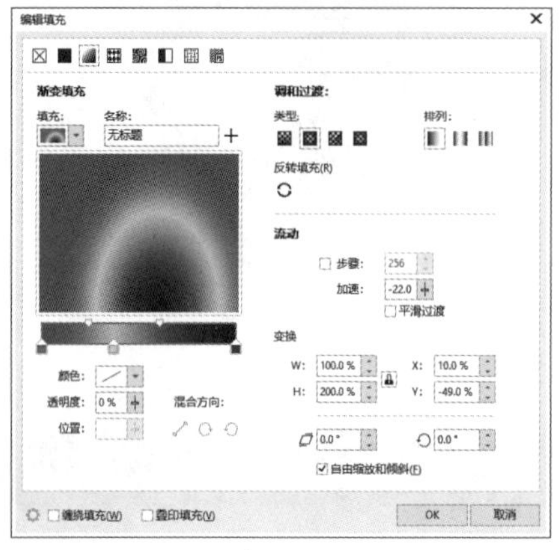

图 14-74

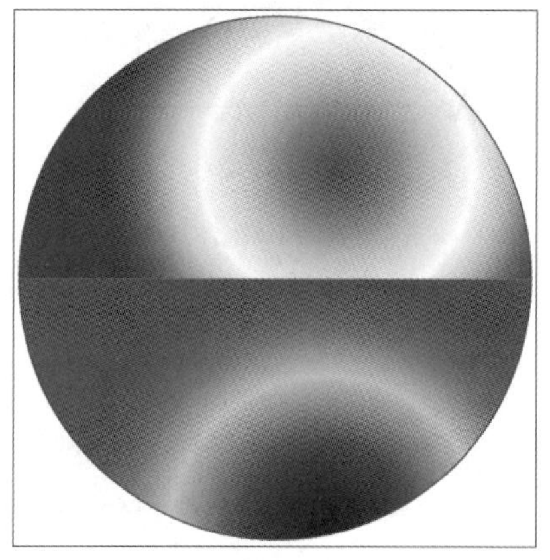

图 14-75

步骤06 按住Ctrl键的同时使用“椭圆形工具”在页面中绘制合适大小的正圆，按F11键打开“编辑填充”对话框，在该对话框中设置参数，如图14-76所示。设置完成后单击“确定”按钮，效果如图14-77所示。

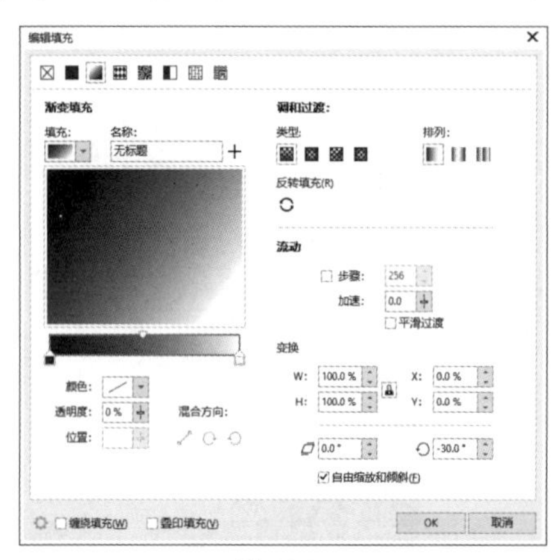

图 14-76

图 14-77

步骤07 使用相同的步骤，绘制正圆并设置填充，如图14-78、图14-79所示。

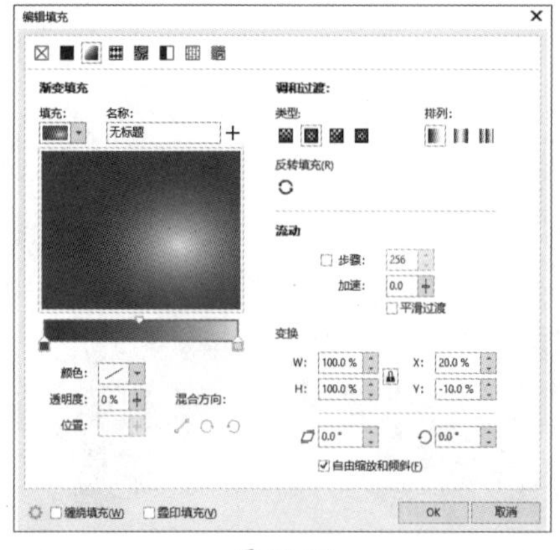

图 14-78

图 14-79

步骤08 按住Ctrl键的同时使用“椭圆形工具”在页面中绘制合适大小的正圆，设置填充色为白色，轮廓色为无，按小键盘上的+键复制，移动复制对象至合适位置，如图14-80所示。

步骤09 选中新绘制的正圆与复制对象，单击属性栏中的“移除前面对象”按钮，生成新图像，效果如图14-81所示。

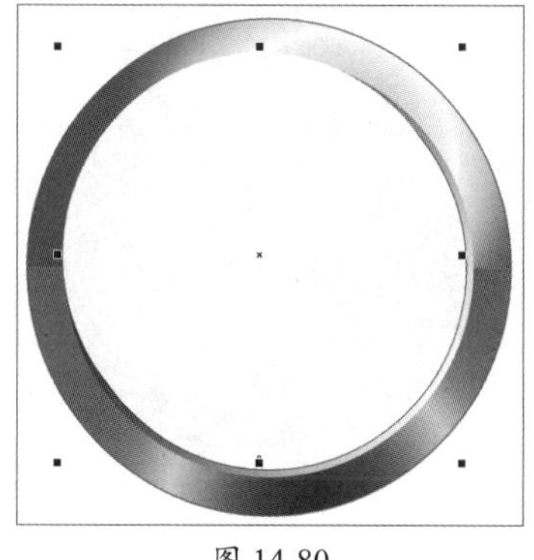

图 14-80

图 14-81

步骤10 选中修剪后的对象，执行“效果”|“模糊”|“高斯式模糊”命令，在弹出的“高斯式模糊”对话框中设置参数为6，效果如图14-82所示。

步骤11 继续使用“椭圆形工具”在页面中绘制合适大小的正圆并复制，如图14-83所示。

图 14-82

图 14-83

步骤12 选中绘制的圆形，单击属性栏中的“移除前面对象”按钮，生成新图像，为新图像填充白色，去除轮廓，如图14-84所示。

步骤13 使用“刻刀工具”在新图像上绘制两条直线，并删除多余部分，如图14-85所示。

图 14-84

图 14-85

步骤14 使用“透明度工具”为高光添加线性渐变透明效果，在视图中调整渐变的手柄，如图14-86所示。

步骤15 使用相同的方法继续添加透明效果，如图14-87所示。

图 14-86

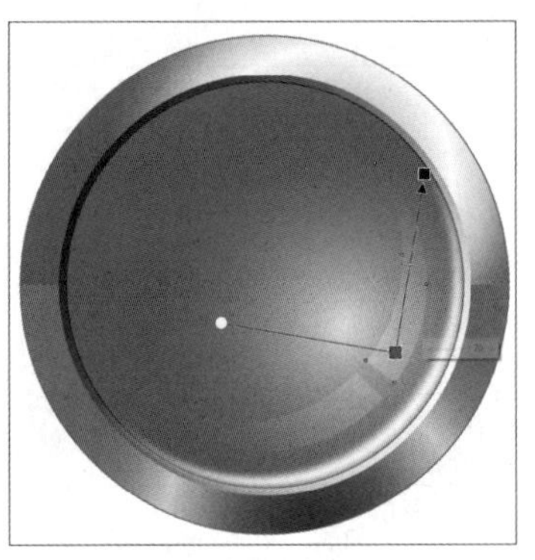
图 14-87

步骤16 按住Ctrl键的同时使用“椭圆形工具”在页面中绘制合适大小的正圆，设置填充色为白色，使用“透明度工具”为圆形添加均匀透明效果，如图14-88所示。

步骤17 使用“椭圆形工具”在页面中绘制合适大小的椭圆，设置填充色为白色，调整合适角度，效果如图14-89所示。

图 14-88

图 14-89

步骤18 选中绘制的所有图形，右击，在弹出的快捷菜单中执行“组合对象”命令，将图形对象编组。单击“阴影工具”，在编组图形上按住鼠标左键拖曳，为图形添加阴影效果，如图14-90所示。在属性栏中调整阴影的不透明度和羽化数值，效果如图14-91所示。

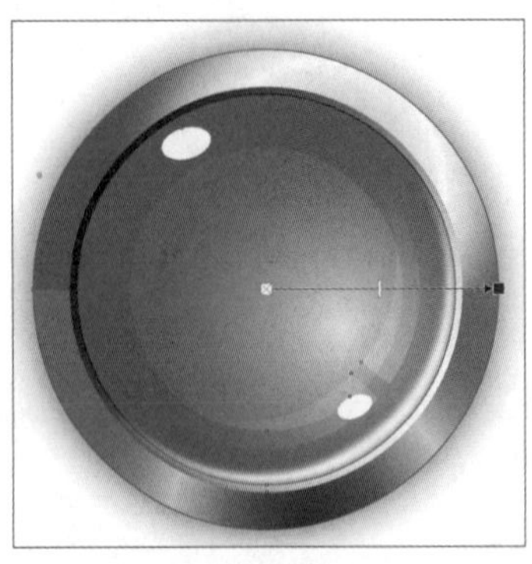
图 14-90

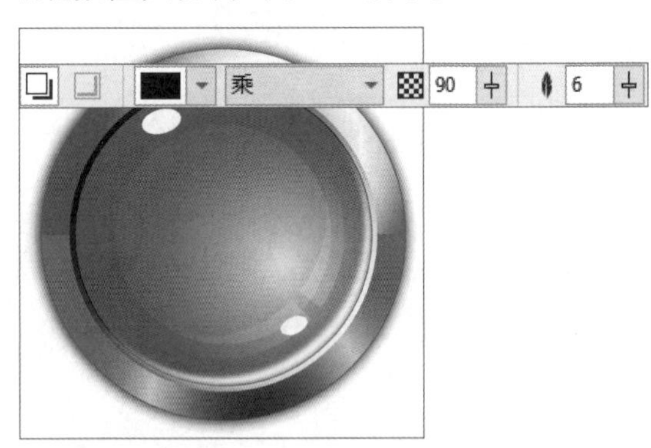

图 14-91